中国高等职业技术教育研究会推荐

高职高专汽车类专业 "十二五" 课改规划教材

汽车营销技术

(第二版)

主　编　孙华宪

参　编　叶志斌　张　杰

西安电子科技大学出版社

内 容 简 介

　　本书着重介绍与汽车营销有关的知识、技能和方法。全书共 11 章,内容分别为:绪论、汽车销售人员的基本素质、汽车用户购买行为分析、汽车销售实务、汽车商品质量的保证、汽车营销延伸服务、汽车网上交易、汽车市场环境分析与目标市场营销、汽车市场信息的流动、汽车销售策略、汽车营销网的建设等。本书前七章为营销人员所应掌握的知识和技能,后四章则是营销管理人员需掌握的营销理论知识。书末给出了销售三角理论、《家用汽车产品修理、更换、退货责任规定》、《二手车流通管理办法》和《二手车交易规范》,以便读者参考。

　　本书可作为高职高专院校汽车营销专业及汽车服务与营销专业的教材,也可供从事汽车营销工作的其它相关人员参考。

图书在版编目(CIP)数据

汽车营销技术 / 孙华宪主编. —2 版. —西安:西安电子科技大学出版社,2013.8(2015.11 重印)
高职高专汽车类专业"十二五"课改规划教材
ISBN 978–7–5606–3148–6

Ⅰ. ① 汽… Ⅱ. ① 孙… Ⅲ. ① 汽车—市场营销学—高等职业教育—教材 Ⅳ. ① F766

中国版本图书馆 CIP 数据核字(2013)第 189137 号

策　　划　马晓娟
责任编辑　马晓娟
出版发行　西安电子科技大学出版社(西安市太白南路 2 号)
电　　话　(029)88242885　88201467　　　邮　　编　710071
网　　址　www.xduph.com　　　　　　电子邮箱　xdupfxb001@163.com
经　　销　新华书店
印刷单位　陕西大江印务有限公司
版　　次　2013 年 8 月第 2 版　　2015 年 11 月第 5 次印刷
开　　本　787 毫米×1092 毫米　1/16　印　张　12.5
字　　数　289 千字
印　　数　14 001~17 000 册
定　　价　20.00 元

ISBN 978-7-5606-3148-6/F

XDUP 3440002–5

序

  进入 21 世纪以来，随着高等教育大众化步伐的加快，高等职业教育呈现出快速发展的形势。党和国家高度重视高等职业教育的改革和发展，出台了一系列相关的法律、法规、文件等，规范、推动了高等职业教育健康有序的发展。同时，社会对高等职业技术教育的认识在不断加强，高等技术应用型人才及其培养的重要性也正在被越来越多的人所认同。目前，高等职业技术教育在学校数、招生数和毕业生数等方面均占据了高等教育的半壁江山，成为高等教育的重要组成部分，在我国社会主义现代化建设事业中发挥着极其重要的作用。

  在高等职业教育大发展的同时，也有着许多亟待解决的问题。其中最主要的是按照高等职业教育培养目标的要求，培养一批具有"双师素质"的中青年骨干教师；编写出一批有特色的基础课和专业主干课教材；创建一批教学工作优秀学校、特色专业和实训基地。

  为配合教育部紧缺人才工程，解决当前新型机电类精品高职高专教材不足的问题，西安电子科技大学出版社与中国高等职业技术教育研究会在前两轮联合策划、组织编写了"计算机、通信电子及机电类专业"系列高职高专教材共 100 余种的基础上，又联合策划、组织编写了"数控、模具及汽车类专业"系列高职高专教材共 60 余种。这些教材的选题是在全国范围内近 30 所高职高专院校中，对教学计划和课程设置进行充分调研的基础上策划产生的。教材的编写采取在教育部精品专业或示范性专业(数控、模具和汽车)的高职高专院校中公开招标的形式，以吸收尽可能多的优秀作者参与投标和编写。在此基础上，召开系列教材专家编委会，评审教材编写大纲，并对中标大纲提出修改、完善意见，确定主编、主审人选。该系列教材着力把握高职高专"重在技术能力培养"的原则，结合目标定位，注重在新颖性、实用性、可读性三个方面能有所突破，体现高职高专教材的特点。第一轮教材共 36 种，已于 2001 年全部出齐，从使用情况看，比较适合高等职业院校的需要，普遍受到各学校的欢迎，一再重印，其中《互联网实用技术与网页制作》在短短两年多的时间里先后重印 6 次，并获教育部 2002 年普通高校优秀教材二等奖。第二轮教材共 60 余种，在 2004 年底已全部出齐，且大都已重印，有的教材出版一年多的时间里已重印 4 次，销量 3 万余册，反映了市场对优秀专业教材的需求。本轮教材预计 2006 年底全部出齐，相信也会成为精品系列。

  教材建设是高职高专院校基本建设的主要工作之一，是教学内容改革的重要基础。为此，有关高职高专院校都十分重视教材建设，组织教师积极参加教材编写，为高职高专教材从无到有，从有到优，到特而辛勤工作。但高职高专教材的建设起步时间不长，还需要做艰苦的工作，我们殷切地希望广大从事高职高专教育的教师，在教书育人的同时，组织起来，共同努力，为不断推出有特色、高质量的高职高专教材作出积极的贡献。

中国高等职业技术教育研究会会长

21 世纪
机电类专业高职高专规划教材

编审专家委员会名单

主　　任：刘跃南（深圳职业技术学院教务长，教授）
副 主 任：方　新（北京联合大学机电学院副院长，教授）
　　　　　刘建超（成都航空职业技术学院机械工程系主任，副教授）
　　　　　杨益明（南京交通职业技术学院汽车工程系主任，副教授）

数控及模具组：组长：刘建超（兼）（成员按姓氏笔画排列）
　　　　　王怀明（北华航天工业学院机械工程系主任，教授）
　　　　　孙燕华（无锡职业技术学院机械与汽车工程系主任，副教授）
　　　　　皮智谋（湖南工业职业技术学院机械工程系副主任，副教授）
　　　　　刘守义（深圳职业技术学院工业中心主任，教授）
　　　　　陈少艾（武汉船舶职业技术学院机电工程系主任，副教授）
　　　　　陈洪涛（四川工程职业技术学院机电工程系副主任，副教授）
　　　　　钟振龙（湖南铁道职业技术学院机电工程系主任，副教授）
　　　　　唐　健（重庆工业职业技术学院机械工程系主任，副教授）
　　　　　戚长政（广东轻工职业技术学院机电工程系主任，教授）
　　　　　谢永宏（深圳职业技术学院机电学院副院长，副教授）

汽车组：组长：杨益明（兼）（成员按姓氏笔画排列）
　　　　　王世震（承德石油高等专科学校汽车工程系主任，教授）
　　　　　王保新（陕西交通职业技术学院汽车工程系讲师）
　　　　　刘　锐（吉林交通职业技术学院汽车工程系主任，教授）
　　　　　吴克刚（长安大学汽车学院教授）
　　　　　李春明（长春汽车工业高等专科学校汽车工程系副主任，教授）
　　　　　李祥峰（邢台职业技术学院汽车维修教研室主任，副教授）
　　　　　汤定国（上海交通职业技术学院汽车工程系主任，高讲）
　　　　　陈文华（浙江交通职业技术学院汽车系主任，副教授）
　　　　　徐生明（四川交通职业技术学院汽车系副主任，副教授）
　　　　　韩　梅（辽宁交通职业技术学院汽车系主任，副教授）
　　　　　葛仁礼（西安汽车科技学院教授）
　　　　　颜培钦（广东交通职业技术学院汽车机械系主任，副教授）

项目策划：马乐惠
策　　划：马武装　毛红兵　马晓娟

前　言

本书自第一版出版以来，受到了广大读者的好评。对此，编者在高兴之余感谢各位读者对本书的认可。

本书的第一版前言中曾提到，"近年来我国汽车市场发展速度迅猛，在国际汽车市场中的地位显著提升，已经成为世界汽车市场的重要组成部分。""中国汽车销量的世界排名已由 2001 年的第七位跃居第三位，且与位居第二的日本仅差 10 万辆，从发展态势来看，大有赶超之势。"事实证明确定如此，工信部统计数据显示，2012 年我国汽车产销量双超 1900 万辆，已居世界第一。

仍然是那句话：品质为本，营销为王。在激烈的竞争中，汽车市场营销的作用和地位更显重要。因此，根据高职高专学生的特点，针对汽车营销市场的需要，培养具有现代营销理念、创新精神和团队意识，掌握汽车市场营销技巧，善于捕捉机遇、开拓市场的汽车营销人才乃当务之急。

本次修订我们对第一版进行了通篇的检查，对部分内容作了调整和修改，对第一版内的一些明显不符合时代变化的表述和内容进行了删减和增加。例如，删除了第六章第三节中的"汽车养路费的缴纳"部分，增加了附录 B，即《家用汽车产品修理、更换、退货责任规定》。本次修订在内容编排上仍继承第一版的思路，前七章主要为营销人员所应掌握的知识和技能；后四章则是营销管理人员需掌握的营销理论知识。从高职高专院校汽车营销专业的教学和社会需求出发，按照"必需、够用"以及"重点突出操作技能"的原则构建结构体系。

本书具有内容翔实、思路清晰、案例贴切、通俗易懂、针对性强、行之有效的特点，可作为高职高专院校汽车营销、汽车服务与维修专业的必修教材，也可作为管理专业的选修教材，还可作为相关企业的培训用书。

浙江交通职业技术学院的孙华宪担任本书的主编，负责整体策划和统稿工作，并改写第二、四、九、十、十一章；叶志斌负责改写第一、三、八章；张杰负责改写第五、六、七章。

编者

2013 年 7 月

第一版前言

近年来，中国汽车市场发展速度迅猛，在国际汽车市场中的地位显著提升，已经成为世界汽车市场的重要组成部分。有关统计数据显示，中国汽车销量的世界排名已由2001年的第七位跃居第三位，且与位居第二的日本仅差10万辆，从发展态势来看，大有赶超之势。同时，自我国加入WTO以来，国外汽车巨头都将中国作为战略重点，纷纷涌入，加快抢占市场的步伐。稳健务实的大众、资本雄厚的通用、厚积薄发的福特、谨慎精明的丰田、二次创业的PSA标致雪铁龙、"新合资典范"的本田、"现代速度"的韩国现代以及一汽、二汽、上汽、长安、奇瑞等本土群雄，逐鹿中国汽车市场，竞争异常激烈。

品质为本，营销为王。在激烈的竞争中，汽车市场营销的作用和地位已经越来越重要。因此，如何针对汽车营销市场的需要，根据高职高专学生的特点，培养具有现代营销理念、创新精神和团队意识，掌握汽车市场营销技巧，善于捕捉机遇、开拓市场的汽车营销人才乃当务之急，也是摆在高职高专院校面前的重要课题。

以上所述汽车市场的需求和摆在高校面前的课题，正是我们编写这本《汽车营销技术》的出发点和原动力。本书在内容编排上，前七章主要为营销人员所应掌握的知识和技能；后四章则是营销管理人员需掌握的营销理论知识。本书从高职高专院校汽车营销专业的教学和社会需求出发，按照"必需、够用"以及"重点突出操作技能"的原则构建结构体系。在编写过程中，我们关注了国内外许多最新的学科成果和国内汽车市场动态，同时也结合了编者多年的汽车营销企业的管理经验和研究成果。

本书具有内容翔实、思路清晰、案例贴切、通俗易懂、针对性强、行之有效的特点，可作为高职高专院校汽车营销、汽车服务与维修专业的必修课教材，也可作为营销专业、管理专业的选修课教材，还可作为相关企业培训用教材。

浙江交通职业技术学院的孙华宪担任本书的主编，负责整体策划和统稿工作，并撰写了第二、四、九、十、十一章；叶志斌负责撰写了第一、三、八章；张杰负责撰写了第五、六、七章。

在编写过程中，我们得到了许多营销专家和浙江省众多汽车企业管理人员的指导和大力支持，特别是浙江康桥汽车工贸集团股份有限公司洪承志总工程师在百忙中对本书的出版提出了许多宝贵意见，在此对他们表示衷心的感谢。

由于时间仓促，书中难免有不当之处，敬请广大专家和读者批评斧正，以便再版修订时改正。

编　者
2006年12月

目　录

第一章　绪　论

第一节　汽车工业概况

一、世界汽车工业发展简述

1886 年是汽车发展史上关键的一年，德国人卡尔·奔驰研制出了人类历史上第一辆 0.8 马力(1 马力=735.499 W)的三轮内燃机汽车(见图 1-1)，并取得了德国汽车制造专利证书。同年，另一名德国人戴姆勒也试驾了他发明的四轮汽油汽车。从此汽车开始出现在人们的生活中。在此后的一百余年中，汽车工业从一个新兴行业发展成为高效益的经济型行业，不管是数量上还是技术上都有了大幅度的提高。

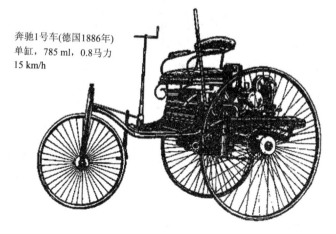

奔驰1号车(德国1886年)
单缸，785 ml，0.8马力
15 km/h

图 1-1　世界上的第一辆汽车

世界汽车工业的发展主要体现在以下四个阶段的变革上。

1. 汽车大众化时代

1913 年，福特汽车公司首次推出了流水装配线的大量作业方式，使汽车成本大大降低，汽车价格比当时欧洲所产的汽车便宜了 1/3 到 1/2，不再仅仅是贵族和有钱人的豪华奢侈品，它开始逐渐成为大众化的商品。这是汽车发展史上的第一次飞跃。

2. 汽车推陈出新时代

20 世纪 50 年代，战后的经济繁荣使汽车业进入了前所未有的黄金时期，其中最大的创新就是汽车在外形和结构的设计上都有了较大的改变，从而带来了汽车发展史上的第二次飞跃。

3. 日本汽车工业崛起时代

日本丰田公司在"模仿比创造更容易"这种思想的指导下进军汽车业，先后生产出一批安全、牢固、经济、传统的汽车。这些汽车虽没有最新的技术支撑，但是由于其设计小巧完美，而且价格合理，因而获得了"物美价廉"的称号，在汽车发展史上形成了第三次飞跃。20 世纪 70 年代的数十年间，美国汽车工业一直遥遥领先，日本则是后起之秀，从 1950 年产量仅 3 万辆迅速跃至 1970 年的 529 万辆，继而在 1980 年达到 1104 万辆，开始超过美国，跃居世界第一位。

4. 汽车工业再创奇迹，汽车服务业高速发展时代

20 世纪 90 年代末，汽车工业进入又一个新的高速发展期。一则体现在汽车的制造技术上，现在正处于科技创新时代，不管是从提高汽车的动力性能角度出发，还是从节能角度出发，汽车工业都有了较为显著的进展，消费者最为关注和担心的问题也都有了一定的改善；二则体现在汽车的拥有量上，随着人们生活水平的提高，生活环境的改善，人们的生活已经不再局限于温饱问题的解决，汽车逐步成为人们新的追求。二者的结合不但带来了汽车工业的发展，更促进了汽车服务业的兴起。

二、我国汽车工业的发展概述

在汽车工业发展这一方面，我国起步要比世界其它汽车生产大国晚得多。我国汽车工业的发展大致经历了筹建、摸索和快速全面发展三个阶段。

1. 筹建阶段

1950 年 2 月召开的全国机械工业会议第一次提出了我国汽车制造厂的建设问题，并决定成立单独的汽车工业筹备组，负责筹建汽车工业的具体工作。1953 年 7 月 15 日，举行了第一汽车制造厂奠基典礼。1956 年 10 月 15 日，经国务院批准，举行了第一汽车制造厂生产开工典礼。国家验收委员会主任委员孔祥祯宣布第一汽车制造厂正式移交生产。当日全部设备即投入运转，崭新的解放牌汽车接连开出总装线。1958 年以后的几年时间里，出现了我国汽车发展史上的第一股热潮。

2. 摸索阶段

这一阶段从 1960 年开始到 1980 年结束，以第二汽车制造厂和四川制造厂的建设为主线，我国汽车工业的发展进入第二个飞跃阶段。到 1976 年，全国汽车厂家增加到 66 个，专用改装车厂增加到 166 个，其中上海汽车厂具备了年产 5000 辆以上的小规模生产能力，一批零部件和附配件厂也得到快速发展。到 1979 年，我国汽车年产量已达到 19 万辆，形成了以载货车和越野车为主体的汽车产品体系。但由于这一阶段发展的汽车生产厂家的规模较小、技术水平较低，再加上汽车厂家分布较散，所以严重地制约了企业的发展。

3. 快速全面发展阶段

进入 20 世纪 80 年代之后，我国汽车工业有了快速全面的发展。汽车保有量和汽车生产方式都有了很大的提高。汽车产品结构也开始以中小型货车为主，轿车市场空白的局面慢慢转化成为载重货车基本满足市场需求而轿车的市场需求有所缓解的局面。到了 20 世纪 90 年代初，全国汽车年产量已超过百万辆。到 1998 年，全国汽车年产量达到世界第十位，

其中轿车年产量位居世界第三位。各类车的产量比例正常，已基本扭转了汽车工业发展初期的产品结构不合理现象。2009 年，在全球汽车市场不景气的背景下，我国汽车行业一枝独秀，汽车产量为 1379 万辆，销量为 1364 万辆，中国已经成为世界第一汽车生产大国。

三、我国汽车工业的现状与发展趋势

1. 我国汽车工业的现状

"十一五"期间，我国汽车工业发展迅猛，产销量保持高速增长(年均超过 25%)，汽车工业国际地位逐年提升，产品出口取得较大成绩但有反复，我国汽车工业成为国家重要支柱产业(占工业总产值 6.13%，占 GDP 2.51%，相关就业人数占 12% 以上，税收占 13%，零售额占 10% 以上，占装备制造业 30% 以上)。中国汽车工业成为世界汽车工业重要组成部分，产品结构得到进一步优化，整体产品结构基本形成，产品结构明显趋于合理。2011 年，1.6 升以下乘用车比例较 5 年前提高 4.4 个百分点，达到 68.8%。私人汽车拥有量占总保有量的比重为 72.8%，比 5 年前增加近 10 个百分点。自主创新能力有所提高(研发投入占销售收入的比例由 2005 年的 1.66% 提高至 2009 年的 1.93%)。自主品牌产品取得长足发展(自主品牌乘用车数量增长 1.8 倍，销售增长 2.6 倍)。节能减排有序推进、循环经济发展起步(乘用车整体油耗比 2002 年下降 25%)，中国汽车零部件体系初步建成(门类齐全，零部件产值及出口值居世界第四位)。

据工信部发布数据显示，2012 年全国汽车行业规模以上企业累计完成工业总产值 5.29 万亿元，同比增长 11.8%。2012 年，我国 17 家重点汽车企业（集团）累计完成工业总产值 2.09 万亿元，同比增长 3.3%；累计实现主营业收入 2.41 万亿元，同比增长 2.8%；完成利税总额 3916.85 亿元，同比增长 0.6%。

经历过 2009、2010 年的疯狂增长后，中国车市逐渐恢复冷静，从 2011、2012 年开始进入"微增长"时期。也许有人感慨，"花无百日红，人无千日好"，中国车市将难再现往昔的黄金岁月。然而对比全球车市 5% 的增速，如今中国车市的增速才是一个更加合理的数字。毫无疑问，中国已经成为一个汽车大国，如何成为汽车强国将是未来很长一段时期内永恒的命题。

2. 我国汽车工业面临的机遇

汽车工业作为重工业的重要组成部分，面临空前的发展机遇。

我国国民经济的持续增长，人民生活水平的日益提高，拉动了汽车需求的增长。汽车生产企业为争夺市场而扩大生产规模，不断提高生产专业化程度，加快产品研发和技术改造，从而促进汽车工业的进步。

经济的发展，重工业化进程的起步，一方面使汽车产业组织结构日趋合理，另一方面能源问题的日益突出必将促使汽车节能技术产生飞跃。

工业应与经济、社会协调发展的观念日益深入人心，如环境污染问题将使汽车环保技术面临改善。同时，对汽车工业的低水平盲目投入也因此日益受到限制。

新技术革命浪潮风起云涌，尤其是电子技术和计算机技术极大地改变了人们的生活方式。这些新技术与汽车工业的结合日益紧密，极大地推动了汽车工业的技术变革。

良好的政策环境，如汽车消费政策鼓励私车消费，新的汽车产业政策限制对汽车工业的低水平盲目投入，有利于汽车工业的良性发展。

3. 我国汽车工业的发展趋势

1) 汽车技术的发展方向

电子技术，开发新能源、新材料，节能和环保的研究等将是我国汽车技术发展的主要方向。

(1) 电子技术。汽车上 70% 的创新来源于电子技术，未来汽车电子技术的发展将主要集中在动力总成、底盘控制、车身控制、主被动安全、汽车网络、通信系统及安全与防盗等方面，并呈现出功能多样化、技术一体化、系统集成化和通信网络化的特点。

(2) 新能源开发。世界范围内，混合动力驱动系统技术已经成熟，日本的汽车公司领先进入商业化生产，丰田和本田公司都有新型混合动力轿车投放市场；燃料电池技术发展迅速，特别是氢燃料电池技术已有所突破，许多概念车陆续出现；发动机的控制技术日益先进和复杂。

(3) 节能和环保。在节约燃料方面，经济型轿车将达到 100 公里耗油 3 升的指标。2005年德国已尝试生产 100 公里耗油 1 升的轿车，这大大提高了汽车燃料的经济性。预计未来10 年中，在技术上取得突破的主要是现代小型直喷柴油机。

(4) 新材料开发。"八五"末期，我国以桑塔纳为代表的几个引进轿车车型，虽然平均零部件国产化率高达 60% 甚至 80% 以上，但生产零部件的材料绝大部分依靠进口。材料的性能、品种、数量、价格等因素直接影响并制约着汽车工业的发展速度和水平。要发展我国的轿车产业，迫切需要进行轿车新材料的技术开发。为此，国家拨款 5750 万元，由科技攻关计划与 863 计划共同支持，进行轿车新材料的技术开发。科技攻关计划侧重近期目标，863 计划侧重中、远期目标。

2) 我国汽车工业的发展趋势

通过对我国汽车工业与世界汽车工业的比较，可以总结出我国汽车工业的发展趋势为：

(1) 整车厂规模化，整车生产模块化。

(2) 零部件厂规模化、专业化，零部件生产标准化、模块化。

(3) 汽车及零部件企业在研发上的投入将加大。

(4) 汽车及零部件企业的生产日趋精益化、敏捷化，企业的管理日趋信息化、网络化。

(5) 汽车整车与零部件企业间的协作关系有可能由一体化战略关系向类似日本的以合作为基础的转包模式逐步转变；汽车整车企业将采用"紧压式"管理，由一级配套厂帮助管理、协调二级和三级配套厂商。

四、国内外主要汽车生产厂家简介

1. 国外著名汽车生产厂家简介

1) 通用汽车公司(美国)简介

通用汽车公司是世界上最大的汽车公司，汽车产量占世界汽车产量的 20%，公司标志为"GM"。公司总部设在美国底特律市，在全球各地共有员工 70 多万人。通用汽车公司成立于 1908 年，创始人是威廉·杜兰特。该公司主要从事制造和销售轿车、载货车、客车及汽车零配件等业务。通用汽车公司在世界 53 个国家和地区，共设有 60 多家制造和装配工厂。

通用汽车公司有 6 个轿车部，分别为：凯迪拉克部，汽车品牌有帝威(Deville)、赛威(Seville)、弗利特伍德(Fleetwood)等；别克部，汽车品牌有世纪(Century)、林荫大道(Park Avenue)、云雀(Skylark)等；旁蒂克部，汽车品牌有火鸟(Firebird)、太阳火(Sunfire)、太阳鸟(Sunbird)等；奥兹莫比尔部，汽车品牌有阿勒奴(Alero)、剪影(Silhouette)、鲁莽(Bravada)等；雪佛兰部，汽车品牌有开拓者(Blazer)、骑士(Cavalier)、S10 等；土星部，汽车品牌有跑车(SC)、轿车(SL)、旅行轿车(SW)等车型。其它还有专门生产皮卡车、大中轻型货车的GMC 部，以及生产悍马越野车部。

通用汽车公司拥有以下各国一些汽车厂家的股份：欧宝(OPEL，德国)，主要有欧美佳(Omega)、雅特(Astra)、威达(Vectra)等车型；绅宝(SAAB，瑞典)，主要有 9-3、9-5 系列车型；大宇(DAEWOO，韩国)，主要有旅行家(Nubira)、蓝龙(Lanos)、典雅(Leganza)等车型；铃木(SUZUKI，日本)，主要有 Lgnis、Liana 等车型；五十铃(ISUZU，日本)，主要生产载重汽车、越野车和客车；菲亚特(FIAT，意大利)，主要有蒂波(Tlpo)、乌诺(Uno)、熊猫(Panda)等车型；富士重工(Fuji Heavy Industries Ltd，日本)，主要有速波(Subaru)、翼豹(Impreza)、森林人(Forester)等车型。

通用汽车公司在我国持有股份的汽车整车制造企业有：上海通用汽车有限公司，该公司成立于 1997 年 6 月 12 日，是由通用汽车公司与上海汽车工业(集团)总公司各出资 50%组建而成的中国最先进的整车生产企业；上汽通用五菱汽车股份有限公司，该公司是由上汽集团、通用汽车、五菱于 2002 年 6 月共同组建的合资公司，总投资 9960 万美元，三方持有的股份比例分别为 50.1%、34%、15.9%，公司位于广西壮族自治区柳州市，是中国销量第二的微型车生产企业；上海通用北盛汽车有限公司，该公司位于辽宁省沈阳市，原来是金杯通用汽车有限公司，2004 年 3 月，上汽集团、通用汽车中国公司和上海通用汽车重组金杯通用汽车，上汽集团与通用汽车中国公司各拥有 25%的股份，上海通用汽车持有 50%的股份。

2) 福特汽车公司(美国)简介

福特(FORD)汽车公司由亨利·福特创建于 1903 年，是美国第二大汽车公司。福特汽车公司在美国本土拥有 44 个制造厂、18 个装配厂、13 个工程研究机构及两个汽车试验场，在国外 6 个国家和地区设有 25 个制造厂和装配厂等。公司总部设在底特律市，拥有职工总数达 37 万人。

福特汽车公司的生产厂家主要有：福特部，该部汽车品牌有皇冠维多利亚(Crown Victoria)、野马(Mustang)、金牛座(Taurus)等；林肯部，该部汽车品牌有大陆(Continental)、城市(TownCar)、马克八(Mark Ⅷ)等；水星部，该部汽车品牌有美洲豹(Cougar)、大侯爵(Marquis)、田园(Villager)等。

福特汽车公司拥有以下各国一些汽车厂家的股份：马自达(MAZDA，日本)，主要有 626、323、RX-8 等车型；沃尔沃(VOLVO，瑞典)，主要有 S80、V70、XC90 等车型；捷豹(JAGUAR，英国)，主要有戴姆勒(Daimler)、S-Type、XK 等车型；陆虎(LANDROVER，英国)，主要有览胜(RangRover)、发现(Discovery)、自由人(Freelander)等车型；阿斯顿·马丁(ASTONMARTIN，英国)，主要有 DB9、方塔奇(Vantage)、征服者(Vanquish)等车型。

　　福特汽车公司在中国的历史可追溯到 1913 年，当时第一批 T 型车销售到中国。目前，福特汽车公司在我国与重庆长安汽车集团公司共同组建了长安福特汽车有限公司，另外还占有江西江铃汽车股份有限公司约 30% 的股份。

　　3) 戴姆勒-克莱斯勒汽车公司(德国-美国)简介

　　戴姆勒-奔驰(DAIMLER-BENZ)公司是历史最悠久的汽车公司，其创始人是卡尔·奔驰和威廉·戴姆勒。1926 年，奔驰汽车公司和戴姆勒汽车公司为了避免在日益增大的汽车工业中互相排挤，两大汽车巨人终于走到了一起，创办了举世闻名的"戴姆勒-奔驰"汽车公司(简称奔驰汽车公司)。1998 年 5 月 7 日，戴姆勒-奔驰汽车公司与美国的克莱斯勒(CHRYSLER)汽车公司联合，成立了戴姆勒-克莱斯勒(DAIMLER-CHRYSLER)汽车公司。戴姆勒-奔驰汽车公司占 57% 的股份，克莱斯勒汽车公司占 43% 的股份。

　　2005 年 8 月，戴姆勒-克莱斯勒汽车公司与北京汽车工业控股有限责任公司在原北京吉普汽车有限公司的基础上重组，成立了北京奔驰-戴姆勒·克莱斯勒汽车有限公司。新生的北京奔驰-戴姆勒·克莱斯勒汽车有限公司的投资总额为 60 291.4884 万美元；注册资本达 40 074.9784 万美元，其中，北京汽车工业控股有限责任公司出资占注册资本的 50%，戴姆勒-克莱斯勒公司一方出资占注册资本的 50%，主要生产轿车。

　　(1) 戴姆勒-奔驰公司(德国)简介。

　　戴姆勒-奔驰公司是德国最大的工业集团和跨国公司。集团内生产汽车的部门是梅赛德斯-奔驰(Mercedes-Benz)，生产轿车的叫梅赛德斯，生产货车和客车的叫奔驰。公司总部设在德国斯图加特，雇员总数近 20 万人。自建厂以来，奔驰汽车公司经营风格始终如一，不追求汽车产量的扩大，而只追求生产出高质量、高性能和高级别汽车产品。目前主要生产车型有：单厢轿车(A 级)、小型轿车(C 级)、中级轿车(E 级)、高级轿车(S 级)、高级跑车(CL)、小型跑车(SLK)、中型跑车(CLK)、高级跑车(5L)、SUV(M)、迈巴赫(Maybach)等系列。奔驰公司还是世界上最著名的大客车和重型载重汽车的生产厂家。

　　奔驰汽车公司在我国与江苏扬州亚星客车集团合资组建了亚星-奔驰客车有限公司，生产奔驰客车。

　　(2) 克莱斯勒汽车公司简介。

　　克莱斯勒汽车公司创立于 1920 年，是美国第三大汽车公司。该公司在全世界许多国家设有子公司，是一个跨国汽车公司，公司总部设在美国底特律，雇员约 13 万人，在美国有 8 家汽车装配厂、36 家整车及零部件厂。

　　克莱斯勒的生产厂家主要有：克莱斯勒部，该部的汽车品牌有君王(Concorde)、Pr 漫游者(Pr Cruiser)、赛百灵(Sebring)等；道奇部，该部的汽车品牌有捷龙(Caravan)、层云(Stratus)、蝰蛇(Viper)等；顺风部，该部的汽车品牌有神行者(Prowler)、微风(Breeze)、彩虹(Neon)等；吉普部，该部的汽车品牌有切诺基(Cherokee)、牧马人(Wrangler)、自由(Liberty)等。

　　克莱斯勒汽车公司还拥有其它国家一些汽车厂家的股份，包括：三菱(日本)，主要有蓝瑟(Lancer)、帕杰罗(Pajem)、3000GT 等车型；现代(韩国)，主要有雅绅(Accent)、百年(Centennial)、索纳塔(Sonata)等车型；起亚(韩国)，主要有赛菲亚(Sephia)、舒马(Shuma)、嘉年华(Carnival)等车型。

　　克莱斯勒汽车公司在我国与北京汽车工业控股有限责任公司合资建立北京吉普汽车有限公司，生产切诺基等车型。

4) 丰田汽车公司(日本)简介

丰田公司生产有轿车、货车、公共汽车、汽车零部件等产品。总部在日本东京,2003年汽车产量世界排名第二。目前丰田汽车公司在日本国内设有 12 家工厂,在 34 个国家和地区设有子公司,在 26 个国家和地区生产汽车,员工约 7 万人。

丰田公司创造了著名的丰田生产管理模式,大大提高了工厂生产效率和产品质量,降低了产品成本。丰田汽车公司有很强的技术开发能力,而且十分注重研究顾客对汽车的需求,因而在它发展的各个不同历史阶段创出了不同的名牌产品,而且以快速的产品换型击败了欧美竞争对手。

丰田汽车公司主要有世纪(Century)、佳美(Camy)、皇冠(Crown)、亚洲龙(Avalon)、光冠(Corona)、陆地巡洋舰(Land Cruiser)、大霸王(Previa)、海狮(Hiace)等品牌车型。1989 年丰田汽车公司成立凌志部,专门生产高级豪华汽车,使用凌志(Lexus)品牌。

丰田汽车公司拥有大发汽车公司(日本)的股份。

丰田汽车公司与我国一汽集团合作在天津生产轿车、在四川生产轻型客车(柯斯达)、在长春生产越野车和混合动力车,与广汽集团在广州合资生产发动机和中高级豪华轿车(凯美瑞),并在天津和沈阳设有丰田汽车技术中心。

5) 大众汽车公司(德国)简介

德国大众(VOLKSWAGEN)汽车公司是德国汽车产量最高的汽车公司,属于世界十大汽车公司之一。公司总部在沃尔夫斯堡,目前有雇员近 30 万人,整个汽车集团产销能力在 500 万辆左右。在欧洲、美洲、亚洲、非洲、大洋洲设有生产厂、总装厂和销售服务机构。

20 世纪 30 年代大众"甲壳虫"汽车问世,由于价格低廉,很快风靡德国以至整个欧洲,到 1981 年"甲壳虫"汽车停产时,已经累计生产 2000 万辆,打破了福特 T 型车的世界纪录。

大众汽车公司旗下的大众品牌主要有高尔夫(Golf)、新甲壳虫(New Beetle)、辉腾(Phaeton)等车型;奥迪品牌主要有 A6、A8、TT 等车型;西亚特品牌主要有科多巴(Cordoba)、伊比萨(Ibiza)、阿尔提(Altea)等车型;斯柯达品牌主要有法比亚(Fabia)、欧亚(Octavia)、苏波比(Superb)等车型。

大众汽车公司 1985 年与我国上海汽车集团公司合资建立"上海大众"公司,1990 年又与我国第一汽车集团合资建立"一汽大众"公司。

6) 雷诺-日产汽车公司(法国-日本)简介

1999 年法国雷诺汽车公司收购日本日产汽车公司 36.8%的股份,组成"雷诺-日产"汽车集团,成为世界第五大汽车集团。

(1) 雷诺(RENAULT)汽车公司(法国)简介。

雷诺汽车公司是法国第二大汽车公司,公司创立于 1898 年,现在的雷诺汽车公司已被收归国有,是法国最大的国有企业。雷诺汽车除了轿车外,还有货车、客车以及各种改装车、特种车等产品。公司总部在法国比杨古。雷诺汽车公司在世界各地拥有 45 个汽车生产厂和组装厂,雇员人数 15 万,年产汽车 240 多万辆,主要有梅甘娜(Megane)、风景(Scenic)、拉古娜(laguna)等品牌车型。

1995 年,雷诺汽车公司与我国三江航天工业集团合资成立汽车有限公司,生产塔菲克系列轻型客车。

(2) 日产汽车公司简介。

日产(NISSAN)汽车公司是日本第二大汽车公司，公司总部设在日本东京市。主要产品有轿车、货车、公共汽车和特种汽车。在世界上的 20 多个国家和地区建立了装配厂和子公司。

日产汽车公司主要品牌有：无限(Infiniti)、桂冠(Laurel)、风度(Cefiro)、西玛(Cima)、公爵(Duke)、途乐(patrol)等车型。

日产汽车公司在我国与东风汽车公司全面合作生产全系列卡车、客车、轻型商用车及乘用车产品。

7) 本田汽车公司(日本)简介

本田(HONDA)汽车公司的全称是本田技术研究工业有限责任公司，是日本最年轻的汽车公司，目前是日本第三大汽车公司。公司总部设在日本东京。

本田自创建以来，由一个名不见经传的小公司已经发展成为跨国公司，由一个不知名的摩托车公司已经发展成为世界第一流摩托车公司。该公司 20 世纪 60 年代起生产汽车，经过短短的 20 年时间已跻身于世界知名汽车厂商的行列，真是名副其实的汽车工业后起之秀。本田汽车以省油、环保著称，是第一种达到美国低排放标准的日本汽车。

本田汽车公司主要有里程(Legend)、雅阁(Accord)、思域(Civic)、序曲(Prelude)、思韵(Stream)等品牌车型。

本田汽车公司在我国合资建立广州本田汽车有限公司和东风本田(武汉)汽车公司，生产轿车和 MPV 等车型。

8) 宝马汽车公司(德国)简介

宝马(BMW)汽车公司是全球高级轿车领域唯一能和奔驰并驾齐驱的王牌公司，有雇员5 万人，汽车年产量接近 100 万辆，名列世界汽车公司前 20 名。公司始创于 1916 年，总部设在德国慕尼黑。

宝马轿车追求"驾驶乐趣"，所以世上一向有"开宝马、坐奔驰"之说。

宝马汽车公司主要生产中档轿车(3 系列)、高档轿车(5 系列)、中档跑车(6 系列)、高档豪华轿车(7 系列)、高档双门跑车(8 系列)、轻便跑车(2 系列)、越野车(x 系列)。

宝马汽车公司在我国与华晨集团合作生产轿车。

9) PSA 标致-雪铁龙汽车集团(法国)简介

1976 年法国的标致公司和雪铁龙公司合并，组成标致-雪铁龙集团。1978 年该集团买下欧洲三家(法国、英国、西班牙)克莱斯勒欧洲公司，把它改组成塔尔伯特汽车公司。同时，由标致公司、雪铁龙公司、塔尔伯特公司共同组成 PSA 标致-雪铁龙汽车集团。PSA集团总部设在法国巴黎。

(1) 标致(PEUGEOT)汽车公司简介。

标致汽车公司是法国最早、最主要的汽车生产厂家之一，其产品从微型到豪华型都有。主要生产 206、307、406、407、607 等系列车型。

(2) 雪铁龙(CITROEN)汽车公司简介。

雪铁龙汽车是前轮驱动汽车的先驱，素以技术先进而著称。主要生产 C3、C5、C8、毕加索(Picasso)等系列车型。

标致-雪铁龙汽车公司在我国与东风汽车集团合作生产轿车。

2. 国内著名汽车生产厂家简介

1) 第一汽车集团简介

第一汽车集团是我国汽车工业的大型企业集团,创建于1953年,我国汽车工业从这里起步,毛泽东主席亲自命名并题写"第一汽车制造厂奠基纪念"。50年来,经历了建厂创业、产品换型和工厂改造、上轻型车和轿车三次大规模发展阶段,产品生产由单一4t货车向轻、中、重型商用车和轿车方面发展,形成了以轿车生产为主的新格局。

第一汽车集团公司总部设在长春。生产基地有东北基地、天津基地、山东基地、华东基地、西南基地、海南和深圳窗口企业等。拥有全资子公司29家,控股子公司14家,其中包括一汽轿车、一汽夏利、一汽四环3家股份上市公司。拥有员工12.6万人。

第一汽车集团主要品牌有:一汽轿车的红旗、马自达6等;一汽大众的捷达、宝来、高尔夫、奥迪A4和A6等;一汽丰田的威驰、花冠等;天津一汽的夏利、雅酷、威姿、威乐等;一汽海南的福美来、普利马等;解放商用车系列(含重型、中型、轻型货车,越野车,专用车,客车等)。

2) 东风汽车公司简介

创立于1969年的东风汽车公司(原二汽),是我国三大汽车集团之一。东风汽车公司经过三十余年的建设和发展,目前拥有子公司120多个,员工12万余人,产品系列涵盖了重型、中型、轻型货车以及客车和乘用车。控股、参股的子公司主要包括:东风汽车有限公司、东风商用车公司、风神汽车有限公司、神龙汽车有限公司、东风本田(武汉)汽车公司、东风悦达起亚汽车公司以及东风汽车、东风科技两家股份上市公司。相继建成了十堰、襄樊、武汉和广州四大汽车生产基地。

2003年,东风汽车公司与日产汽车公司携手组建了新公司——东风汽车有限公司。该公司是我国首家拥有全系列货车、客车、轻型商用车及乘用车产品的中外合资企业。公司总部设在武汉市。

东风汽车公司主要品牌有:神龙汽车的富康、爱丽舍、赛纳、毕加索、标致307等;风神汽车的蓝鸟、阳光;东风本田的CR-V;东风悦达起亚的千里马;东风柳州风行MPV;东风商用车系列(含重型、中型、轻型货车,越野车,专用车,客车等)。

3) 上海汽车工业(集团)总公司简介

上海汽车工业(集团)总公司(简称"上汽集团"),是我国三大汽车集团之一。主要从事轿车、客车、货车、拖拉机、摩托车等整车及配套零部件的研发、生产、贸易和金融服务。目前,集团下属二层次企业55家,员工总数约6万人。现已形成上海通用、上海大众、五菱、仪征四大乘用车生产基地。1997年还独家发起设立了上海汽车股份有限公司,开通了资本市场的融资渠道。2003年上汽集团整车产销近80万辆,其中主导产品轿车销售达到59.7万辆。

上汽集团主要品牌有:上海大众的高尔、波罗、桑塔纳、帕萨特等;上海通用的赛欧、凯越、君威、GL8等;上汽通用五菱的雪佛兰乐驰、五菱之光、都市清风等;上海仪征的赛宝;申沃的客车系列。

4) 南京汽车集团公司简介

南京汽车集团有限公司是制造出我国第一辆轻型载货汽车的大型汽车骨干生产企业。现拥有4家全资子公司,24家控股子公司(其中8家属中外合资),13家参股公司(其中4家属中外合资)，400 余家关联企业。公司目前已形成三大汽车生产基地，生产跃进、南京依维柯、南京菲亚特三大品牌系列 400 多个品种的汽车，年综合生产能力可达 20 万辆。

南京菲亚特公司生产轿车，其品牌有：周末风、派力奥、西耶那等。

5) 北京汽车工业控股有限责任公司简介

北京汽车工业控股有限责任公司(简称北汽控股公司)是我国轻型汽车的主要生产基地之一。该公司拥有一批如北京吉普汽车有限公司、北京福田汽车股份有限公司和北京现代汽车有限公司等知名企业和名牌产品。现在产品结构上初步确立了"三大板块"，即以现代轿车为代表的轿车板块、以切诺基为代表的越野乘用车板块和以福田汽车为代表的商用车板块。另外，北汽与奔驰汽车公司已达成合作生产奔驰轿车协议。北汽控股公司旗下的北汽福田轻型载货车 2002 年产量位居全国第一，总销量达 15 万辆。

北汽控股公司主要品牌有：轿车的索塔纳、伊兰特；越野乘用车的大切诺基、帕杰罗·速跑、欧蓝德、北吉 2500 等；商用车的福田欧曼、福田奥铃、福田风景、时代汽车等。

6) 广州本田汽车有限公司简介

广州本田汽车有限公司成立于 1998 年，由广州汽车集团和日本本田工业技研株式会社各出资 50%建成。2003 年广州本田的轿车产量达 11.7 万辆，排行全国轿车产量第四位。创造了投入少、能高速滚动发展的广州本田奇迹。

广州本田生产的品牌轿车有：新一代本田雅阁、飞度轿车和奥德赛多功能轿车。

7) 长安汽车(集团)有限责任公司简介

长安汽车(集团)有限责任公司由原长安机器制造厂和江陵机器厂合并而成，具有 140 余年的建厂历史。公司总部在重庆，是全国最大的微型汽车及发动机生产厂家之一。长安目前拥有七大汽车制造企业：长安汽车股份有限公司、长安福特汽车有限公司、长安铃木汽车有限公司、南京长安汽车有限公司、河北长安胜利有限公司、河北长安汽车有限公司和长安跨越车辆有限公司。

长安汽车产品有轿车、微型客车、厢式货车、微型货车、微型专用车共计五大系列。主要品牌有：微型客车的长安镭蒙、长安星韵、长安雪虎等；轿车的长安福特嘉年华、长安福特蒙迪欧、长安羚羊、长安奥拓等。

8) 华晨中国汽车控股有限公司简介

华晨中国汽车控股有限公司是我国第一家海外上市公司，生产基地在沈阳。旗下拥有的中华轿车是我国第一款拥有整车自主产权的轿车品牌，而金杯海狮轻型客车在国内同类车型中市场占有率接近 60%。2003 年，华晨中国汽车控股有限公司与宝马汽车公司合作生产宝马轿车。

华晨生产的汽车品牌有中华轿车(中华晨风)；金杯客车(金杯海狮锐驰、金杯海狮勤务兵、金杯阁瑞斯)；华晨宝马(325i、530i)轿车。

9) 吉利控股集团简介

吉利控股集团创建于 1986 年，是民营汽车生产企业。吉利以生产经济型家庭用车为主，在临海、宁波、台州、上海拥有四大整车制造基地，生产七个汽车品种。有吉利·豪情、吉利·美日系列以及美人豹，华普三大子品牌。

2003 年吉利生产的我国第一辆自产跑车——美人豹在台州(吉利)汽车工业城正式下线，从此结束了我国没有国产跑车的历史。

10) 哈飞汽车制造有限公司简介

哈飞汽车制造有限公司是哈尔滨飞机工业(集团)有限责任公司控股的子公司,是我国微型汽车大型骨干生产企业。公司总部在哈尔滨市。

哈飞拥有轿车、微型客车、厢式货车、单排座及双排座微型货车五大系列共计 130 多个品种。以松花江为品牌的有赛马、中意、百利等车型。

第二节 我国汽车市场概述

一、我国汽车市场的发展历程

我国汽车市场的建立与发展是同我国汽车工业的发展相一致的,其不同点在于,不同的经济体制下表现出的经济运行模式不一样。党的十一届三中全会以后,我国汽车工业的产销系统由较为封闭的状态逐渐转为开放的状态,汽车生产的市场导向取代了计划指导。目前,汽车作为商品进入市场交换体系,多渠道、少环节的汽车商品市场流通体系已初步形成。

1. 汽车产品流通体制的变迁

新中国成立以来,我国汽车市场的经济运行模式经历了由计划经济向市场经济过渡的变革时期,汽车产品的产销量发生了巨大的变化。例如,"六五"期间,我国汽车的年产量从 1980 年的 22 万辆提高到 44 万辆,累计生产 137.2 万辆;到"八五"期间,汽车年产量增加到 150 万辆;尤其是 1994 年党的十四大确定汽车工业为我国国民经济支柱产业后,截止 2002 年底汽车年产量突破 300 万辆大关,取得了汽车产量世界排名第五的可喜成绩。纵观我国汽车产品流通的历史,随着汽车生产的发展,汽车流通体制大致经历了三个不同的发展阶段。

1) 第一阶段(1953～1978 年)

这一阶段以严格的计划控制的分配制度为汽车产品流通的形式,从生产到消费的流通过程深深地刻着计划经济的痕迹。这一阶段又可以分为三个时期:中央统一控制时期、中央管理为主地方管理为辅时期和中央地方两级管理时期。

(1) 中央统一控制时期(1953～1966 年)。1953 年,我国开始进行大规模的经济建设,实施第一个五年计划,中央人民政府成立国家计划委员会,在全国建立了国民经济计划管理制度,统一编制国民经济计划;同时,实行对重要生产资料在全国范围内由国家统一平均分配的制度。

在这一时期,我国的汽车工业由单纯制造载货汽车发展到可以生产轿车、旅行车、轻型车等,除了一汽解放牌汽车大量投放市场外,上海凤凰牌轿车、北京东方红牌轿车、一汽红旗牌轿车也相继投入生产。

(2) 中央管理为主地方管理为辅时期(1967～1976 年)。1966 年 5 月至 1976 年 10 月的"文革"十年动乱中,汽车的生产、管理和销售遭到了严重的破坏,在相当长的时间内,物资分配供应工作陷入严重的无政府状态。1967 年全国汽车产量猛跌为 2 万余辆,比上年下降 63%以上。1970 年国家撤销了物资部,此后 23 个省市自治区撤销了物资厅局,汽车的订货和销售工作交由各行业部门管理，实行产销合一、地方经营，汽车统配数量大大减少。汽车计划管理体制实行"国家统一计划下，地区平衡，差额调拨，品种调剂，保证上缴"的分配办法。1972年起试行在汽车生产厂给地方保留一定的生产与销售能力的办法，地方可自行支配的汽车数量有了较大增长。1976年由地方支配的汽车达3万辆，约占全国产量的1/4。

(3) 中央地方两级管理时期(1977～1978年)。1976年以后，工业生产得到了较快的恢复，国家开始对物资管理工作进行调整，停止实行"地区平衡、差额调拨"的分配方法。对汽车资源实行中央和地方两级管理的办法，归中央安排的汽车生产计划，由中央解决原材料，产品由中央分配；归地方安排生产的，由地方进行分配。1977年起，原一机部等部门的产品销售机构和人员并入国家物资总局，汽车的销售工作也统一由国家物资局所属的机电设备局负责，汽车的供销业务由物资专业公司和主管生产的部门双重领导和组织。从此，汽车贸易体制开始向多层次方向发展。

2) 第二阶段(1979～1984年)

这一阶段也可以称为流通体制演变过程的过渡阶段，此阶段的显著特征是计划分配体制出现松动。

1978年12月召开的十一届三中全会，确定了将党的工作重点转移到社会主义现代化建设上来的方针。自此，汽车的计划分配和流通出现了新的局面，从单一的计划分配转为实行指导性计划和市场调节相结合的双轨运行体制，汽车开始作为商品进入市场。

严格地讲，在第二阶段，汽车产品的流通体制仍置于计划管理的控制之下，所不同的是在管理方式及计划的严格程度上有所改变，到1984年，国家指令性计划分配的汽车占汽车资源的比重由1980年的92.7%下降到58.3%，表明计划管理有了较大的松动。

3) 第三阶段(1985年开始至今)

这一阶段是汽车产品流通体制变革取得突破性进展的阶段。此阶段的特点是从正面触及旧体制的根基，即旧的分配制度，大幅度减少指令性分配计划，大面积、深层次地引入市场机制，突破了生产资料资源配置决策的原有格局，使整个流通体制发生了重大变化。双轨运行逐步向以市场调节为主的单轨靠拢，市场机制开始成为汽车产品流通的主要运行机制，汽车工业也在汽车市场的推动下步入新的发展阶段。

2. 汽车市场的形成

1978年4月，中央做出《关于加快工业发展若干问题的决定(草案)》(简称工业三十条)，指出加强重要物资的管理，要统一计划、统一调拨，除少量进口汽车由国家计划分配外，计划外的国产汽车由各省市自治区自行安排。汽车作为商品开始进入市场，汽车市场也在国家政策的扶持下迅速发展壮大。

1981年8月，国务院批准通过了《关于工业品生产资料市场管理暂行规定》，规定各生产企业在完成国家下达的生产、分配计划和供货合同的前提下，有权自销部分产品。1985年1月，国家物价局、国家物资局又发出《关于放开工业生产资料超产自销产品价格的通知》，规定："工业生产资料属于企业自销和完成国家计划的超产部分的出厂价格，取消原定的不高于国家定价20%的规定，可按低于当地的市场价格出售，参与市场调节，起平抑价格作用"。上述政策的实施，适应了汽车市场购销活跃的新形势，有效地扩大了企业自主经营权，从而使企业取得了产品和价格的自主权，为汽车市场的形成和发展打下了良好的物质基础。

1) 组建汽车市场

1985 年 1 月，国务院研究了成立汽车、钢材贸易中心的具体方案，对建立汽车贸易中心的有关问题做出如下决定：

(1) 建立汽车贸易中心的条件比较成熟，要抓紧筹备。先在北京、上海、沈阳、武汉、重庆、西安等 6 个中心城市建立汽车贸易中心，春节前将投放 6 万多辆汽车进入市场，第一批试投时车价要高一些，以防一抢而光，以后随着投放量的增加，价格可逐步降低。

(2) 汽车生产厂可在贸易中心自定价格，挂牌自销，国家收取一定的调节税，税率由中汽公司同财政部研究决定。

(3) 从贸易中心购买的轿车、旅行车、吉普车、工具车及大客车，除党政机关外，不再办理控购手续，由国家物资局会同财政部提出具体意见。

(4) 贸易中心要工贸结合，做好信息、技术咨询及零配件供应等各项服务工作。贸易中心的整车销售以物资部门为主，生产部门为辅；零部件供应以生产部门为主，物资部门配合。

1985 年 2 月 6 日，国家经委、物资局联合发出《关于向市场投放汽车和建立汽车贸易中心的通知》，决定先在上述 6 个城市建立汽车贸易中心，由所在城市的省市机电公司、机电产品贸易中心和国家物资局所属机电产品管理处联合组成，并吸收汽车厂参加。

1986 年 4 月，国家经委、物资局、工商行政管理局发出《关于调整改组 6 个汽车贸易中心的通知》，决定撤销原联合组建的 6 个城市汽车贸易中心，同时成立华北、华东、东北、中南、西南、西北汽车贸易中心，作为国家物资局机电设备公司下属的全民所有制物资企业，实行独立核算，依法独立承担经济责任。

为适应汽车贸易事业的发展，1989 年国务院批准成立了我国汽车贸易总公司，上述 6 个汽车贸易中心改为汽贸分公司，加上天津、广州 2 家公司，全国共有 8 个汽车贸易分公司。我国汽车贸易总公司在全国设有 1000 多家销售网点，会同全国各省市(地)县的机电公司、国家汽车工业总公司销售公司及主要骨干汽车生产企业，基本形成了一个大型的全国性汽车贸易网络主干。

2) 国家组织进口和国产汽车资源投放市场

为适应我国汽车工业的发展和投放市场汽车数量不断增加的趋势，适应新的供求关系，满足城乡用车需求，国家决定有计划地组织一批进口和国产汽车，通过汽车贸易中心投放市场，同时起到平抑物价、回笼货币、增加财政收入以及防止转手倒卖的作用。

国家物资局 1985 年统一组织进口的第一批汽车数量及投放范围如表 1-1 所示。

表 1-1　国家物资局第一批投放市场的汽车情况 (辆)

进口汽车总数	进口汽车类型				投放范围	
	载货汽车	轿车	微型客车	微型载货汽车	城市	农村
70 000	19 600	35 400	10 000	5000	45 200	24 800

这批进口汽车于 1985 年 2 月春节前后采用预售办法投放，由国家物资局将预售控制数

通知各省市自治区物资部门，再由各物资部门将城市售车数通知到地市物资部门，将农村售车数通知到县物资部门，并组织各汽贸中心和各地、市、县物资部门按控制数代办预订投放。

各汽车厂自销的汽车及各汽贸中心自行组织的汽车，也进入汽车贸易中心销售。国家规定，销售对象不分中央、地方、机关、团体、企事业单位和集体个人，均可到就近的贸易中心及其委托的代销点登记购车，汽车一律售给顾客，不得转手卖给其它经营单位。

据不完全统计，从 1984 年到 1988 年间，国家共组织 50 万辆汽车投放汽车贸易市场。1985～1986 年间，国内一度出现汽车滞销，特别是从前苏联、东欧以货易货贸易形式进口的汽车，占用大量资金，且露天存放，已开始造成损失。国家 1986 年 6 月决定作一次性降价处理，降价幅度在 15% 以内，同时放宽了控购限制，执行更新车辆优惠政策，并决定采取由银行贷款购车，调拨 2000 吨油料解决购车用油问题，各中等城市和旅游城市经批准可以开办出租汽车公司等措施，解决汽车积压问题。

3) 我国汽车市场的主渠道

1988 年经国务院批准成立了我国汽车贸易总公司，该公司属国家物资部领导的大型全民所有制物流流通企业，为国家指定的汽车专营公司，是我国汽车市场销售的主渠道。它受国家计委、物资部委托，负责国家指令性汽车分配计划的执行和当年准备的调拨，办理进口汽车接货、发货、保管、检验和索赔业务；积极参与国家和各生产企业投放市场的汽车购销经营，.预测分析汽车的供需形势，参与市场调控；经营各种国产和进口汽车，摩托车，各种改装车以及汽车、摩托车配件，并兼营与汽车、摩托车相关的产品和机电产品；以批发、零售、代购、代销、经销、寄售、租赁等方式经营。

我国汽贸总公司下设东北、华北、华东、中南、西南、西北、天津、广州等 8 个直属分公司，分别设在沈阳、北京、上海、武汉、成都、西安、天津、广州等中心城市。这些直属分公司下设 1000 多个汽车销售网点，并与全国 28 个省市机电公司、物资部门、汽贸中心等贸易伙伴组成一个辐射全国的汽车销售、服务网络，实行多功能的经营体制，从而增强了调节吞吐能力，组织形成了有秩序的大市场。正是由于有了一套完整的分层次的销售、服务、信息网络，建立了中长期市场预测、市场动态监测体系，从而充分发挥了市场导向作用，使我国汽车市场更加繁荣，年销售额达 100 多亿元，并带来了巨大的社会效益，促进了国民经济的发展。

我国汽贸总公司作为国家政策性贸易型物资公司，为发展我国汽车工业做出了重要的贡献。它充分发挥了调整和服务功能，不以盈利作为主要和唯一目的，优先保证供应重点骨干汽车厂家的生产建设、技术改造，帮助工厂引进技术和外资，如帮助我国重点汽车厂进行一汽奥迪、上海桑塔纳、北京切诺基、江西五十铃、重庆五十铃等项目的引进，促进了我国汽车生产水平的提高和品种的增加，从而以充裕的资源，形成了合理的买方市场，推动我国汽车贸易逐步走向繁荣。

我国汽贸总公司以"为生产服务、为顾客服务"为宗旨，先后与包括 8 个汽车生产厂(集团)在内的全国数百家大中型汽车和机电生产企业建立了贸易伙伴关系，从而长期稳定了供求关系，巩固发展了资源基地，探索出了一条"工贸结合、工贸联销"的新路。

汽车配件市场是汽车市场的重要组成部分，是汽车售后服务的重要保证。我国汽贸总公司一直把加强售后服务和配件供应放在首要地位，一方面缓解了国家外汇压力，解决了进口配件品种不全和价格过高等问题，加快了进口汽车配件国产化的工作，立足国内，建设了 26 个车型 56 个品种的配件生产厂，并改善流通渠道，开辟了专门的配件交易市场；另一方面，总公司直属的 8 个汽贸公司和配件公司在全国建立了由进口汽车维修中心、检测中心、维修厂(站)、配件供应站等组成的不同类型的服务网络，使进口汽车可以就地、就近得到维修和保养，深受用户欢迎。

二、我国汽车市场的特点及影响因素

1. 我国汽车市场的结构特点

从建国初期到 1980 年以前，由于我国计划经济的特点，汽车始终作为重要生产资料被列入国家指令性计划中，通过统配的方式，经过物资专业公司流向顾客。汽车市场长期处于低水平、发展缓慢的状态。

1980 年后，为适应国民经济建设的需要，汽车市场从小到大、从点到面地发展起来。

我国的汽车市场是在汽车工业规模不大，生产水平不高，名牌产品少，需求变化频繁的情况下建立起来的，因而，它具有多层次的结构特点：

1) 国家交易市场

这个市场实际上是指令性计划产品的供应市场，也是定向投放市场，由物资部门和产业主管部门联合组织。地点一般设在交通便利的大城市，由承担国家指令性计划的汽车制造厂、国营大型经销企业参加，实行资源定向投放的办法，主要是满足承担国家重点项目的企业、交通运输部门顾客的需要。一般采用直接供货方式，供货量与订货量均按指令性计划量控制。这种市场的交易程序比较规范。

2) 批发市场

这个市场主要投放指导性计划产品，一般设在省、市、自治区和计划单列市的政府所在地。由我国汽贸总公司各地区公司、生产地汽贸公司、汽车生产厂共同组织，全国汽车定点生产企业可以自愿参加，批发市场交易执行国家政策法令，经销商必须具有合法的经营资格。

3) 零售市场

这种市场一般由具有合法经营资格的销售企业组织，完全开放，价格公开，销售对象不分国有、集体和个体。

2. 我国汽车市场的变化特征

20 世纪 80 年代我国汽车市场逐步完成计划经济体制向商品经济体制的转变，这一时期的汽车市场曾出现几次大的波动，如图 1-2 所示。

1980 年到 1981 年，国民经济处于恢复时期，国家正在理顺物资管理中的混乱状态，汽车市场出现了暂时停滞现象。

1982 年开始逐步回升，到 1985 年，因国民经济运行过热，基建规模过大，工业生产建设速度过高，信贷失控，消费基金膨胀，出现了过热的汽车需求。1985 年销售汽车 60 万辆，是新中国成立以来汽车销售的第一个高峰年。

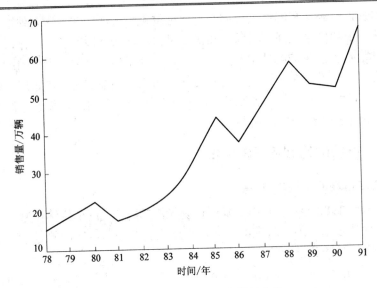

图 1-2　我国汽车市场销售增长曲线

1986 年我国国民经济进入调整时期，银根抽紧，"控购"手续从严，基建放缓，信贷紧缩，全国积压汽车价值近 70 亿元，大部分汽车厂处于停产、半停产状态。到 1987 年，汽车市场又呈现回升的趋势。

从 1988 年开始，我国经济再度出现过热状态，社会需求超过往年，汽车市场又出现了产销两旺的形势。全年总销售量达 70 万辆，比 1987 年增长 40% 以上。

1989 年至 1990 年，我国国民经济进入新的调整时期，国家压缩基建投资、工业增长速度放慢、国家财政状况欠佳、控制信贷等因素使一度过热的汽车市场又平淡下来。

综上所述，20 世纪 80 年代我国汽车市场是呈波浪形向前发展的，经历了"三起三落"。除了受国家政策、经济调整等因素影响外，产品结构、质量、价格以及市场组织建设与结构等市场机制对汽车市场具有更重要的影响。进入 20 世纪 90 年代以后，我国加快市场经济建设，汽车生产、销售呈现出持续稳定增长的好势头。目前，我国汽车的生产和销售已基本进入市场经济，加强对汽车流通的指导性管理，充分发挥市场机制的调节作用，根据市场供求和价格变化，适时、适度地调控市场，使其成为供需的枢纽，这是国家对汽车市场采取的主要策略。

3. 影响我国汽车市场的主要因素

1) 国民经济对汽车市场的影响

专家和学者们根据多年的分析研究认为，国民经济指标的变化对汽车市场影响如下：

(1) 工业生产增长速度的影响。据研究，汽车增长速度高于工业生产增长速度 5%～10%。当工业增长速度的落差接近 5 个百分点时，代表汽车市场运行状况指标有所恶化；当落差接近 10 个百分点时，汽车市场就会出现大幅度的跌落，其弹性系数为 1：1.05，即工业增长 1，汽车市场增长 1.05。

(2) 国民生产总值增长速度对汽车保有量有直接影响。国民生产总值增长速度对汽车保有量的增长弹性系数为 1：3.94，即国民生产总值增长 1，汽车保有量增长 3.94。

(3) 固定资产投资规模增长，直接影响汽车需求量。统计分析表明

$$汽车需求量 = 0.018\,97 \times 固定资产投资 + 6.02$$

上述关系表明随着固定资产投资规模增大，汽车需求量相应增加(统计年份变化，系数随之变化)。

2) 国家宏观调控对汽车市场的影响

(1) 银行信贷和利率。银行贷款松紧程度直接影响到企业的购买力、生产企业的生产规模及营销企业的营销规模。银行信贷利率增加使工厂和营销单位成本增加，利润下降。

(2) 税收。增值税的实施，消费税的调整，使消费者负担增加，也使生产企业成本增加。

(3) 社控。取消社控有利于汽车销售，社控费用使消费者负担增加。

(4) 关税。降低关税增加了进口车与国产车的竞争力，迫使国产车逐步降价，利润下降。

(5) 汇率并轨。人民币兑换美元下降，进口零件实际涨价，使实行全球采购的汽车成本增加。

(6) 购置税转移。由工厂代征转到当地交通部门征收，因征收基数提高，增加了顾客负担。

(7) 物价。一般汽车工厂自定价格，轿车由国家定指导价，企业可以浮动±10%，这就有利于汽车进入市场。

当国家实行宏观调控时，受到调控影响较大的企业的汽车需求量也会随之发生变化：在国家压缩社会集团购买力和行政费用开支时，事业单位、政府部门的汽车需求量随之减少。这些变化都会使汽车市场的需求受到影响。

3) 社会经济的发展变化对汽车市场的影响

社会经济发展的格局发生变化，将明显地影响汽车市场的变化。在不同的经济发展格局中，某些产业会得到高速发展，而另一些产业可能受到抑制。

当国家宏观调控政策到位后，压缩社会集团购买力和行政开支，国营单位汽车需求量随之减少，但由于第三产业和乡镇企业仍保持高速发展，因此汽车需求第一大户由第二产业转向第三产业，乡镇企业成为第二大户，三资企业、个体户和家庭汽车消费也不容忽视。

尤其是家庭私人汽车消费市场增长最为迅猛，2002年统计数据显示，私人拥有汽车已猛增至1000万辆，其中，轿车快速进入家庭为汽车提供了更广阔的市场。

4. 汽车市场需求的制约因素

1) 基本建设的规模和国民经济发展速度

基本建设规模越大，经济发展速度越快，对汽车需求量越大。当国家实行紧缩银根政策时，企事业单位资金随之紧张，汽车购买力很快下降；基本建设项目压缩，汽车需求也随之下降；国民经济发展处于调整阶段，汽车需求量也会下降。

2) 固定资产更新状况

固定资产更新期越短，或更新越集中，对汽车需求就越大。1993年全国汽车保有量为818万辆，"八五"规划规定在"八五"期间应更新100万辆(1991年15万辆，1992年15万辆，1993年20万辆，1994年25万辆，1995年25万辆)，实际上当时汽车已有120万辆达到报废标准。很明显汽车更新率直接影响汽车市场，超期服役的运输车不但不安全，而且造成城市污染加剧。报废标准的制订影响更新率。制订新的排放标准，严格执行保护生态环境的国家政策，不仅影响汽车更新期长短，而且影响汽车市场需求。

3) 资源的存量

当两种资源之间可以相互代替时，一种资源存量的变化，会引起对另一种资源需求量的变化。有些大中型城市过去用大批三轮车(人力)跑短途运输(货运、客运)，后来逐步用微型车或机动三轮车来代替，这就属于一种资源代替另一种资源，微型汽车也就有了新的市场。20世纪80年代上海市就出现了这种情况：随着高速公路、高等级公路运输线的发展，大批量公路货运代替了铁路货运，因而对重型载货汽车的需求也随之增长，这也属于资源之间互相替代，西方发达国家早就实现了大批量公路货运。

4) 汽车使用单位的规模、数量和结构

企业的规模越大，对汽车的需求越多；使用单位越多，对汽车需求越多；生产企业的结构变化会引起对汽车需求的变化。改革开放以来，除发展大中型企业外，第三产业高速度发展，乡镇企业如雨后春笋般崛起，还有三资企业的发展，使汽车市场不断扩大。据统计，轻型汽车中有70%被乡镇企业占有。

5) 使用单位的经营管理水平和财务状况

国有大中型企业由于努力转换内部机制来增强活力，盈利增加，积累增多，引起对汽车需求的增加。据统计目前国内一些高档次的载货汽车、专用车、轿车主要销售对象仍然以国有大中型企业为主。

6) 国家对汽车购销直接下达的政策规定

以前，进口汽车关税为180%~220%，加入WTO做了大幅度下调，现在已降为25%，这直接影响到进口汽车的价格；原先国产汽车车辆购置附加费为10%，进口汽车为15%，现统一改为10%，也降低了进口汽车的费用；国家还规定进口汽车一律纳税(含三资企业自用车、港澳台捐赠车)，并指定大连、天津、上海、广州(黄埔)、深圳、满洲里等港口作为进口整车口岸(允许设立汽车保税库)，这就严防了走私车入境；同时，国家财政部取消了乘用车社控审批手续。以上因素都将会影响汽车市场的需求状况。

7) 农业的发展

国家对农业的投入规模，对农业用车会产生很大影响。农村是一个广阔的天地，也是各种型号汽车的广阔市场，农业发展越快，投入规模越大，对汽车的需求也越多。

三、我国汽车市场主要销售模式简介

汽车销售模式从不同角度去理解可以有不同的分类，我们按销售方式的不同可以分为上门推销和门厅销售两种形式。上门推销这种形式我们在第四章中将作详细叙述，在此，我们只对门厅销售的形式作一介绍。

1. 品牌专卖店模式

品牌专营是轿车市场的主流营销模式。国内的主要轿车制造商大都构建有品牌专营的销售模式，专卖店已遍地开花。

现今国内的品牌专营模式普遍按照国际通用的汽车分销标准模式建设，采用"三位一体"(3S)制式或"四位一体"(4S)制式：以汽车制造企业的营销部门为中心，以区域管理中心为依托，以特许或特约经销商为基点，集新车销售、配件供应、维修服务、信息反馈与处理为一体，受控于制造商的销售模式。广州本田的销售模式是国内公认较为成功的品牌专营模式。其主要特点表现在：

(1) 能提供良好的客户服务，真正体现客户为本的经营理念。这种多功能一体化的模式通过提供舒适的购车环境、专业健全的售后服务、纯正的零部件，使客户从购车到用车的全过程得到良好的服务。这种售前、售中和售后全程式服务，真正实现了以消费者为本的经营理念。

(2) 有利于培养良好的企业精神和塑造优秀的企业形象。在专卖店里，透明的管理模式拉近了管理层与员工之间的距离，培养了团队的合作精神。也正是凭着这种与众不同的凝聚力，体现汽车品牌的形象魅力，从而赢得客户的信赖。

(3) 品牌专卖店的投资大、运营成本高，特许经营带来的垄断使终端服务很难尽如人意，导致品牌短期利益和长期利益难以平衡，这是目前品牌专营须解决的问题。

2. 规模型汽车大卖场模式

规模型汽车大卖场是顾客购买汽车产品的主要场所。在大卖场里集中了国内外各种品牌、价格、档次的汽车，由多个代理经销商分销，形成集中的多样化交易场所，使购车人在同一地点即可比较并选择各种品牌的车辆。总体上看，北京、上海等大型城市的汽车交易市场发展得较为完善，并且各具特色。汽车交易市场极大地满足了私人购车的需要，并且将汽车销售过程中涉及的十几个部门的监督、管理和服务集中到一起，方便了消费者；通过交易市场规模优势，可以形成汽车销售、配件供应、维修保养、信息反馈四位一体，从而形成综合的社会效益，并有利于维护消费者的合法权益。

3. 汽车工业园区模式

随着北方汽车交易市场入股北京国际汽车贸易服务园区，汽车园区这一全新的分销渠道模式也首次呈现在我们面前。汽车工业园区是汽车市场发展的新阶段，是有形市场新的发展方向。

汽车工业园区结合我国市场"既集中又分散"的特点，将国外几种渠道模式有机结合，成为集约式汽车交易市场发展的新方向。但它不是汽车交易市场简单的平移和规模扩张。汽车园区相对于汽车交易市场和品牌专营店的最大优势就是功能的多元化。汽车园区具有全方位的服务集成功能，反传统的集约型融入现代专卖的销售模式，以 3S、4S 店集群为主要形式；在规划和筹建上力求与国际接轨，并适度超前。

目前我国汽车园区的构想刚刚起步，从北京已筹建和正在筹建的汽车园区状况来看，与我们理想的概念还有一定的差距。投入相对不足是从根本上制约汽车园区实现预期效果的主要原因。

第二章　汽车营销人员的基本素质

　　如果说市场是供求关系的总和，那么，市场营销人员则是维持和发展这种关系的纽带。完全可以这样说：没有一批优秀的市场营销人员，便没有成功的企业。

　　并不是所有的从事销售工作的人员都能成为优秀的营销人员，美国的调查表明，优秀营销人员的业绩是普通营销人员业绩的 300 倍。这是一个值得营销人员思考和追求的数据。

　　何谓优秀？对此没有统一的标准，各企业的评价方式也不尽相同。但是，作为一名合格的营销人员应具备的素质和应掌握的基本知识却是相同的。

第一节　汽车营销人员应具备的基本销售理念

一、销售"产品"更销售"公司"

　　汽车营销人员的工作内涵是销售汽车，这是毋庸置疑的。随着对营销理论的逐渐认识和掌握，汽车营销人员的工作外延在不断扩展。除了销售汽车外，汽车产品知识的宣传、汽车市场信息的推广、汽车售后服务的提供和汽车客户情感的联络等，越来越多地围绕着汽车销售的工作内容被汽车营销人员所认识。

　　公共关系理论认为，任何人的行为都会给其周边与其接触或非接触的相关人员产生相应的影响。汽车营销人员在与客户接触中，营销人员的理念意识、为人处世、言谈举止、着装打扮……就会在客户脑海中有意或无意地形成一定的印象，这个印象的好坏直接关系到汽车产品能否与客户成交，因为从客户的角度说，营销人员不仅仅代表他个人，还代表他所在的公司，代表汽车的质量。

　　在现代客户眼中，汽车、汽车制造商、汽车销售公司、汽车营销人员以及营销人员的所作所为都已划入汽车产品的范畴之内。因此，汽车营销人员应该清楚，汽车营销人员销售汽车产品的过程不仅是在销售汽车商品本身，同时还在销售自己所代表的公司。

二、满足客户需要是销售活动的结果

　　客户到你这儿来买什么？当然是汽车。对一名优秀的汽车营销人员来说，这不是令人满意的答案。汽车营销人员若在销售汽车时只把注意力放在汽车产品上，一心只想运用什么技巧把产品推销给对方，为了销售而销售，就会走入误区，会为了达到目的而不择手段。

　　应该清楚，客户买车只是形式上的一种表现，客户关心的是：买你的车能否满足我的需要。心理学认为，需要是人们的心理活动，它随着人们心理活动的变化而不断变化。汽车产品属于高科技产品，价高而且耐用，这就给客户带来一系列需要考虑的问题：汽车的产品性能、汽车的使用性能、汽车的使用成本以及汽车的售后服务。这些内容就是客户的

需要，当客户对其需要的解决感到满意时，就会买走你的汽车。

销售汽车仅仅是一种形式，满足需要才是销售活动的结果，汽车是满足需要的载体。

三、销售是通过服务来进行的

汽车销售行业中有一句流行语："第一辆车是营销人员卖出去的，第二辆车是服务人员卖出去的"。这句话的实质是，第一辆车是卖出去的，第二辆及后面的车是靠服务推出去的。对这句话的理解可从两个层面进行：第一个层面，从时间上看，客户掏钱买车是非常简单的事，只要几分钟就解决问题，但客户在决定买车之前所经历的收集、对比、分析、判断过程却是漫长的，在这个相对漫长的过程中营销人员的服务起了不可或缺的作用。第二个层面，客户在买了车后会有一个购后感觉，这个购后感觉除了有汽车商品本身的因素之外，主要的感觉还是集中在售后服务上。买车是一瞬间的事，用车却是长时间的事。

第二节 汽车营销人员应具备的素质

一、自信

自信是指人对自己的个性心理与社会角色进行的一种积极评价的结果。自信不是在你得到之后才相信自己能得到，而是在你还没有得到之前就相信自己一定能得到的一种信念。

自信在受到挫折时显得尤为重要。

美国作家艾默森曾经说过这样一句话："信心是成功的一半。"当你充满信心地做某一件事时，就已经达到了事半功倍的效果。这话似乎有点夸张，但确实如此。作为一名汽车营销人员，如果对自己能否胜任汽车销售这一工作都没有自信，如何能成为一名合格的汽车营销人员？

拥有自信，必须先了解自我。"了解自我"是建立自信的一个前提条件。只有当汽车营销人员能够知道或是明了自己的工作所具有的意义时，只有当汽车营销人员能对自己所销售的汽车商品、自己所在的公司甚至营销人员本人都充满信心时，才有可能建立自信。(见附录 A：销售三角理论)

建立自信的基本方法有四种：第一是不断地获得成功；第二是不断地想象成功；第三是把自己在一个领域里取得的成功经历"移植"到你需要自信心的新领域中来；第四是每天运用语言对自己进行自我暗示，自我肯定。

当然，要建立自信就必须要努力，要实践，并要不断获得成功。当本来认为办不到的事情经努力后办成功时，汽车营销人员的自信心就会快速提升。

应清楚的一点是，自信是自觉而非自傲。没有自觉的自信会成为自傲，会失去了别人的尊重和信赖。好的自信是自觉的，即很清楚自己能做什么，不能做什么。

二、礼仪

营销人员接触的是各种类型的客户，为使营销人员与客户的相处能愉快融洽，使工作和社会活动能正常进行，交往中必须遵守一种大家所共同认可的规范。这种规范是社会、道德、习俗、宗教等方面对人们行为的规范，是人的文明程度与道德修养程度的一种外在表现形式。例如，初次见面的互相介绍、互递名片、待客、做客等，人际交往中保持良好的仪态、仪表等。这种规范就是礼仪。

礼仪是治事待人的准则，亦是人与人之间相处的规范。这是因为，人们无论在家庭生活中还是在社交场合里，其进退都应有适当的节度，行为言谈有彼此的约束，社会纲纪需共同维系。礼仪是在交往中体现出来的人们之间互相尊重的意愿。

约定俗成的礼仪规范是社会公德的主要内容，也是对人们思想道德素质的最基本的要求。汽车营销人员既然要广泛地接触社会，就必须要掌握好礼仪的相关知识。

三、亲和力

亲和力，是汽车营销人员应具有的基本素质之一。如果一位汽车营销人员具备这种素质，在与陌生的客户见面时，就能在短短的几分钟内建立一见如故的关系。销售人员的亲和力体现在三方面：

(1) 助人。汽车营销人员的主要职责就是帮助客户选择他们所需的产品。若能站在客户的立场帮助客户选购，则一定能够成为广受欢迎的推销员。

(2) 热诚。热诚是全世界推销专家公认的一项重要的人格特征。它能迅速地消除客户的疑问或戒备，拉近与客户的距离。

(3) 友善。对人友善，必获回报。表示友善的最好方法就是微笑。友善是真诚的微笑，开朗的心胸加上亲切的态度。微笑代表了礼貌、友善、亲切与欢快。它不必花成本，也无需努力，但它使人感到舒适，乐于接受你。

四、扎实的汽车专业知识

营销的目的是将有形产品或无形服务提供给消费者，这个过程中消费者对产品购买决策的信心，相当一部分是来自于对产品的了解，而产品知识的介绍离不开营销人员对产品知识的掌握。作为具有高科技含量的汽车产品，营销人员对产品知识掌握的程度，其重要性是不言而喻的。汽车性能参数介绍、使用方法的正确性、汽车日常维护的要点把握都直接影响到汽车的寿命和使用成本，影响到车辆功能的发挥和司乘人员乘车的舒适性，甚至可能会影响到司乘人员的安全。

第三节　汽车营销人员的基本礼仪和技巧训练

对于营销人员个人的举止、言谈和仪表风范，虽然没有具体统一的标准，但也存在不少必须遵守的礼仪和行为规范。

一、仪表塑造

服饰是仪表的重要内容之一。

营销人员的着装大多是公司统一发的职业装。所谓职业装，指的是在正式场合具有公众身份或者职业身份的着装。

职业装至少有三个作用：

第一个作用是企业形象的组成。营销人员穿着某汽车企业的职业装，其一言一行既代表该公司的经营理念又让客户觉得可以信赖。

第二个作用是可识别，代表某种身份。例如，接待人员、管理人员、维修人员、……岗位分类清晰。

第三个作用是便于工作，其实这是职业装最基本的要求。国外的职业装发展趋势也是可识别，有尊严感，易于劳作。

职业装有别于日常穿着，回旋余地小，但在穿着上仍有几点要注意：

(1) 应与体型相和谐。服装与体型的关系最要紧的是大小合身和长短相宜。由于部分企业的职业装是统一制作的，统一制作的服装在尺寸上存在着不尽如人意之处，营销人员在挑选时应尽可能地挑选与其体形相一致的服装。

(2) 应与地点、场合相和谐。汽车营销人员工作的场合一般可分为三种类型：第一种在门店内，第二种在客户的单位，第三种是在公共场合。三种场合的着装要求是一致的——都着职业装，但这三种场合的着装可略有不同。

门店内的氛围安静、恬谧，场内整个布置与营销人员的服饰融为一体、相得益彰，故营销人员个体的着装应服从于整体的要求，即营销人员着装不但要与门店的氛围一致，还要与营销人员整体的着装一致。

在客户单位，营销人员(这儿的营销人员改称为推销员较合适)是个体行动，故在着装上只需考虑代表企业行为，体现企业形象即可。

第三种场合大多数是公关活动。这种场合因内容不同而着装也应有不同，服装的穿着应考虑活动是个体还是整体，是热闹还是静谧等。

总之，场合原则是人们约定俗成的惯例，具有深厚的社会基础和人文意义。一定服饰所蕴含的信息内容必须与特定场合的气氛相吻合。

(3) 应与服饰的搭配相和谐。职业装在穿着时要讲究搭配，饰物的搭配可因个人的文化修养、事物见识而定，但有些搭配还是必需的，比如穿套装、套裙就要搭配皮鞋，男的是黑色的系带皮鞋，女的要穿船型高跟皮鞋。

服饰的穿着要点是：和谐、大方、得体。服饰的穿着原则是：使人们把注意力集中在穿着对象的人品上，而不是让人们注意这些服饰。

二、仪态塑造

仪态是一种多面体的艺术，这里说的仪态是指姿态。在日常生活中，仪态主要体现在以下几个方面：

(1) 行如风。走路时要稳健、有速度，要抬头挺胸、昂首阔步。走路切忌内八字和外八字，其次是忌弯腰驼背或者肩部高低不平、双手摆动或臀部扭动幅度过大、脚步太快或太慢。走路昂首阔步、有速度感的要领是利用盆骨及腹部推动身体前进，不要用臀部的扭动及小腿的动作来行走，这样就能在行进间显现出最优美的仪态。

(2) 立如松。站立时要能够挺拔、自然，就是头要正，颈要直，两眼凝视前方，两肩宜平，两手臂自然下垂或交叉置于身前，两脚自然合并或微分，两膝微弯，给人以精神饱满的感觉。立的仪态是所有仪态之本，一举一投足都透射出个人的修养。

(3) 坐如钟。坐姿要稳重，不要给人轻浮的感觉，应尽量采用标准式或前伸式坐姿。女性在就座时，双脚要合并，否则很容易造成尴尬的场面；而男性最忌讳的就是坐在椅子上两脚不停地抖。

三、语言礼仪

语言礼仪在人际交往中占据着最基本、最重要的位置，是营销人员必须掌握的基本礼仪之一。营销人员在与客户的交往中要做到礼貌用语，必须注意以下几点。

1. 语言的用词

应多使用敬语、谦语、雅语。

(1) 敬语。敬语是表示尊敬礼貌的词语。除了礼貌上的必须之外，多使用敬语可体现一个人的文化修养。

常用的敬语有"请"、第二人称中的"您"等。另外还有一些常用的词语用法，如初次见面称"久仰"，很久不见称"久违"，请人批评称"请教"，请人原谅称"包涵"，麻烦别人称"打扰"，托人办事称"拜托"，赞人见解称"高见"等。

敬语的运用场合主要有：比较正规的社交场合；与师长或身份、地位较高的人的交谈；与人初次打交道或会见不太熟悉的人；会议、谈判等公务场合等。

(2) 谦语。谦语是向人表示谦恭和自谦的一种词语。谦语最常见的用法是在别人面前谦称自己和自己的亲属。例如，当别人询问"您贵姓"时，应回答"免贵姓……"；称自己的爱人为"我家先生、夫人"；称亲属为"家严、家慈、家兄、家嫂"等。自谦和敬人是一个不可分割的统一体。尽管日常生活中谦语使用不多，但其精神无处不在。只要在日常用语中表现出你的谦虚和恳切，人们自然会尊重你。

(3) 雅语。雅语是指一些比较文雅的词语。雅语常常在一些正规的场合以及一些有长辈和女性在场的情况下，被用来替代那些比较随便甚至粗俗的话语。例如：在待人接物中，要是你正在招待客人，在端茶时，你应该说："请用茶"。如果还用点心招待，可以用"请用一些茶点"。假如你先于别人结束用餐，你应该向其它人打招呼说："请大家慢用"。

雅语的使用不是机械的、固定的，只要你的言谈举止彬彬有礼，人们就会对你的个人修养留下较深的印象。

2. 谈话时的礼节

1) 保持适当的谈话距离

谈话的要求之一是使听者能够听清楚你的声音。从礼仪上说，谈话时若与对话者离得过远，会使对话者误认为是不友好的表示；然而如果谈话距离过近，稍有不慎就会把口沫溅在别人脸上，这又是令人尴尬的事。因此从礼仪角度来讲一般谈话双方之间保持一两个人的距离最为适合。这样做，既让对方感到有种亲切的气氛，同时又保持一定的"社交距离"，在常人的主观感受上，这也是最舒服的。

2) 恰当地称呼他人

称呼的作用是唤起或明确对话者以及对对话者的尊重。在中国，称呼的另一重要作用是对对话者事业的肯定。人们比较看重自己业已取得的地位，对有头衔的人称呼他的头衔，就是对他最大的尊重和肯定。你若与有头衔的人关系非同一般，直呼其名会更显亲切，但若是在公众和社交场合，你还是称呼他的头衔会更得体。对于知识界人士，可以直接称呼其职称。另外，除了博士外，其它学位不能作为称谓来用。在不清楚对方身份的情况下，可用头衔无大小之分的称谓来称呼，例如，"女士"、"先生"等。

　　3）善于选择谈话的内容

　　不管是名流显贵，还是平民百姓，作为交谈的双方，他们应该是平等的。交谈一般选择大家共同感兴趣的话题，但是，有些不该触及的问题，比如对方的年龄、收入、婚姻状况以及个人物品的价值以不谈为好。谈论这些是不礼貌和缺乏教养的表现。与妇女谈话更应回避不利妇女回答的话题。对方不愿回答的问题不要追根究底。对方反感的问题应表示歉意，或立即转移话题。

　　4）尊重对话者

　　在自己讲话时要给别人发表意见的机会；别人说话，也应适时发表个人看法。要善于聆听对方谈话，不要轻易打断别人的发言。一般不提与谈话内容无关的问题。如对方谈到一些不便谈论的问题，不要轻易表态，可转移话题。在相互交谈时，应目光注视对方，以示专心。对方发言时，不要左顾右盼、心不在焉，或注视别处，显出不耐烦的样子，也不要老看手表，或做出伸懒腰、玩东西等漫不经心的动作。

四、电话礼仪

　　电话交谈是一种不见面的交流，它的特点是通过声音、态度、内容和时间感受到对方的礼仪，想象出对方的形象。它被视为个人形象的重要组成部分。

1. 通话时的声音

　　声音的悦耳与否主要通过语调来体现。语调要平稳、清晰而愉快。说话时面带微笑，可使声音听起来更有热情。若在通话时想打喷嚏或咳嗽，应偏过头，掩住话筒，并说声"对不起"。千万不要边谈话边嚼口香糖、喝茶水或嗑瓜子等。

2. 通话时的态度

　　态度的好坏除了在语调的高低中体现外，还体现在双方的一问一答之中。

　　(1) 要善于倾听。倾听是理解对方的起点，善于倾听不仅是判断双方传递的意思的基础，而且是让对方感觉到你确实在听、在尊重他的前提。切忌不可不管对方是否清楚，只顾自己一味讲下去。若在电话交谈中时而辅助简单的"嗯"、"是"、"好的"等短语作为呼应，效果会更好。

　　(2) 通话时应具有耐心和包容心。如果对方对于自己想要表达的意思叙说不清，没做好充分准备，那不妨多等一下或略微引导，使其得以畅所欲言。万万不可带有半点的轻慢甚至嘲笑口气。

3. 通话的内容

　　在通话时，说话的内容是否合理简练，不仅是礼仪上的规范，也是本人文学修养的体现。

　　(1) 要做好事先准备。每次通话之前，发话人应该做好充分准备，把与对方的谈话要点等必不可少的内容列出一张"清单"，这样一来，由于准备充分，就不会出现打错电话、现说现想、缺少条理、丢三落四的情况。

　　(2) 通话要简明扼要。通话时，讲话要务实，不要虚假客套。问候完毕，即开宗明义，直入主题，少讲空话，不说废话。同时应尽量避免语气词"嗯""啊""对不对""是不是"

的使用。绝不可啰嗦不止、节外生枝、无话找话、短话长说。

4. 电话礼仪的时间细节

电话礼仪的时间细节包括确定对电话铃声的反应时间，选择合适的通话时间，控制通话时间长短三个方面。

1) 确定对电话铃声的反应时间

接听电话是否及时，实质上反映着一个人待人接物的真实态度。电话铃一旦响起，就应立即停止自己所做之事，尽快予以接答。不要铃响许久，甚至连打几次之后才去接电话，这会造成客户说你派头大或说你妄自尊大。不过，铃声才响过一次就拿起电话，也显得操之过急，有时，还会令对方没反应过来而大吃一惊。理想的反应时间是在电话铃响三声左右。

2) 选择合适的通话时间

给客户打电话应当选择适当的时间。通话时间的选择原则有二：一是双方预先约定的通话时间，二是对方便利的时间。

提倡预约拨打电话。预约的方式有多种，如：对陌生客户可按未预约电话方式通话，并在通话过程中约定下次通话时间；对已有联系的客户，可在前一次联系时约定下一次通话时间；现行的利用手机短信形式的预约，也不失为一种较好的方法。

对未预约的电话，尽量在客户上班 10 分钟以后或下班 10 分钟以前拨打，这时对方可以比较从容地应答，不会有匆忙之感。在客户的休息时间，有几个时间段通话是不合适的。例如：双休日上午 8 点 30 分之前，每日晚上 10 点之后以及午休时间等。在用餐之时拨打电话也不合适。

3) 控制通话时间长短

在电话礼仪里，有一条 "3 分钟原则"。它的主要意思是，在打电话时，发话人应当自觉地、有意识地将每次通话的长度，限定在 3 分钟之内，尽量不要超过这一限定。通话时间过长易使客户产生消极、甚至抵触的情绪。

在通话开始后，除了自觉控制通话长度外，还应注意对方的反应。例如，在通话开始之时，先询问一下对方，现在通话是否方便。倘若不便，可约另外的时间，届时再把电话打过去。倘若通话时间较长，如超过 3 分钟，亦应先征求一下对方意见，并在结束时略表歉意。

五、商务交际礼仪

1) 向客户作自我介绍

介绍是见面相识和发生联系的最初方式。一般程序是先向对方点头致意，得到回应后再向对方介绍自己的姓名、单位和身份，同时双手递上事先准备好的名片，表情要自然、亲切，注视对方，举止庄重、大方，态度镇定而自信。

2) 客户握手

握手有先后顺序，应根据握手双方的社会地位、年龄、性别和宾主身份来确定。在上级与下级之间、长辈与晚辈之间、女士与男士之间，应是前者先伸手。宾主之间，客人抵达时应由主人先伸手表示欢迎，客人告辞时，应由客人先伸手表示辞行。与人握手时应注意双手的卫生，不要戴着手套握手(女士例外)，切忌用左手与人握手，切忌戴着墨镜与人握手。

3) 商务礼仪中的座次原则

(1) 初次交往受邀者为尊；

(2) 两个人行走，在不影响他人的情况下，尽量让客人靠内侧走；多人行走时，地位较高者走在前方和中间位置；

(3) 座位中，前排尊于后排，中间优于两边，右边优于左边；

(4) 有侍者操纵的电梯，客人先进先出；无侍者操纵的，主人先进先出，以给客人引导。

4) 名片的使用

(1) 名片的送出和接受。

送出名片时应起立，面对着对方，双手或右手递出。交换名片的一般顺序是：地位低者、晚辈或客人先向地位高者、长辈或主人递上名片。与多人交换名片讲究先后次序，切勿挑三拣四。

接受名片时也应起身站立，面带微笑，目视对方，双手或右手接过，道谢。同时浏览名片且小声念出对方的姓名、职位，以示尊重。若自己先前未递给对方名片，这时要将自己的名片回应给对方。

(2) 名片的索取。名片索取的礼仪体现在时机和方式的选择上。时机选择一般是在主动递上本人名片之时，方式选择应视对方的反应而定。一般情况下，对方会将自己的名片对等的递送过来，有时对方未带名片，则会附带几句抱歉之类的解释语。在对方没有递送名片的意向以及没有附带说明的情况下，可采用追加语言方式索取名片。这样的语言有："能否有幸和您交换一下名片？""不知道以后如何向您请教？""认识您很荣幸，不知道以后怎么和您联系？"……

第四节　订立合同的基本知识

在经济社会里，一切商务活动都是在法律框架内进行的，作为一名汽车营销人员，有必要掌握与汽车销售密切相关的法律——《经济合同法》的相关知识。

在实际操作中，汽车销售合同的签约对象主要是产业客户和政府客户，个人消费客户较为少见。

一、经济合同的概念

1. 经济合同的含义

从内涵上看，经济合同是"法人、其它经济组织、个体工商户、农村承包经营户相互之间，为实现一定经济目的，明确相互权利义务关系的协议。"[①]从外延上看，它包括商品购销、建设工程承包、加工承揽、货物运输、供用电、仓储保管、财产租赁、借款、财产保险以及其它经济合同。

汽车销售合同大多属购销合同，少数可属加工承揽合同(例如汽车改装、装潢等)。

---

① 《中华人民共和国经济合同法》第一章第 2 条规定。

2. 经济合同的特征

1) 是双方或多方的法律行为

订立合同必须是双方或多方共同的经济活动，而不能是当事人一方的行为。因此，订立经济合同的基础是双方协商一致，否则，将会引起一定的法律后果。

2) 是合法的行为

合同是当事人按照法律规范的要求而达成的协议，受国家强制力的保护。

3) 是当事人意思表示一致的法律行为

合同的内容必须是当事人各方在充分协商、自愿的基础上达成的，各合同当事人的法律地位一律平等，无高低贵贱之分。

4) 经济合同文本应采用书面形式

《经济合同法》中规定："经济合同，除即时清结者外，应当采用书面形式。"这是因为，经济合同因其特性决定，能及时清结者甚少(一般的买卖合同都属于经济合同能及时清结的范畴)，绝大多数经济合同的标的物数额都较大，合同当事人权利、义务的履行都需要较长时间，因此如不采用书面形式来签订合同，很难保证合同的全面、正确履行。

二、合同的签订

1. 订立经济合同必须明确的内容(标的)

签订书面经济合同一般应按以下顺序和内容书写：

(1) 主体，即签订合同的双方当事人姓名、单位和地址。是法人和其它经济组织订立经济合同的，合同中应写明该法人或经济组织的名称、住所或经营场所以及法定代表人或负责人姓名。

(2) 宗旨，即双方当事人签订经济合同的目的和依据。

(3) 主要条款。主要条款包括下列内容：

① 合同标的。合同标的指合同当事人双方权利义务共同指向的对象，既可以是物，也可以是行为，如购销合同的标的是某项产品。

② 数量和质量。数量即标的计量，是以数字和计量单位来衡量标的物的尺度。以物为标的的合同，其数量主要表现为一定的长度、体积或重量、件数等；以行为为标的的合同，其数量则主要表现为一定的劳动量或工作量。质量是标的的具体特征，也是对标的内在素质和外观形态的综合要求。标的的质量主要包括五个方面：a. 标的的物理和化学成分；b. 标的的规格，通常是指用度、量、衡来确定的品质特征；c. 标的的性能，如强度、硬度、弹性、抗蚀性、耐水性、耐热性、传导性、牢固性等；d. 标的的款式，主要指标的色泽、图案、式样等特性；e. 标的的感觉要素，主要指标的味道、触感、音质、新鲜度等。合同的质量条款必须符合国家有关规定和标准化的要求。在签订合同时，质量标准要规定得明确、具体，如规定为国家标准、部颁标准、省级标准、厂级标准或者专业标准等，最好标明是哪年的质量标准。如果是双方协商的标准，应当在合同中具体写明指标和数据，或者另附协议书，或者提交样品。此外，质量条款中应写明有关标的质量检验方法、试验方法、验收期限等。

③ 价款或者酬金。价款指一切以物或金钱为标的的有偿合同中取得利益的一方当事人

作为取得该项利益的代价而应向对方支付的金钱。

④ 履行的期限、地点和方式。履行期限可以按日、旬、月季分期交付。履行地点是指交付或提取标的的地方。不同性质的标的，有不同的履行方式，在合同中必须写明是一次履行，还是分批履行，是当事人自己履行还是由他人代为履行。

违约责任：指因当事人一方或双方在合同执行过程中，造成经济合同不能履行或不能完全履行而责任方必须承担的责任。

(4) 合同的生效和有效期限。

(5) 签订合同的时间、地点。

(6) 签订合同人员的签名或盖章。

2. 经济合同效力的确认

经济合同效力的确认，可从如下几方面进行：

(1) 签订经济合同的主体和主体的经营范围要合法。

经济合同的主体必须具有法定主体资格。如果未经依法核准登记并领取营业执照，即以其它经济组织、个体工商户、农村承包经营户名义签订的经济合同应当确认为无效。

如果经济合同是企业法人的法定代表人、其它经济组织的主要负责人授权的其它经办人或者委托的代理人代为签订的，还应注意经济合同签订人是否具有代理人、经办人的资格。经法定代表人、主要负责人授权的经办人或者委托的代理人才可以签订经济合同。法定代表人或者主要负责人在授权所属职能部门的负责人或业务人员签订经济合同的同时，必须要有授权委托书，委托或者授权证明中明确当事人双方名称、委托事项、权限和期限等，并且应在授权范围内以委托人的名义签约。根据《民法通则》第六十六条之规定："没有代理权、超越代理权或者代理权终止后的行为，只有经过被代理人的追认，被代理人才承担民事责任。未经追认的行为由行为人承担民事责任。"《合同法》第七条规定："代理人超越代理权签订的合同或以被代理人的名义同自己或者同自己所代理的其它人签订的合同是无效的"。

主体合法，但合同签订的内容超越主体的经营宗旨和经营范围也属无效。根据《民法通则》第四十二条规定："企业法人应当在核准登记的经营范围内从事经营。"《合同法》第七条规定："违反法律、行政法规的经济合同无效。"因此，经济合同当事人只能根据批准业务范围，或者依法享有的组织活动的范围签订经济合同。凡是超越经营范围签订的经济合同都是无效合同。

(2) 经济合同的内容应当符合法律、行政法规，不违背国家利益或者社会公共利益。根据《合同法》第四条规定："订立经济合同，必须遵守法律和行政法规。任何单位和个人不得利用合同进行违法活动，扰乱社会经济秩序，损害国家利益和社会公共利益，牟取非法收入。"第七条规定："违反法律和行政法规、违背国家利益或者社会公共利益的经济合同是无效的。"合同的内容合法指合同的标的、数量、价格、履行方式等必须符合国家法律、行政法规，不得违背国家利益或者社会公共利益。需指出的是，非法合同无效是指"对于违反法律强制性规定的合同依法确认无效，而不是违反任何法律、法规的任何合同都无效。对于违反非强制性规定的一般行政管理规定的合同，一般并不必然无效。"

(3) 经济合同双方必须平等自愿、协商一致、意思表达真实。

《合同法》第五条规定："订立经济合同，必须遵循平等互利、协商一致的原则，任何一方不得把自己的意志强加给对方。"这一原则的精神在于保障合同双方当事人处于平等的法律地位。违反这一原则的经济合同是屡见不鲜的，例如：采取欺诈、胁迫手段订立的合同；因重大误解而签订的合同；一方趁对方急需而签订显失公平的合同等。

(4) 经济合同必须具备法定的形式，履行法定的手续。

《合同法》和其它有关法规对经济合同应具备的形式和应履行的手续都做了必要的规定，一般来说，经济合同应当条款齐备，责任明确，采取书面形式(即时清结除外)，对于一些重要的经济合同还要求履行公证或鉴定手续。

第五节　票　　据

销售成交的表现是货物与货币的交换，而货币在财务上的主要表现形式就是票据。

一、票据的基本知识

1. 票据的概念和种类

票据一般是指商业上由出票人签发，无条件约定自己或要求他人支付一定金额，可流通转让的有价证券，是持有人具有一定权力的凭证。属于票据的有：汇票、本票、支票、提单、存单、股票、债券等。

2. 票据的特性

票据是持有人具有一定权力的凭证，比如：付款请求权、追索权等。

票据的权利与义务是不存在任何原因的，只要持票人拿到票据后，就已经取得票据所赋予的所有权力。

各国的票据法都要求对票据的形式和内容保持标准化和规范化。

票据是可流通的证券。除了票据本身的限制外，票据是可以凭背书和交付而转让的。

3. 几种主要的票据

常用的几种主要票据如下：

支票(CHEQUE)；

本票(PROMISSORY NOTES)；

汇票(BILL OF EXCHANGE)；

旅行支票(TRAVELER'S CHEQUE)。

二、票据结算业务品种

1. 支票

支票是由出票人签发并委托办理支票存款业务的银行在见票时无条件支付确定的金额给收款人或者持票人的票据。

1) 支票的服务对象

单位和个人在中国人民银行认可的款项结算交换地区均可以使用支票。支票的出票人为在经中国人民银行当地分行批准办理业务的银行机构开立可以使用支票的存款账户的单位和个人。

2) 支票的特点

(1) 无金额起点的限制；

(2) 可支取现金或用于转账；

(3) 有效期 10 天，从签发之日起计算，到期日为节假日时依次顺延；

(4) 转账支票可以背书转让；

(5) 可以挂失。

3) 支票的种类

(1) 转账支票：这种支票只可转账不能取现。

(2) 现金支票：这种支票只能取现不能转账。

4) 支票的使用方式

(1) 签发支票：必须使用墨水或碳素墨水笔填写支票内容和签发日期，大小写金额和收款人名称不得更改，其它内容更改时须由签发人在更改处加盖预留银行印鉴章，且账户须有足够的支付金额。

(2) 支票取现：收款人须在支票背面背书。

(3) 支票转账：委托收款的支票或经背书转让的支票须按规定背书。

(4) 支票挂失：已签发的支票(必须已填写收款人名称)遗失，可以在付款期内向银行申请挂失，如挂失前已经支付，银行不予受理。

(5) 支票的领用与注销：存款人领用支票须填写"支票领用单"，再加盖预留银行印鉴。账户结清时，须将全部剩余空白支票还回开户行注销。

2. 银行本票

银行本票是银行签发的、承诺自己在见票时无条件支付确定的金额给收款人或者持票人的票据。这种票据目前使用不多。

1) 服务对象

单位和个人在同一票据交换区域需要支取各种款项，均可以使用银行本票。

2) 银行本票的特点

银行本票的使用无金额起点限制，结算快捷，见票即付。

3. 汇票

汇票是由出票人签发的、委托付款人在见票时或者在指定日期无条件支付确定的金额给收款人或者持票人的票据。汇票分为银行汇票和商业汇票两种。

1) 银行汇票

(1) 银行汇票的定义：银行汇票是出票银行签发的、由其在见票时按照实际结算金额无条件支付给收款人或者持票人的票据。银行汇票的出票银行为银行汇票的付款人。

(2) 银行汇票的服务对象：单位和个人各种款项结算，均可使用银行汇票。银行汇票可以用于转账，填明"现金"字样的银行汇票也可以用于支取现金。

(3) 银行汇票的特点：

① 无金额起点限制；

② 无地域的限制;

③ 对申请人没有限制,企业和个人均可申请;

④ 可签发现金银行汇票(仅限个人使用);

⑤ 可以背书转让;

⑥ 付款时间较长(有效期为 1 个月);

⑦ 现金银行汇票可以挂失;

⑧ 见票即付;

⑨ 在票据的有效期内可以办理退票。

(4) 客户申请签发银行汇票的具体步骤:

① 提出申请,填写一式三联"银行汇票申请书";

② 套写,必须用双面复写纸套写;

③ 签章,在"银行汇票申请书"的第二联"支付凭证"联上盖预留银行印鉴。

2) 商业汇票

商业汇票是出票人签发的、委托付款人在指定日期无条件支付确定的金额给收款人或者持票人的票据。

商业汇票按照不同的承兑人可以分为商业承兑汇票和银行承兑汇票两种。由银行承兑的汇票为银行承兑汇票,由银行以外的企事业单位承兑的汇票为商业承兑汇票。

商业承兑汇票的特点:

① 无金额起点的限制;

② 付款人为承兑人;

③ 出票人可以是收款人,也可以是付款人;

④ 付款期限最长可达 6 个月;

⑤ 可以贴现;

⑥ 可以背书转让。

银行承兑汇票的特点:

① 无金额起点限制;

② 第一付款人是银行;

③ 出票人必须在承兑(付款)银行开立存款账户;

④ 付款期限最长达 6 个月;

⑤ 可以贴现;

⑥ 可以背书转让。

三、填写票据和结算凭证的基本要求

票据和结算凭证是银行、单位和个人凭以记载账务的会计凭证,是记载经济业务和明确经济责任的一种书面证明。填写票据和结算凭证,必须做到标准化、规范化、要素齐全、数字正确、字迹清晰、不错漏、不潦草、无涂改。

(1) 中文大写金额数字应用正楷或行书填写,不得自造简化字。如果金额数字书写中有使用繁体字的,也应受理。

(2) 中文大写金额数字到"元"为止的,在"元"之后,应写"整"(或"正")字,在

"角"之后可以不写"整"(或"正")字。大写金额数字有"分"的,"分"后面不写"整"(或"正")字。

(3) 中文大写金额数前应标明"人民币"字样,大写金额数字应紧接"人民币"字样填写,不得留有空白。大写金额数字前未印"人民币"字样的,应加填"人民币"三个字。在票据和结算凭证大写金额栏内不得预印表示计数单位的"仟、佰、拾、万、仟、佰、拾、元、角、分"字样。

(4) 阿拉伯小写金额数字中有"0"时,中文大写应按照汉语语言规律、金额数字构成和防止涂改的要求进行书写。

(5) 阿拉伯小写金额数字前面均应填写人民币符号(¥),且小写金额数字要认真填写,不得连写,以防分辨不清。

(6) 票据的出票日期必须使用中文大写。

(7) 票据出票日期使用小写填写的,银行不予受理。大写日期未按要求规范填写的,银行可予受理,但由此造成损失的,由出票人自行承担。

四、票据风险及风险的规避

票据诈骗犯罪的手段主要有使用变造票据、伪造票据、仿制票据和作废票据,签发违法票据以及冒用他人票据等。

1. 使用变造票据

变造就是变更票据上他人记载的票据金额、出票日期、收款人名称、付款人名称、付款地点和付款日期等记载内容。

实践中,变更票据金额的方式最为常见,多发生于支票和银行汇票,一般是将票据金额由小变大,变造的具体方法有加零法和改写法。如先以小额现金向销货单位购货,然后以退货为由要求销货单位签发支票,骗取支票后变造支票金额,将票据金额由小变大。

2. 使用伪造票据

伪造是指假冒他人名义签章的行为。伪造可能发生在票据行为的各个环节,包括出票、背书、承兑、保证诸环节。所谓他人可以是自然人,也可以是单位。可以是活着的人,也可以是已死亡的人,还可以是不存在的虚拟人。印章的来源,有私刻的假印章,也有偷盗的真印章。

伪造有两种情况:一是在真实的票据用纸上伪造出票人签章并伪为出票行为;二是在真实、有效的票据上伪造背书人、承兑人、保证人签章并伪为背书、承兑、保证等行为。实践中,第一种情况较多。

伪造出票人签章,以支票为多,原因有:一是容易得到真实的支票用纸。只要在银行开户就可购买到,或者通过偷盗、捡拾所得;二是容易得到被假冒出票人的签章印模。只要出票人签发支票,其签章就必然会泄露。

伪造背书人签章,以汇票为多。如行为人捡到收款人为某单位的银行汇票后,伪造收款人签章,背书后转让给他人,骗取他人财物。又如银行工作人员利用工作之便盗窃已办理再贴现但未进行转让背书的银行承兑汇票,伪造贴现银行的汇票专用章后进行质押背书,再次进行流通使用。

伪造票据多伴有变造行为，如对支票号码的变造。特别需要注意，以上伪造、变造的用以进行诈骗的票据，不仅包括票据法上所指的汇票、本票、支票，也包括汇兑凭证、委托收款凭证、托收承付凭证以及银行汇票申请书、银行进账单回单和各种收款通知、付款通知。如伪造银行汇票申请书和银行进账单回单、变造收款通知金额、虚构收款人办理虚假特约委托收款等骗取他人财物。

3. 使用仿制票据

仿制是指对真实、有效的票据或票据用纸的外观形式进行非法模仿制作的行为。仿制票据行为有两个特点：一是行为人没有票据的印制权；二是行为人以真实的票据用纸或有效票据为蓝本实施仿制行为。

使用仿制票据进行诈骗通常必须首先伪造出票人签章、伪为出票行为，故使用仿制票据必然是使用伪造票据。

实践中使用仿制票据进行诈骗以汇票为主，其中银行承兑汇票又是重点。"克隆票据"就是一种典型的仿制票据，它不仅是对真实、有效票据的外观形式的模仿，而且是对其内容，包括绝对记载事项、相对记载事项及其它所有记载事项的模仿。

识别"克隆票据"，须加强对票据本身包括票据版别、票据防伪暗记以及票据填写内容的笔迹和银行汇票专用章等的审核。

4. 签发违法票据

所谓签发违法票据是指票据法律法规所禁止的出票行为，主要有签发空头支票、签发与预留银行签章不符的支票、签发填写有错误的支付密码的支票、签发无资金保证的商业承兑汇票、签发无资金保证的银行汇票和银行本票、出票时在票据上作虚假记载等。签发违法票据只限于出票环节，不涉及背书、保证、承兑等其它环节。

判断是否是空头支票，需要注意两点：一不应以出票人出票时间，而应以银行付款时间为时间标准；二不应以出票人账户是否有足额的存款，而应以存款人是否实际支付票款为标准。签发无资金保证的银行汇票和银行本票，是指出票银行未按规定借记申请人账户，收妥款项而出票。

票据的虚假记载仅限于汇票、本票，不涉及支票。签发远期支票不属于票据的虚假记载，因为一，远期支票并不必然是空头支票，危害性不大；二，远期支票的存在有其合理性和客观性；三，票据法未明确禁止。

需要注意，如果签发违法票据不是主观故意，不是以骗取他人财物为目的的，不属于票据诈骗，而是出票人的背信行为。

5. 使用作废票据

所谓作废票据是指按照票据法律法规规定而不能使用的票据，包括已经实现付款请求权的票据、票据法规定的无效票据、超过票据权利时效的过期票据以及银行宣布停止使用的票据等。

使用作废票据的人主要是非票据当事人，也有票据当事人。非票据当事人获得作废票据的途径有三种：一是通过盗窃或侵占等非法手段获得；二是直接购买或索要；三是因捡拾或误得而获得。

使用作废票据进行诈骗一般都伴有变造行为，如对超过票据权利时效的过期票据出票日期的变造、对大小写金额不符的无效票据的金额大小写的变造；少数伴有伪造行为，如银行内部工作人员将持票人未在"持票人提示付款签章"处签章，但已办理提示付款并获得付款的银行汇票，伪造持票人背书后再次进行转让。

6. 冒用他人票据

冒用他人票据是指非票据权利人假冒票据权利人行使票据权利骗取其票据财产的行为。该票据权利既包括付款请求权，也包括追索权。

冒用他人票据行为所使用的票据必须是真实、有效的票据，且必须是以票据权利人包括收款人或持票人、背书人、保证人、付款人、出票人等名义行使票据权利。

冒用票据仅指持票使用，而不包括在他人票据上所进行的任何记载行为。如果在他人票据上进行非法记载，则可能同时构成伪造、变造票据行为。冒用他人票据多伴有伪造、变造票据行为。

非票据权利人获得他人票据的途径有两种：一是通过盗窃或侵占等非法手段获得；二是因捡拾或错付等意外获得。

实践中，冒用他人票据以假冒收款人或持票人行使付款请求权为多。为应付银行付款时的审查，行为人往往需要事先伪造或者盗窃被冒用人的身份证件、印章及其它证明资料。如行为人盗窃到一张收款人为某个人的银行汇票，伪造收款人身份证件后到银行提示付款。

票据诈骗犯罪的手段多种多样，每一个具体的诈骗行为常常同时伴有数种诈骗手段，某一种诈骗手段常常包含着另一种诈骗手段。票据诈骗犯罪的手段主要有以上六种，其中使用伪造、变造、仿制票据进行诈骗犯罪最为多见，性质最为恶劣。

第六节　消费者权益

1994 年 1 月 1 日实施的《中华人民共和国消费者权益保护法》规定了消费者的九项权利，具体包括安全权、知情权、选择权、公平交易权、求偿权、结社权、获知权、受尊重权和监督权。目前，国家颁布的有关经济方面的法律法规有 400 余部，其中与消费者权益保护相关的法律法规逐步形成了以《民法通则》为基础，由《产品质量法》、《反不正当竞争法》、《广告法》、《食品卫生法》、《价格法》、《合同法》、《家用汽车产品修理、更换、退货责任规定》等一系列法律法规组成的消费者保护法律体系，使消费者权益在法律上有了切实的保障。《消费者权益保护法》确定的"假一罚二"原则至今可谓是妇孺皆知，也成了消费者维权时最有力的武器。

一、消费者的权利

《中华人民共和国消费者权益保护法》规定，消费者享有以下九项权利：

(1) 消费者在购买、使用商品和接受服务时有权要求经营者提供的商品和服务符合保障人身、财产安全的要求。

(2) 消费者享有知悉其购买、使用的商品或者接受的服务的真实情况的权利。消费者根据商品或者服务的不同情况，要求经营者提供商品的价格、产地、生产者、用途、性能、规格、等级、主要成分、生产日期、有效期限、检验合格证明、使用方法说明书、售后服务(包括服务的内容、规格、费用等)等有关情况。

(3) 消费者享有自主选择商品或者服务的权利。消费者有权自主选择提供商品或者服务的经营者，自主选择商品品种或者服务方式，自主决定购买或者不购买任何一种商品、接受或者不接受任何一项服务。消费者在自主选择商品或服务时，有权进行比较、鉴别和挑选。

(4) 消费者享有公平交易的权利。消费者在购买商品或者接受服务时，有权获得质量保障、价格合理、计量正确等公平交易条件，有权拒绝经营者的强制交易行为。

(5) 消费者因购买、使用商品或者接受服务受到人身、财产损害的，享有依法获得赔偿的权利。

(6) 消费者享有依法成立维护自身合法权益的社会团体的权利。

(7) 消费者享有获得有关消费和消费者权益保护方面的知识的权利。

(8) 消费者在购买、使用商品和接受服务时，享有其人格尊严、民族风俗习惯得到尊重的权利。

(9) 消费者有对商品和服务以及保护消费者权益工作进行监督的权利。消费者有权检举、控告侵害消费者权益的行为和国家机关及其工作人员在保护消费者权益工作中的违法失职行为，有权对保护消费者权益工作提出批评和建议。

二、经营者的义务

《中华人民共和国消费者权益保护法》规定经营者的义务有下列十项：

(1) 经营者向消费者提供商品或者服务，应当依照《中华人民共和国产品质量法》和其它有关法律、法规的规定履行义务。经营者和消费者有约定的，应当按照约定履行义务，但双方的约定不得违背法律、法规的规定。

(2) 经营者应当听取消费者对其提供的商品或者服务的意见，接受消费者的监督。

(3) 经营者应当保证其提供的商品或者服务符合保障人身、财产安全的要求。对可能危及人身、财产安全的商品和服务，应当向消费者作出真实的说明和明确的警示，并说明和标明正确使用商品或者接受服务的方法以及防止危害发生的方法。

经营者发现其提供的商品或者服务存在严重缺陷，即使正确使用商品或者接受服务仍然可能对人身、财产安全造成危害时，应当立即向有关行政部门报告和告知消费者，并采取措施防止危害的发生。

(4) 经营者应当向消费者提供有关商品或者服务的真实信息，不得做引人误解的虚假宣传。经营者对消费者就其提供的商品或者服务的质量和使用方法等问题提出的询问，应当作出真实、明确的答复。商店提供商品应当明码标价。

(5) 租赁他人柜台或者场地的经营者，应当标明其真实名称和标记。

(6) 经营者提供商品或者服务，应当按照国家有关规定或者商业惯例向消费者出具购货凭证或者服务单据；消费者索要购货凭证或者服务单据的，经营者必须出具。

(7) 经营者应当保证在正常使用商品或者接受服务的情况下其提供的商品或者服务应当具有的质量、性能、用途和有效期限；但消费者在购买该商品或者接受该服务前已经知道其存在瑕疵的除外。经营者以广告、产品说明、实物样品或者其它方式表明商品或者服务的质量状况的，应当保证其提供的商品或者服务的实际质量与表明的质量相符。

(8) 经营者提供商品或者服务，按照国家规定或者与消费者的约定，承担包修、包换、包退或者其它责任的，应当按照国家规定或者约定履行，不得故意拖延或者无理拒绝。

(9) 经营者不得以格式合同、通知、声明、店堂告示等方式作出对消费者不公平、不合理的规定，或者减轻、免除其损害消费者合法权益后应当承担的民事责任。格式合同、通知、店堂告示等含有前款所列内容的，其内容无效。

(10) 经营者不得对消费者进行侮辱、诽谤，不得搜查消费者的身体及其携带的物品，不得侵犯消费者的人身自由。

第三章　汽车用户购买行为分析

第一节　汽车用户购买行为概述

一、汽车用户及其分类

汽车用户是指汽车商品的购买者或使用者。按不同的分类标准可以把汽车用户分成不同的类型。汽车用户若按用户规模来分可以分为个人用户和集团用户，若按用户购买的目的和动机来分可以分为消费用户和产业用户。

所谓用户购买行为分析，就是对用户的购买需求、动机进行分析，并且分析这些需求和动机是如何影响用户的购买行为的，在此基础上指出用户购买行为的模式，分析影响用户购买行为的因素，从而为汽车营销寻找营销机会提供帮助。

二、用户购买行为的一般过程

用户购买行为是一种满足需求的行为。购买过程是由客观刺激在用户头脑中引起复杂的思维活动，最终产生购买行为，其结果是达到需求的满足。因此，一个完整的购买行为过程，可以看成是一个刺激、决策、购后感受的过程，这也是用户的一般购买行为的过程。这一过程如图 3-1 所示。

图 3-1　用户购买行为过程示意

1. 客观刺激

用户的购买行为过程都是用户对客观现实刺激的反应，用户接受了客观事物的刺激，才能产生各种需求，形成决策，最后导致购买行为的发生。客观事物的信息刺激，既可能由用户的内部刺激引起，也可能由外界因素刺激产生。例如，企业要搞运输，就必须有一定数量的汽车。内部的刺激一般比较简单，而外界的刺激则要复杂得多，这是因为用户作为一个社会组成单位，他的行为不仅要受到自身因素的影响，而且还受到社会环境的制约，家庭及相关群体的消费习惯等都会从不同方面对用户的购买行为产生影响。另外，用户购买的对象——商品，也会从它的质量、款式、包装、商标及服务水平等方面对用户的购买行为产生影响。

2. 决策过程

不论是内部刺激还是外部刺激，它们的作用仅仅是引起用户的购买欲望。用户是否实施购买行为，购买具体的对象是什么，在什么地方购买等，就需要用户进行决策。由于决策过程极其复杂，并且对于营销人员来说又难以掌握，因此又称作黑箱。对消费用户来说，决策过程实质上就是一种心理活动过程，具体可概括为产生需求、形成动机、收集信息、评价方案和形成决策等过程。

3. 购后感受

用户购买行为的目标是选购一定的商品或服务，使自己的需要得到满足。用户实施购买行为之后，购买行为过程并没有结束，还要在具体使用中去检验、评价，以判断需要满足的程度，形成购后感受。它对用户的重复购买行为或停止购买行为会产生重要影响。

第二节　汽车消费用户购买行为分析

汽车消费用户，是指为了消费而购买和使用汽车商品的人。它包括个体消费用户和家庭消费用户两类，具体表现为个人消费，故也称作汽车消费个人。从这个角度来说，这里的汽车商品是最终消费品，它不用于再生产。

我们把汽车消费用户所组成的市场称之为汽车消费用户市场，它是汽车最后的消费市场。我国汽车消费用户市场的主要特点如下：

(1) 我国的汽车消费用户市场在不断壮大，市场容量极大。我国目前的现状是每 27 个人中拥有私人汽车一辆，而美国是每 1.8 人一辆，日本是每 2.3 人一辆。无论是从发达国家的发展历史来看，还是从我国近几年的政策导向及汽车销售绝对量的增长率看，我国的私人汽车市场在日益扩大，而且将成为我国汽车消费的主体市场。

(2) 汽车消费品属耐用的选购品。　汽车消费用户在挑选和购买这类商品的过程中会比较其适用性、质量、价格、式样等特性，因此，消费用户在购买汽车商品时，往往会跑去多家商店比较其品质、价格及式样。

(3) 汽车消费用户的购买，绝大多数属单辆购买。

(4) 汽车消费用户市场差异性大。因为汽车消费用户市场包括每一个居民，范围广、人数多，各人的购买因年龄、收入、地理环境、气候条件、文化教育、心理状况等的不同而呈现很大的差异性，所以汽车企业在组织生产货源时，必须对整个市场进行细分，不能把汽车消费用户市场只看做一个包罗万象的统一大市场。

(5) 汽车消费用户市场属非专业购买。大多数汽车消费用户购买汽车商品都缺乏汽车方面的专业知识，一般很难判断各种汽车商品的质量优劣或质价是否相当。他们很容易受广告宣传或其它促销方法的影响。因此，企业必须十分注意广告及其它促销工作，并努力创名牌，建立良好的商誉，这些都有助于商品销路的扩大，有助于市场竞争地位的巩固。要坚决反对利用消费用户市场多为非专业购买这一特点欺骗消费用户和坑害消费用户的行为。

一、消费用户的购买行为模式

随着汽车市场规模的日益扩大，汽车营销人员不可能直接与每个消费用户接触，他们只有通过对消费用户行为的研究来了解他们的购买决策。因此，研究消费用户的购买行为是研究汽车消费用户市场的基础，其研究重点是消费用户的购买行为方式。

所谓汽车消费用户的购买行为，就是消费用户为了满足自身的需求，在寻求、购买、使用和评估汽车商品及相关服务时所表现的行为。尽管不同的消费用户有不同的行为方式，但任何一个消费用户都不是孤立的，而是隶属于一个群体的社会成员，有其共同的需求动机和意识，因而其购买行为必然有一定的规律。

一般来说，人的行为是基于心理活动而发生和发展的。所以，汽车消费用户的购买行为必然也要受个人心理活动的支配。心理学"刺激—反应"(S→R)学派的成果表明，人们行为的动机是一种内在的心理活动过程，是一种看不见、摸不着的"黑箱"。在心理活动与现实行为之间的关系中，外部的营销与其它刺激必须经过盛有"心理活动过程"的黑箱才能引起反应，导致购买行为发生。

按照上述行为动机生成的机理，面对着庞大的消费用户市场的汽车企业，实际上所面对的是许多个人购买动机，所以，汽车企业要引导用户购买动机的实现，满足他们的各种需求，就必须对消费用户对营销刺激和其它刺激的反应及购买行为的模式有较全面的认识。用户的购买行为模式如图3-2所示。

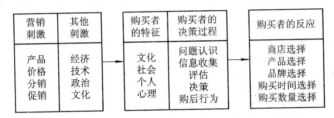

图3-2　用户购买行为模式

在汽车消费用户购买行为模式中，刺激包括营销刺激和其它刺激。所谓营销刺激，是指汽车企业营销活动的各种可控因素，即产品、价格、分销和促销；其它刺激则是指汽车企业营销活动的各种不可控因素，即经济、技术、政治、文化等因素。所有这些刺激通过汽车消费用户的"黑箱"产生反应，从而形成一系列可以观察到的用户购买反应，即对汽车商品、品牌、经营者、时间、数量等方面的具体选择。

汽车消费用户的"黑箱"可分成两部分：首先是用户的特征，这种特征通常要受多种因素的影响，它们会影响购买者对刺激的理解和反应；其次是用户的决策过程，它会影响消费用户的最后的行为结构的状态。

这一购买行为模式表明，消费用户的购买心理虽然是复杂的、难以捉摸的，但由于这种神秘莫测的心理作用可由其反应看出来，因而可以从影响购买者行为的某些带有普遍性的因素，探讨出一些最能解释将购买影响因素转变为购买过程的行为模式。

二、消费用户购买行为的类型

按消费用户的购买动机和个性特点，可以将消费用户的购买行为划分为如下四类：

1. 理智型购买

理智型购买是指经过冷静思考，而非感情性的购买行为，它是从商品长期使用的角度出发，经过一系列深思熟虑之后才做出的购买决定。

一般来说，购买者在做出这种购买决定前，通常都仔细考虑下列问题：

(1) 是否质价相当。感情型的购买对价格高低不甚考虑，理智型的购买则很重视价格。

这些用户虽然急需购买汽车或觉得某汽车很实用，但往往要进行一定的质价比较，或期望降价后才购买。

(2) 使用开支。不仅要考虑购买商品本身所花的代价，而且还要考虑这些商品在使用过程中的开支是否合算。如汽车的油耗高低等。

(3) 商品的可靠性、损坏或发生故障的频率及维修服务的价格。对可靠性的判断，一看是新商品还是老商品，是名牌还是杂牌；二看新商品质量是否过关，老商品或名牌是否倒了牌子。对于损坏或故障频率，一看商品本身，是否容易损坏，是否会经常出故障；二看品牌，如奔驰的故障就少，而杂牌的故障就多。此外，维修服务价格也很受关注，这类消费用户往往会因买得起汽车而修不起汽车，因而也就不买了。

2. 感情型购买

感情型购买是指感情驱动的购买行为，即由感情因素而产生的购买动机。引起感情购买动机的主要因素有：

(1) 感觉上的感染力。感觉上的感染力是指汽车商品能在人们的感官上产生魅力，从而使他们产生购买念头。如精美的外形、时尚的造型、具有视觉冲击力的色彩等都会对商品的销售产生影响。

(2) 关心亲属。有些人为了关心自己的亲属而为他们购买汽车。

(3) 显示地位或威望。小轿车，尤其是奔驰一类的高档小轿车，已成为地位和成就的象征，它可以赋予使用者以威望、身份和地位的光彩。虽然它并不会比其它相类似的竞争商品具有更大的实用价值，但有些人却把拥有它当做一种梦想。

3. 习惯型购买

习惯型购买是指有的消费用户，对某些商品往往只偏爱其中一种或数种品牌，购买商品时，多数习惯于选取自己熟知的品牌。因此，作为企业，就应针对这一类型的消费用户，努力提高商品质量，加强广告推销宣传，创名牌、保名牌，在消费用户心中树立良好的商品形象，使自己的产品成为消费用户偏爱和习惯购买的对象。

4. 经济型购买

经济型购买模式好像与前述的理智型购买是一回事，其实不完全相同。理智型的购买，虽然价格高低也是一种决定因素，购买者却是经过质价等比较，看是否值得买来决策的。比如说，目前市场上奥迪 A6 和风神蓝鸟两款车，在性能上不相上下，各有所长，而在价格上奥迪 A6 稍贵，但奥迪 A6 的市场销售情况非常理想，有些人经过比较宁愿购买它而非风神蓝鸟。而经济型的购买者则特别重视价格，专选廉价的买。针对此，企业应适应市场的需要，生产或经营一定的经济实惠的品种，以满足这一人群的需求。

三、影响消费用户购买行为的主要因素

汽车消费用户处于复杂的社会中，其购买行为主要取决于自身的需求，而汽车消费需求受到诸多因素的影响。要透彻地把握消费用户的购买行为，有效地开展市场营销活动，必须分析影响消费需求的有关因素，这些因素主要有文化因素、社会因素、个人因素和心理因素四大类，如图 3-3 所示。各类因素的影响机理是：文化因素通过影响社会因素，进而影响消费用户个人及其心理活动的特征，从而形成消费用户个人的购买行为。

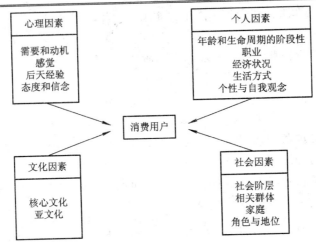

图 3-3　影响消费用户购买行为的主要因素

1. 文化因素

文化是指人类在生活实践中建立起来的文学、艺术、教育、信仰、法律、宗教、科学等的总和。对于消费用户行为而言，文化因素的影响力既广又深，文化是用户欲望与行为的基本决定因素。文化包括核心文化和亚文化。无论是核心文化还是亚文化都是造成消费用户购买行为差异的重要因素，从用户心理角度分析，亚文化相对核心文化更为重要，亚文化更能影响和决定消费用户的行为。文化因素之所以影响购买者行为，有以下三方面原因：一是文化的存在可以指导购买者的学习和社会行为，从而为购买行为提供目标、方向和选择标准；二是文化的渗透性可以在新的领域中创造出新的需求；三是文化自身所具有的广泛性和普及性使消费用户个人的购买行为具有攀比性和模仿性。所以，营销人员在选择目标市场和制订营销方案时，必须了解各种不同的核心文化和亚文化群的特点，针对这些特点推出汽车新品种，增设新服务以吸引消费用户。

1) 核心文化

核心文化是人类欲求与行为最基本的决定因素，文化本身又包括语言、法律、宗教、风俗习惯、音乐、艺术、工作方式及其它给社会带来独特情趣影响的人为现象。从其对消费用户行为影响的角度而言，文化是后天学习来的，是对某一特定社会成员的消费行为直接产生影响的信念、价值观和习俗的总和。在现代文明中，汽车可能是司空见惯的商品，而在另一种文化下，如边远落后的地区，汽车对他们就毫无意义可言。

2) 亚文化

任何文化都包含着一些较小的群体或所谓的亚文化，它们以特定的认同感和社会影响力将各成员联系在一起，使这一群体具有特定的价值观念、生活格调和行为方式。一个消费用户对商品的兴趣，会受这种亚文化的影响，比如受他的民族、宗教、种族和地理背景的影响。例如，美国通用汽车公司在南美波多黎各推销名为"诺巴"牌汽车，虽然该车性能良好、价格优惠，但销路却不畅，经过调查发现"诺巴"在西班牙语中却是"不走"的意思，这种"不走"的汽车当然唤不起消费用户的购买热情，当然也就不畅销了。

2. 社会因素

消费用户的购买行为还会受到社会因素的影响，这些社会因素主要有：社会阶层、相关群体、家庭、角色与地位等。

1) 社会阶层

在市场营销学上，社会阶层是具有相对的同质性和持久性的社会群体，是社会学家依据社会成员的职业、收入来源、受教育程度和价值观及居住区域等对他们按层次进行排列的一种社会分类。不同层次的消费用户由于具有不同的经济地位、价值观念、生活习惯和心理状态，最终造成他们有不同的消费活动方式和购买方式。同一阶层的成员通常具有类似的行为、举止和价值观念。具体来说，同一阶层的成员具有以下几项特征：

① 行为大致相同；

② 人们依据他们所处的社会阶层，可判断出其地位的高低；

③ 社会阶层不单由某一种因素决定，而是由社会成员的职业、收入、财富、教育、价值观等因素综合决定；

④ 个人可能晋升到更高阶层，也可能下降到较低阶层。

研究消费用户的社会阶层对购买行为的影响，目的是要求汽车企业的营销人员对汽车市场进行细分，并制订有针对性的市场营销策略，即应当集中主要力量为某些特定的阶层(即目标市场)服务，而不是同时去满足所有阶层的需要。

2) 相关群体

相关群体是指能够影响消费用户购买行为并与之相互作用的个人或团体。它一般可分为三类：

① 紧密型群体，即与消费用户个人关系密切、接触频繁、影响最大的群体，如家庭、邻里、同事等，这些群体往往对消费用户行为产生直接影响。

② 松散型群体，即与消费用户个人关系一般、接触不太密切、但仍有一定影响的群体，如个人所参加的学会和其它社会团体等，他们往往对消费用户的购买行为产生间接影响。

③ 渴望群体，即消费用户个人并不是这些群体的成员，但却渴望成为其中一员，仰慕该类群体某些成员的名望、地位而去效仿他们的消费模式与购买行为。这类群体的成员主要是各种社会名流，如文艺体育明星、政界要人、学术名流等。这类群体影响面广，但对消费用户的影响强度逊于前两个群体。

相关群体对消费用户购买行为的影响是潜移默化的。因为人类天生就具有趋同性和归属感，往往要根据相关群体的标准来评价自我行为，力图使自己在消费、工作、娱乐等方面同一定的团体保持一致。在这种意义上，相关群体对汽车消费用户购买行为的影响主要表现为三个方面：第一，示范性，即相关群体的消费行为和生活方式为消费用户提供了可供选择的模式；第二，仿效性，即相关群体的消费行为引起人们仿效的欲望，影响人们对商品的选择；第三，一致性，即由于仿效而使消费行为趋于一致。相关群体对购买行为的影响程度视商品类别而定。研究表明，汽车消费用户的购买行为容易受到相关群体的影响。

3) 家庭

用户以个人或家庭为单位购买汽车时，家庭成员和其它有关人员在购买中往往起着不同作用并且相互影响。家庭对于汽车消费用户个人的影响极大，如消费用户的价值观、审美情趣、个人爱好、消费习惯等，大多是在家庭成员的影响与熏陶下形成的。家庭成员对汽车消费用户做出购买决策的影响作用是首位的。

家庭成员对购买决策的影响往往由家庭特点决定。家庭特点可从家庭中谁有支配权、家庭成员的文化与社会阶层等方面分为四类：丈夫决策型、妻子决策型、协商决策型和自主决策型。私人汽车的购买，在买与不买的决策上，一般是协商决策型或丈夫决策型，但在款式或颜色的选择上，妻子的意见影响较大。从营销观点来看，了解家庭的购买行为类型，有利于营销人员明确自己的促销对象。

4) 角色与地位

营销学中的角色地位是指个人购买者在不同的场合所扮演的角色及所处的社会地位。每个角色周围的人都会对其所从事的活动抱着某种期望，并对他的购买行为有所影响。地位是伴随着角色而来的，两者是一体两面，每一种身份都附有一种地位，反映社会对个人的一般尊重。汽车消费用户在购买汽车时常常会利用汽车不同的品牌、颜色、价格等方式表明他们的社会身份和地位，因而角色与地位对个人形成某些限制和规范。例如，单位经理开经济型轿车，其单位的一般职员一般就不会开豪华型轿车。

在这些因素中，购买者的家庭成员对购买者的行为影响显然是最强烈的。一般人在整个人生历程中所受的家庭影响，基本上都来自两方面。一是来自自己的父母，每个人都会由双亲直接教导和潜移默化获得许多心智倾向和知识，如宗教、政治、经济以及个人的抱负、爱憎、价值观等。甚至许多消费用户在与父母不在一起相处的情况下，父母对其潜意识行为的影响仍然很深、很强烈。至于在那些习惯于父母与子女不分居的国家，这种影响更具有决定性的意义，我国便是如此。另外，对一个人购买汽车行为更直接的影响，则是来自自己的配偶和子女。在汽车营销中要非常注意家庭成员对购车决策的影响。

3. 个人因素

通常，在文化、社会各方面因素大致相同的情况下，仍然存在着汽车消费用户购买行为差异极大的现象，其中的主要原因就在于消费用户之间还存在着年龄、职业、收入、生活方式和个性等个人情况的差别。其中个性和自我观念对消费用户购买行为的影响最大。

1) 年龄和生命周期的阶段性

人们不仅会在不同的年龄阶段上有不同的消费心理和购买行为，而且还会随着年龄的增长而不断改变其购买行为，这是年龄对于消费用户购买决策的直接影响。它的间接影响则是它还往往会影响社会的婚姻家庭状况，从而使家庭也具有了生命周期。西方学术界通常把家庭生命周期划分为九个阶段，即：① 单身期，指离开父母后独居，并有固定收入的青年时期，处于该时期时几乎没有经济负担，是新观念的带头人；② 新婚期，指新婚的年轻夫妻，无子女阶段，处于该时期时经济条件比下一阶段要好，购买力强，耐用品购买力高；③ "满巢" I 期，指子女在 6 岁以下的阶段，处于该时期时家庭用品的采购量在高峰期，流动资产比较少，喜欢新商品，对广告宣传的商品较感兴趣；④ "满巢" II 期，指子女在 6 岁以上的阶段，处于该时期时经济状况较好，购买行为日趋理性化，对广告不敏感；⑤ "满巢" III 期，指结婚已久，子女已长成，但仍需抚养的阶段；⑥ "空巢" I 期，指子女业已成人分居，夫妻仍有工作能力的阶段；⑦ "空巢" II 期，指已退休的老年夫妻，子女离家分居的阶段；⑧ 鳏寡就业期，指独居老人，但尚有工作能力的阶段；⑨ 鳏寡退休期，指独居老人，已经退休的阶段。一般说来，处于不同阶段的家庭，其需求特点是不同的，企业在进行营销时只有明确目标顾客所处的生命周期阶段，才能拟定合适的营销计划。汽车营销针对的家庭主要是处于 "满巢" 期的各类用户。

2) 职业

职业状况对于人们的需求和兴趣有着重大影响。通常，汽车企业在制订营销计划时，必须分析营销所面对的消费用户的职业状况，在市场细分许可的条件下，注意开发适合于特定职业消费需要的汽车品种。

3) 经济状况

经济状况指用户可支配收入(收入水平、稳定性和时间分布)、储蓄与资产(资产多寡、比例结构、流动性如何)、负债和借贷(信用、期限、付款条件等)等方面的情况。经济状况是决定汽车消费用户购买行为的首要因素，对购买行为有直接影响。它对于汽车企业营销的重要性就在于它有助于了解消费用户的可支配收入变化情况、他们的个人和家庭的购买能力以及人们对消费和储蓄的态度等。汽车企业要不断注意经济发展趋势对消费用户的经济状况的影响，应针对不同的实际经济发展状况来调整营销策略，如重新设计产品，调整价格，或者减少产量和存货，或者采取一些其它应变措施，以便继续吸引目标消费用户。

4) 生活方式

生活方式指人们在生活中表现出来的支配时间、金钱以及精力的方式。近年来，生活方式对消费行为影响力越来越大。不同的生活方式群体对商品和品牌有不同的消费需求，营销人员应设法从多种角度区分不同生活方式的群体。在汽车企业与消费用户的买卖关系中，一方面消费用户要按照自己的爱好选择汽车，以符合其生活方式；另一方面汽车企业也要尽可能提供合适的汽车商品，使其能够满足消费用户生活方式的需要。

5) 个性与自我观念

个性是影响消费用户购买行为的另一个重要因素。它所指的是个人的心理特征，与其相关联的另一个概念是购买者的自我观念或自我形象。个性主要由个人的气质、性格、兴趣和经验所构成，它导致个人对自身所处环境相对一致和连续不断的反应。一个人的个性影响着他的汽车消费需求和对市场营销因素的反应。事实上，汽车消费用户越来越多地用不同风格汽车商品来展示自己的个性。对于汽车企业营销来说，理解消费用户的个性特征，可以帮助企业确立正确的符合目标消费用户个性特征的汽车品牌形象。

4. 心理因素

一个人的购买行为会受到四个主要心理因素的影响。这些因素是：需要和动机、感觉、后天经验、态度和信念。

1) 需要和动机

消费用户为什么购买某种商品，为什么对企业的营销刺激有着这样而不是那样的反应，这在很大程度上是和消费用户的购买动机密切联系在一起的。购买动机研究就是探究购买行为的原因，即寻求对购买行为的解释，以使企业营销人员更深刻地把握消费用户的行为，在此基础上做出有效的营销决策。

(1) 消费用户需要的含义。

消费用户需要是指消费用户生理和心理上的匮乏状态，即感到缺少些什么，从而想获得它们的状态。

需要是和人的活动紧密联系在一起的。人们购买商品，接受服务，都是为了满足一定的需要。一种需要满足后，又会产生新的需要。因此，人的需要绝不会有被完全满足和终结的时候。正是需要的无限发展性，决定了人类活动的长久性和永恒性。

满足需求的过程如图 3-4 所示。

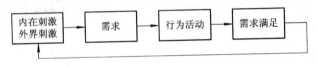

图 3-4　消费用户需求满足过程

(2) 消费用户的动机分析。

按心理学的一般观点，动机是"引起个体活动，维持已引起的活动，并促使活动朝向某一目标发展的内在作用"。人的行为受动机的支配，而动机则是由需要驱使、由刺激强化和由目标诱导三种要素相互作用综合产生的一种合力。当人们产生的某种需要未得到满足或受到外界刺激时，就会形成一种内在动机，再由动机引发人们满足需要的行为，这就是心理学所指的动机。从这种意义上来说，一个人的购买动机就是一种被刺激的需要，它是以迫使人们采取相应的行动来获得满足。人们从事的任何活动都由一定动机引起。动机由内外两个条件引起，内在条件是需要，外在条件是诱因。汽车消费用户的动机所支配的是他们的购买行为，弄清消费用户动机生成的机理，对于企业市场营销具有重要意义。但动机是一个很复杂的系统，一种行为常常包含着各种不同的动机，不同的动机有可能表现出同样的行为，而相同的动机也可能引发不同的行为。

购买动机虽源于需要，但商品的效用才是形成购买动机的根本条件。如果商品没有效用或效用不大，即使购买者具备购买能力，也不会对该商品产生强烈的购买动机。反之，如果商品效用很大，即使购买者购买能力不足，可能筹措资金也要购买。

商品的效用是指商品所具有的能够满足用户某种需要的功效。就汽车功效而言，不同车型、不同品种的汽车具有不同的功效。而同样的汽车，对不同的购买者和不同的使用目的来说，其功效也是不同的。例如，对运输经营者来说，汽车的功效在于能够获取经济效益，这种经济效益是指在汽车使用期内，在扣除成本和税费之后的纯收益，收益越大则功效越大，因而低档轿车的功效可能就比中高档轿车大；而对三资企业的商务活动而言，轿车的功效在于作为代步工具的同时，应体现企业形象，因而中高档轿车的功效就比低档轿车大。这表明，同样的轿车品种对不同的购买者，具有不同的功效。

严格地说，消费用户的购买行为受商品"边际效用"的影响。边际效用越大，购买动机就越强。所谓的边际效用，是指购买者对某种商品再增加一个单位的消费时，该种商品能够为购买者带来的效用增量。客观上，随着消费数量的增加，商品的边际效用存在着递减现象，这就是"边际效用递减法则"。例如，一个家庭在购买了第一辆轿车后，便会感觉到它为家庭带来的功效很大；当再购买第二辆轿车后，就会感觉到第二辆轿车为家庭所带来的功效不如第一辆的大；当再购买第三辆轿车时，这个家庭会感觉到其实第三辆车是可以不用购买的，甚至还会觉得它存放困难，还要为它的防盗、保养担心。这表明，随着这个家庭购买轿车数量的增加，轿车带来的边际效用逐步减小。这一法则对任何商品的消费都是起作用的。

"边际效用递减法则"可用图 3-5 表示。显然，当购买量分别为 A 和 B 时，$A+1$ 对应的效用增量 ΔE_1 大于 $B+1$ 相应的效用增量 ΔE_2。上述法则的营销意义是，企业可采取各种措施，如降低商品价格、提高质量、延长寿命、增加功能等来增加产品的边际效用，从而达到增加销售的目的。另外，当边际效用为零时，表示商品需求趋于饱和，借此可以预测商品的市场需求量。

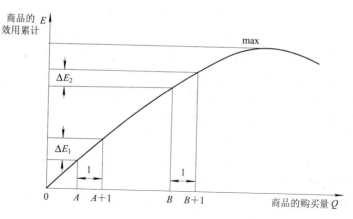

图 3-5　边际效用递减法则

下面介绍一下消费用户的具体购买动机，主要有以下几种：

① 求实动机。求实动机是指消费用户以追求商品或服务的使用价值为主导倾向的购买动机。在这种动机支配下，消费用户在选购商品时，特别重视商品的质量、功效，要求一分钱一分货，相比之下，对商品的象征意义，商品所显示的"个性"以及商品的造型与款式等不是特别强调。比如，消费用户在购买农用车、轻型车、微型车时，这种求实购买动机就较为常见。

② 求新动机。求新动机是指消费用户以追求商品或服务的时尚、新颖、奇特为主导倾向的购买动机。在这种动机支配下，消费用户选择商品时，特别注重商品的款式、色泽、流行性、独特性与新颖性，相比之下，商品的耐用性、价格等成为次要的考虑因素。一般而言，在收入水平比较高的人群以及青年群体中，求新的购买动机比较常见。他们在选购汽车时注意追求汽车的造型新颖和别致，是新商品的倡导者。

③ 求美动机。求美动机是指消费用户以追求商品欣赏价值和艺术价值为主要倾向的购买动机。在这种动机支配下，消费用户选购商品时特别重视商品的颜色、造型、外观、包装等因素，讲究商品的造型美、装潢美和艺术美。求美动机的核心是讲究赏心悦目，注重商品的美化作用和美化效果，它在受教育程度较高的群体以及从事文化、教育等工作的人群中是比较常见的。据一项对近 400 名各类消费用户的调查显示，在购买活动中首先考虑商品美观、漂亮和具有艺术性的人占被调查总人数的 41.2%，居第一位。而在这中间，大学生和从事教育工作、机关工作及文化艺术工作的人占 80% 以上。

④ 求名动机。求名动机是指消费用户以追求名牌或高档商品，借以显示或提高自己的身份、地位而形成的购买动机。当前，在一些高收入层、大中学生中，求名购买动机比较明显。求名动机形成的原因实际上是相当复杂的。购买名牌商品，除了有显示身份、地位、富有和表现自我等作用以外，还隐含着对减少购买风险、简化决策程序和节省购买时间等多方面因素的考虑。

⑤ 求廉动机。求廉动机是指消费用户以追求商品、服务的价格低廉为主导倾向的购买动机。在求廉动机的驱使下，消费用户选择商品时以价格为第一考虑因素。他们宁肯多花体力和精力，多方面了解、比较商品价格差异，选择价格便宜的商品。相比之下，持求廉

动机的消费用户对商品质量、花色、款式、包装、品牌等不是十分挑剔，而对降价、折让等促销活动怀有较大兴趣。

⑥ 求便动机。求便动机是指消费用户以追求商品购买和使用过程中的省时、便利为主导倾向的购买动机。在求便动机支配下，消费用户对时间、效率特别重视，对商品本身则不甚挑剔。他们特别关心能否快速方便地买到商品，讨厌过长的候购时间和过低的销售效率，对购买的商品要求携带方便，便于使用和维修。一般而言，成就感比较高，时间机会成本比较大，时间观念比较强的人，往往怀有求便的购买动机。

⑦ 模仿或从众动机。模仿或从众动机是指消费用户在购买商品时自觉不自觉地模仿他人的购买行为而形成的购买动机。模仿是一种很普遍的社会现象，其形成的原因多种多样。有出于仰慕、钦羡和渴望获得认同而产生的模仿；有由于保守、惧怕风险而产生的模仿；有由于缺乏主见而产生的模仿。不管动机由何种原因引起，持模仿动机的消费用户，其购买行为受他人影响比较大。一般而言，普通消费用户的模仿对象多是社会名流或其所崇拜、仰慕的偶像。电视广告中经常出现某些歌星、影星、体育明星使用某种商品的画面或镜头，目的之一就是要刺激受众的模仿动机，促进商品销售。

⑧ 癖好动机。癖好动机是指消费用户以满足个人特殊兴趣、爱好为主导倾向的购买动机。其核心是为了满足某种嗜好、情趣。具有这种动机的消费用户，大多出于生活习惯或个人癖好而购买某些类型的商品。比如，国外的汽车收藏者，他们对汽车的选择以符合自己的需要为标准，不关注其它方面。

以上我们对消费用户在购买过程中呈现的一些主要购买动机作了分析。需要指出的是，上述购买动机绝不是彼此孤立的，而是相互交错、相互制约的。在有些情况下，一种动机居支配地位，其它动机起辅助作用；在另外一些情况下，可能是另外的动机起主导作用，或者是几种动机共同起作用。因此，在调查、了解和研究过程中，对消费用户购买动机切忌作静态和简单的分析。

2) 感觉

感觉是影响个人购买行为的另一个重要心理因素。一个被动机驱使的人随时准备着行动，但具体如何行动则取决于他对情境的感觉如何，两个处于同样情境的人，由于对情境的感觉不同，其行为可能大不相同。具体来说，人们对相同的刺激之所以会有不同的感觉，主要由选择感觉、选择扭曲、选择记忆三种加工处理程序引起。

(1) 选择感觉。一个人不可能全部接收他所接触的任何信息，有的被注意，有的被忽略。一般说来，使购买者愿意接收信息的原因有下列几种：① 满足购买者的眼前需求，即购买者最近的需求使其易于接收那些有助于满足此种需求的信息；② 购买者易接收与其所持的态度和看法一致的信息，而拒绝接收那些与其态度和看法相冲突的信息；③ 购买者知道但缺乏了解的领域，购买者对于有关这些方面的信息一般也比较关心和注意接收。

在市场营销领域中，产品的包装、价格、广告、品牌等都是潜在消费用户接收与否的信息。如果公司和企业要使自己所发布的信息成为购买者可接收的信息，首先必须使这些信息与消费用户的需求和看法协调一致。另外，这些信息还必须减少消费用户的存疑，尽量提供一些意味深长的信息。

(2) 选择扭曲。有些信息虽然被购买者注意和接收，但其影响作用不一定会与信息发布者预期的相同。因为在购买者对其所接收的信息进行加工处理的过程中，每一个人都会按照自己的一套方法加以组织和解释。也就是说，购买者一旦将信息接收过来，就会将它扭曲，使其与自己的观点和以前接收的信息协调一致，因此就使得接收到相同信息的购买者会有不同的感觉。

(3) 选择记忆。人们对其接触、了解过的许多东西常常会遗忘，只记得那些与其观点、态度相一致的信息，比如购买者往往会记住自己喜爱的品牌的优点，而忘掉其它竞争品牌的优点。

正是由于上述三种感觉加工处理程序，使得同样数量和内容的信息，对不同的购买者会产生不同的影响，而且都会在一定程度上阻碍购买者对信息的接收。这就要求市场营销人员必须采取相应的市场营销策略，如大力加强广告宣传，不断提高商品的质量，改善商品的外观造型、包装装潢等，以打破各种感觉障碍，使本公司和企业的商品信息更易为消费用户注意、了解和接收。

3) 后天经验

所谓后天经验就是指影响人们改变行为的经验。人们的改变既可表现为公开行动的改变，也可表现为语言上和思想上的改变。后天经验论者认为：人们的购买动机除了少数基于本能反应和暂时生理状态(如饥饿)外，大多数是后天形成的；人类后天经验的形成是驱动力、刺激物、提示物、反应和强化相互作用的结果。

驱动力或动机，是引发行动的内在动力；反应则是指消费用户为满足某一动机所做出的反应或选择；刺激物或提示物则是决定人们何时、何处以及如何反应的微弱刺激因素；强化则是指如果某一反应能使消费用户获得满足，那么消费用户便会不断做出相同的反应和选择。

后天经验理论对市场营销人员有多方面的意义：首先，它说明要发挥市场营销作用就要按一定的价格、在一定的地点和时间将商品提供给消费用户满足其需求(驱动力所向的需求)。其次，既然购买是需求的反应，企业就必须广泛运用信息通报手段，通过说明各种疑难问题的解决办法，促进动机实现或使反应强化等来使购买者产生需求欲，进一步做出购买反应。

4) 态度和信念

一般说来，态度和信念之间的区别是不大的。按照心理学家和社会学家通常的说法，态度是指人们对于某些刺激因素或刺激物以一定方式表现的行动倾向，信念则是态度的词语表述，即两者不过是同一物的表里关系。态度对任何人的生活都有影响，它影响个人对其它人、其它事物和事件的判断方式和反应方式。因此人们生活的许多方面都受到自己所持态度的支配。

态度可看成是"认识—动情—追求"的三部曲，或者说，态度是由认识、动情、追求三部分组成的。作为企业，应注意研究消费用户态度的形成过程，以引导消费用户对企业及商品产生肯定的正方向的态度，这对企业商品的销售是极其有利的。

第三节 单位用户购买行为分析

一、产业用户购买行为分析

产业用户也称再生产者，即购买和使用商品或服务是为了进一步生产其它商品或劳务的生产企业和其它社会单位。汽车产品的产业用户主要是指购买和使用汽车产品为企业生产和社会提供服务的社会经济组织和其它汽车新产品生产企业，如汽车改装厂、汽车运输公司、旅游公司、公交公司、建筑公司、个体运输户、中间商用户和政府用户等。

产业用户购买汽车的种类几乎涉及所有的汽车品种，其中以重型、中型车和轿车为主要品种。重型车、中型车的基本用户就是产业用户，因此研究产业用户的购买行为对汽车生产企业和中间商有着非常重要的意义。

1. 汽车产品产业市场的特点

汽车产品的产业用户市场与消费用户市场差别明显，它有以下特点：

(1) 客户数量少，销量大。产业用户市场的购买者一般不是个人，而是购买汽车产品的企业，所以相对于消费用户来说，数量较少，但是需求量往往相对较大，尤其是汽车运输公司、出租车公司等一些企业。

(2) 产业用户市场在地理上十分集中。在我国产业用户往往集中在经济发达地区、各大中城市。产业用户市场的地域相对集中性，有助于降低销售成本。

(3) 产业用户市场的需求大多属于衍生需求。产业用户市场汽车产品的需求最终是由消费用户的需求衍生出来的。例如汽车运输企业购买汽车，往往是因为运输市场发展的需要。产业用户的运输需求增加，会导致汽车购买量的增加，反之汽车的购买量就会减少。

(4) 在短期内，汽车产品市场的需求缺乏弹性。因为这一市场的需求大多属于衍生需求，所以对汽车产品的需求不会因汽车产品的涨价而不购买，也不会因汽车产品的大降价而大量购进。尤其是在短期内这种需求的弹性就更小。

(5) 产业用户市场的波动性较大。这一市场受国家政策、市场需求的影响很大，而这些因素往往随时间的变化有着较大的波动性。

(6) 供购双方关系密切。产业用户数量较少，但车辆购买量相对较大，对供应商来说更具有权威性和影响力，所以在产业用户市场中供购双方关系比较密切，产业用户总是希望汽车供应商按照自己的要求提供商品，而供应方则更会想方设法去接近产业用户并搞好与产业用户的关系。

(7) 购买人员专业化。把汽车作为生产资料来购买，产业用户往往会选择那些具有专业知识的采购人员去购买，他们对所欲购买的汽车在性能、质量、规格以及技术细节上的要求都较为熟悉，除此之外，他们在专业方法和谈判技巧的运用方面都比较老练。这要求产业用户市场中的营销人员必须为他们的客户提供大量的技术资料和特殊服务。

2. 产业用户的购买行为过程

产业用户购买汽车产品，是为了维持其生产经营活动的正常进行，其购买过程一般可分为五个阶段，如图3-6所示。

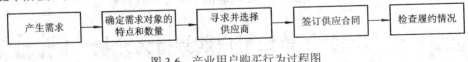

图3-6　产业用户购买行为过程图

1) 产生需求

产业用户购买汽车产品的种类取决于生产经营的需要，其需求的产生是生产经营活动需要的结果。例如旅游公司要增开旅游线路就需增加旅游车辆。

2) 确定需求对象的特点和数量

产生需求后，采购者接着就要拟出一份需求要项说明书，说明所需汽车的特点，并根据生产经营规模的需要，决定需求数量。在这一阶段，采购人员可能要与其它人员，如工程师、驾驶员、技术顾问等一起来做出决定。他们将对汽车产品的可靠性、耐用程度、价格和其它应有的属性，按其重要性，进行先后排序。例如，汽车运输公司要开辟一条新的运输线路，在购车前就必须先确定购买哪一类汽车，该车应具有什么特点才能满足生产经营需要以及要使这条线路正常运转需要多少辆车。

在这一阶段，机灵的营销人员可站在产业用户的角度协助采购员决定其需求，并提供有关各类产品特点和价值的信息。

3) 寻求并选择供应商

由于产业用户购买数量大，需求相对稳定，它不可能随时购买，加之市场上同类产品生产厂家众多，因此一般情况下都要寻求并选择供应商，以保证产业用户的需求。

在寻求供应商时，产业用户往往通过翻阅贸易指南、计算机检索或打电话给其它公司以获取汽车产品的信息。因此，供应商的任务就是要使自己的公司和产品在重要的工商企业名录或网上产品目录中占有一席之地，并在市场上塑造良好的信誉。营销人员要注意产业用户寻找供应商的过程，并想方设法将他们的公司纳入采购者之列。

在供应商的选择中，产业用户往往会对供应商的各方面情况，如供应商的道德、诚信度、维修服务能力等因素，进行全面的考察和评估，并选择其中最优者为合作对象。对于汽车商品来说，产业用户在评估时更加关注供应商的业绩方面的信息。

4) 签订供应合同

产业用户在确定了供应商之后，通常情况下，都要与之签订供应合同。这是因为产业用户对购买的汽车产品的质量、规格、供应时间、供应量等，都有明确的要求，加之需求量大，涉及价值高，产业用户需要用合同的形式将双方的关系固定下来，以保证企业的生产经营需要和防止对企业利益造成损害的事件发生。

5) 检查评估履约情况

产业用户在购买汽车产品之后，都会对商品及供应商服务水平进行评价，以决定是否继续使用该商品和继续从该供应商处采购。

对于购买汽车商品用于社会服务或作为生产工具的产业用户来说，其购买行为一般都需要经过上述五个阶段，而对于购买汽车商品进行再生的产业用户，如汽车生产企业、改装企业等，并非每次购买过程都需要经过这五个阶段，可能采取直接购买或修正再购买。所谓直接购买，是指对购买前已经买过或使用过的汽车产品需要不断补充时的购买；而修正再购买，是指目前正在使用但对质量、规格、数量和其它条件有了新的要求后的购买。

3. 影响产业用户购买行为的因素

1) 外界环境因素

影响产业用户购买行为的外界环境因素主要是社会政治经济环境，如经济发展速度、国家的产业政策等。

2) 企业产品或企业市场的状况

产业用户购买汽车产品是为企业生产或为社会提供服务，如果产业用户的产品或服务市场需求旺盛，并且还会进一步发展，产业用户购买汽车产品的数量就会增加，否则，产业用户的需求就会减少。

　　3) 个人因素

　　产业用户的购买行为，虽然是一种团体购买行为，但参与制订和实施购买决策的仍是具体的个人。这些个人主要有：汽车的使用者、汽车采购者、产业组织机构中具有正式和非正式权力做出最后购买决策的人员、产品的把关者、汽车采购的批准者等。这些人对汽车的购买起着关键性的作用。而其中最关键的人物是采购人员。这些人由于年龄、个性、受教育程度、收入、购买经验等方面的不同，表现出不同的购买特点，这需要营销人员从人的个性心理特征角度去分析、研究。

　　4) 企业组织因素

　　企业组织因素是指企业的采购目标、政策、程序、制度等对购买行为的影响。如果企业采购目标分散，采购程序简单，那么采购人员在购买活动中的主动性就大；反之，如果企业采购目标集中，采购决策权也高度集中，采购程序复杂，那么采购人员在购买活动中的制约因素就多，主动性就差。

　　产业用户以其需求量大、购买行为稳定成为汽车工业企业争取的主要目标客户，特别对于以生产重型车和中型车的企业来说，争取到产业用户市场，实际上就等于争取到了大部分市场用户。因此，需要企业对产业用户进行着重研究，以提高营销效果。

二、政府用户购买行为分析

　　为了实现有效的工作，政府需要采购大量的商品，因而形成了一个庞大的消费市场。这个市场的购买目的不同于消费用户，也不同于产业用户中的一般用户，它完全是为了执行某种职能而购买，因此政府用户具有购买量大，购买种类多的特点。虽然，它也具备产业用户购买行为的一般规律，但它还有很多自身的规律和特点。基于政府用户的重要地位，本节将对政府这一特殊用户的购买行为作一简单分析。

1. 政府用户的汽车市场

1) 政府用户市场的汽车种类

　　政府用户为了执行其职能，购买的汽车品种很多，主要可分为四类：轿车、轻型车、专用车和军用汽车。

2) 政府用户市场的购买者

　　政府用户市场的购买者是指中央政府和地方各级政府及军队。在这些政府用户中，军队所采购的汽车最为集中，数量也最大；中央人民政府由于组成部门众多，职能复杂，也有较大的需求量；而乡级人民政府由于管理事务范围有限，组成人员较少，加之目前我国实行财政包干政策，使乡级人民政府经济承受能力有限，因此它对汽车的购买量在政府用户中最少。所以营销工作要注意研究政府用户市场中各种机构的采购模式和需求特点，做到有针对性地开展营销工作。

2. 政府用户购买行为过程

　　政府用户购买行为的实施过程与产业用户的行为过程基本相同，但也有区别之处，具体如图 3-7 所示。

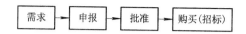

图 3-7　政府用户购买行为过程

在购买这一步及之后的程序就与产业用户的购买过程基本相同。

3. 政府用户购买汽车的方式

在我国，政府用户购车的主要方式有以下三种：

(1) 直接购买，即政府用户的购买申报得到批准后，直接在市场上从供应商处购买。这种方式容易滋生腐败，因此各国政府都很少采用。

(2) 政府采购，实行公开招标购买，即先由政府在有关媒体上登广告或发出信函，详细说明其采购要求，然后邀请那些有资格的供应商在规定的期限内参加投标，并在规定的日期开标，选择标价最低且符合要求的供应商成交。我国政府现已逐步采用这种政府购车形式，而且这种形式将慢慢向网上招标方向发展。

(3) 协议签约，即由政府机构和几个供应商接触，最后只跟一个符合条件者签订合同。如中国政府 1996 年在美国购买了 40 多亿美元物资的采购就采用了这一形式。

4. 影响政府用户购买行为的主要因素

1) 政府职能

政府用户购买汽车是为了执行其职能，职能不同，购买汽车的种类、数量也不同。职能的需要是构成政府用户购买行为的前提和基础，也是政府用户购买行为的出发点。

2) 政治、经济形势

政府用户购买行为不仅要受到其职能的影响，而且往往受到国际、国内政治经济形势的影响。如当国内的汽车工业需要扶持或受到威胁时，政府往往会提倡率先使用国产商品，这就会影响到进口车的销售。

3) 政府财政预算和国家相关政策

由于政府用户购买行为需要财政支持，因此财政收入是否充足直接影响到政府用户的购买行为。另外国家相关政策也会约束政府用户的购买行为，如国家对各级政府官员所使用的小汽车的档次要求不同就会影响不同档次汽车在这一领域的销售。

4) 社会公众及监督机构

虽然世界各国的政治制度存在差异，但政府机构的采购工作都要受到监督却是相同的，而且政府的采购行为普遍受到各国公众的关注，尤其是在汽车这样一些商品的选择上。这样一些监督势必会影响政府的汽车购买行为。

总之，政府用户市场是一个相当大的市场，对所有汽车企业和中间商来说都是力争的目标市场，世界几大汽车公司都设有专门和政府机构联系的部门，以加强双方的沟通和了解，争取更多的市场机会。

除产业用户、政府用户外，单位用户还有事业单位用户、工商企业用户等。虽然这些单位用户的购买行为模式各有其特点，但总体的规律与政府用户、产业用户相似，限于篇幅，这里就不再另外叙述。

第四章　汽车销售实务

第一节　销　售　过　程

　　"销售过程"是指营销人员在商品推销活动中所进行的完整的商业行为。由于销售模式不同，具体的销售受诸多因素影响，因此，销售过程也不尽相同，但基本的逻辑顺序还是相似的。我们把销售过程归纳为五大基本步骤(如图 4-1 所示)。

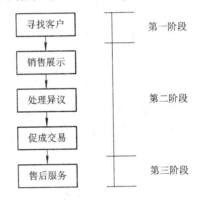

图 4-1　销售步骤和阶段划分

　　根据营销人员在销售过程中发挥作用的特点不同，五大步骤又可分为三个阶段(如图 4-1 所示)：第一和第三阶段的重点是营销人员发挥主动性，寻找和保留客户；第二阶段是激发客户的购买欲望和处理客户异议，此阶段的重点是与客户沟通。

第二节　与客户的谈判

　　销售过程中营销人员必定要与客户接触，接触的过程是信息交流的过程。在汽车销售过程中，这种信息的交流是否顺畅很重要，特别是当客户有时因为自身的利益平衡点未找到而产生交流的障碍时显得更为重要。销售过程中，信息交流障碍的克服要通过营销人员与客户之间的沟通，寻找利益平衡点的方式是谈判。

一、汽车销售谈判的特点

　　汽车销售谈判是指不同利益群体(买卖双方)之间，以经济利益为目的而进行的谈判。这种谈判有其自身的特点：

　　(1) 汽车销售谈判以获得经济利益为目的。

　　从汽车销售者的角度来看，汽车销售公司中汽车的存量仅仅是其资本的一种存在表现而已，这种资本存在的形式不是汽车销售公司的根本目的，汽车销售公司的根本目的是通过汽车这种载体使资本增值。这种增值是通过交易来实现的。

对汽车购买者，汽车或可作为生产资料让其产生更多的经济价值；或可作为交通工具提高工作效率；或可作为家庭的配备提高生活质量；等等。不管购车目的如何，车辆价格的高低直接关系到购车者的经济利益。购车后产生的间接经济效益更是存在。例如：工作效益的提高，在当今效益就是金钱的市场经济中尤为重要；生活质量的提高，可使人这个最主要的生产力创造出更多的社会价值。

资本的增值必须通过汽车的流通、交易来达到，谈判是解决汽车流通、交易的常用且必要的方法。不讲求经济效益的汽车销售谈判就失去了价值和意义。

(2) 汽车销售谈判以价格谈判为核心。

汽车销售谈判涉及的因素很多，谈判者的需求和利益表现在众多方面，但价格几乎是所有汽车销售谈判的核心内容。这是因为在汽车销售谈判中价值的表现形式——价格，最直接地反映了谈判双方的利益。谈判双方在其它利益上的得与失，在很多情况下或多或少都可以折算为一定的价格，并通过价格升降来体现。

需要指出的是，在汽车销售谈判中，汽车销售谈判者一方面要以价格为中心，坚持自己的利益，另一方面又不能仅仅局限于价格，应该拓宽思路，设法从其它因素上争取应得的利益。因为，与其在价格上与对手争执不休，还不如在其它利益因素上使对方在不知不觉中让步。这是从事汽车销售谈判的人需要注意的。

(3) 在汽车销售谈判中，营销人员大多数情况下处于相对弱势。

在现代物质十分丰富的情况下，消费者挑选物品有充分的选择余地，这就使营销人员在与客户谈判时多数情况下处于相对弱势。汽车市场也是如此。这是由市场供求关系与竞争现状决定的，竞争越激烈的市场，越是如此。在汽车销售谈判中，营销人员处于相对弱势的最典型例子，就是营销人员在守住车价还是降价卖车的权衡中，屈从于客户的要求。

这里应着重说明的是，买方市场还是卖方市场是相对的、辩证的。经济型汽车市场是竞争最激烈的市场，当属买方市场，但当某一颇具竞争力的新车型推出市场时(有时人们需加价购买)，围绕该车型所形成的市场就可能成为卖方市场。

不论是买方还是卖方市场，在与客户的谈判中，汽车营销人员不能因车辆卖不出去而陷入被动；同样，也不能因车型好销而冷落客户。不论是买方市场下的谈判还是卖方市场下的谈判，汽车营销人员在谈判中，主动创造一个融洽的谈判氛围，建立客户对己方的信任，委婉地提出反对意见等尤为重要。

(4) 汽车销售谈判结束并不是交易的完成，而往往意味着交易才刚刚开始。

谈判是一种沟通，谈判结束并不代表沟通成功，不成功的沟通自然也就没有物的流动。这里所说的是成功的沟通。

汽车具有高科技性，同时又具有耐用性。这种特性，使汽车销售与今后使用中的服务连成一个整体的过程。汽车的使用寿命最少在 10 年，这就是说，汽车这一特殊商品与其它短寿命的商品不一样，它使销售公司与客户的接触时间有可能长达 10 年。营销人员在谈判中需要考虑与客户的长期关系和业务的长期利益，这就意味着汽车销售谈判结束并不是交易的完成，往往是服务过程的开始。有些只对一次交易有效的谈判小技巧，营销人员需要把握恰当的尺度，慎重使用。

二、谈判的基本原则

1. 合作的原则

谈判学家在理论上经常会争论参与谈判的双方究竟是合作者还是竞争者，在汽车销售谈判中这个问题简单明了，即只能是合作者。这是由汽车行业的性质决定的。汽车作为高科技产品，其使用期长达 10 年之久，在这时期中即使不发生一点碰擦，汽车行驶仍需进行正常的维护，这就使得汽车客户与汽车销售服务单位终生有缘。销售汽车只是一时的作为，而汽车服务却是长期的行为。

2. 求同存异及双赢的原则

谈判的目的是使谈判双方实现各自效能的最大化，最大化的实现在于双方对谈判标准的认可，而谈判标准又具有多重性，因此在谈判中应注意把握求同存异和双赢的原则，而不是在一些表象上纠缠。取得双赢局面的实质利益谈判，要求谈判者在谈判中把握四个方面问题：人与问题分开、注重利益而非立场、提出各种选择方案、坚持使用客观标准。

三、汽车谈判中的"说"与"听"

1. 汽车谈判中的"说"

语言表达是非常灵活、非常有创造性的。应该说，几乎没有特定的语言表达技巧适合所有的谈话内容。就汽车谈判这一特定内容的交际活动来讲，语言表达应注意以下几点。

1) 准确地应用语言

汽车销售谈判的内容，不外乎是汽车商品的质量、性能和价格，以及明确双方各自的责任和义务，因此，不要使用模棱两可或概念模糊的语言。当然，在个别的时候，出于某种策略需要则另当别论。人们在对谈判时语言使用的研究中发现，使用具体、准确并有数字证明的语言，比笼统、含糊、夸大的语言更能打动消费者，使人信服。

2) 不伤对方的面子与自尊

在谈判中，面子与自尊是一个极其敏感且又重要的问题。事实表明，在谈判中，如果一方感到失了面子，即使是最好的交易，也会产生不良后果。当一个人的自尊受到威胁时，他就会全力保护自己，对外界充满敌意，进行反击或回避，有的人则会变得十分冷淡。这时，要想与他沟通交往，则会变得十分困难。

在多数情况下，丢面子、伤自尊都是由于语言不慎造成的。最常出现的情况是由双方对问题的分歧发展到对对方的成见，进而出现对个人的攻击与指责。

在汽车谈判中应避免的言辞主要包括以下几个方面：

(1) 极端性的语言。这类语言如"肯定如此"、"绝对不是那样"。即使自己看法正确，也不要使用这样的词汇。

(2) 语气坚定的语言。这类语言特别容易引起双方的争论、僵持，造成关系紧张。如"开价 15 万元，一点也不能少"，"不用讲了，事情就这样定了"。

(3) 有损对方自尊的语言。这类语言如"开价就这样，买不起就明讲"。

(4) 催促对方的语言。这类语言如"请快点考虑"，"请马上答复"。

(5) 赌气的语言。它往往言过其实，造成不良后果，如"上次交易已给你们优惠了 5000

元，这次不能再占便宜了"。

(6) 言之无物的语言。这类语言如"我还想说……"，"正像我早些时候所说的……"，"是真的吗……"。许多人有下意识重复的习惯，俗称口头禅，它不利于谈判，应尽量克服。

(7) 以我为中心的语言。过多地使用这类语言，会引起对方的反感，起不到说服的效果。如"我的看法是……"，"如果我是你的话……"，在必要的情况下，应尽量把"我"变为"您"，一字之差，效果会大不相同。

(8) 模棱两可的语言。这类语言如"可能是……"，"大概如此"，"好像……"，"听说……"，"似乎……"。

3)　"说"的方式

"说"的过程中如果注意一些细节问题，如停顿、重点、强调、说话的速度等，往往会在不同程度上影响说话的效果。

汽车营销人员要强调谈话的某一重点时，停顿是非常有效的。一可加深对方印象，二是给对方机会，使其对提出的问题进行思考或加以评论。当然，适当的重复，也可以加深客户的印象。这样做比使用一连串的形容词效果要好。

说话声音的改变，特别是如能恰到好处地抑扬顿挫，会使人消除枯燥无味的感觉，引起客户的兴趣。有时，还可以通过加强语气或提高说话声音来表示强调，或显示营销人员的信心和决心。

在汽车谈判中，应注意根据对方是否能理解你的讲话，以及对讲话重要性的认识程度来控制和调整说话的速度。在向客户介绍汽车质量、性能和使用要点或阐述客户关心的主要问题时，"说"的速度应适当减慢，要让对方听清楚。同时，也要密切注意对方的反应：如果对方感到厌烦，那可能是因为你过于详细地阐述了一些简单易懂的问题，说话啰嗦或一句话表达了太多的意思；如果对方的注意力不集中，可能是你说话的速度太快，对方已跟不上你的思维了。

2. 汽车谈判中的"听"

1)　听的作用

"听"是了解对方需要、发现事实真相的最简捷的途径。

谈判是双方沟通和交流的活动，掌握对方的信息是十分重要的。销售方不仅要了解客户的目的、意图、打算，还要掌握不断出现的新情况、新问题。而"听"便能直接、简便地了解对方的信息。

不能否认，客户也会利用讲话的机会，向营销人员传递错误的信息以维护其利益，这就需要汽车销售者保持清醒的头脑，对客户传递的信息，不断进行分析、过滤，确定哪些是正确的信息，哪些是错误的信息，哪些是对方的烟幕，进而了解客户的真实意图。

"听"能给客户留下良好印象。因为专注地倾听客户讲话，会使客户觉得营销人员对其所持的看法很重视，从而产生信赖和好感，进而变得宽容，不那么固执己见，这样便有利于达成一个双方都接受的结果。

"听"还可以了解对方态度的变化。有些时候，客户态度已经有了明显的改变，但是出于某种需要，却没有用语言明确地表达出来，这时，营销人员却可以通过"听"而感觉到。例如，当谈判进行得很顺利时，客户可能会在营销人员的称呼上加以简化，以表示关系的亲密。如李××可以简称为小李，王××可以简称为老王等。但是，如果突然间改变了称呼，一本正经地叫李××同志，或是他的头衔，这种改变往往是关系紧张的信号，预示着谈判将出现分歧或困难。

2) 学会"听"

一个优秀的谈判者，在谈判中也一定是一个很好的倾听者。美国总统富兰克林认为，与人交谈取得成功的重要秘诀就是"听"，永远不要不懂装懂。这就要求我们的汽车营销人员要学会"听"，善于"听"。

首先，要求营销人员在谈判中一定要抛弃那些先入为主的观念，只有这样，才能尽可能正确地理解客户讲话所传递的信息，准确地把握重点，更好地与客户沟通和交流。

其次，要全神贯注，努力集中注意力。心理学研究表明，人的注意力并不总是稳定、持久的，它要受到各种因素的干扰。在一般情况下，人们总是对感兴趣的事物才加以注意。同时，注意力还受到人们的信念、理想、道德、需求、动机、情绪、精神状态等内在因素的影响，受外界因素的影响就更多了。因此，要认真倾听客户讲话，必须集中注意力，克服各种干扰，始终保持自己的思维跟上讲话者的思路。

最后，学会约束、控制自己的言行。通常当人们听到反对意见时，总是忍不住要马上反驳，似乎只有这样，才能说明自己有理。还有的人过于喜欢表露自己。这都会导致在与客户谈判时，过多地讲话或打断客户讲话。这不仅会影响自己倾听，也会影响客户对你的印象。这就要求汽车营销人员学会约束、控制自己的言行，不要轻易插话或打断对方的讲话，特别是不要自作聪明地妄加评论。

四、汽车谈判中的要点把握

在汽车谈判过程中还应把握以下几个要点：

(1) 尊重客户，并表示欢迎客户提出问题；

(2) 全神贯注、认真听完客户异议，使客户感到备受重视；

(3) 全面了解客户的异议，并感知客户内心真正的疑虑；

(4) 没有听懂的异议，应要求客户重复一次；

(5) 应向客户表示理解、清楚客户的观点，并将予以慎重考虑；

(6) 听完客户提出的问题后，要重述客户的异议，确保与客户在问题上取得沟通；

(7) 控制好处理异议过程的速度和节奏，不要造成客户紧张或心烦；

(8) 说话节奏要平稳，言语要有理有据；

(9) 针对客户疑虑，综合运用图片资料、展示操作和服务承诺等手段来排除；

(10) 在听取异议和回答客户时，要避免与客户争吵而激怒客户。

五、常见异议处理

1. 车价异议

车价问题，直接涉及客户的实际利益，是影响成交的重要因素之一。营销人员能否妥善处理好车价异议，直接关系到交易的成败。客户事先一般都会多方询价、多品牌比较，提出车价异议。出现这种情况表明客户购车意向性很强，营销人员要认真对待、好好把握，切不可态度生硬、不在乎。具体应做到以下几点：

(1) 强调性能价格比(突出展示车辆的特点、优点及带给客户的利益);

(2) 强调车辆的价值(如品质、服务等),让客户觉得物有所值;

(3) 耐心解释汽车厂家的销售政策;

(4) 不要就车价论车价,要巧妙地将车价问题转移到谈论车的价值问题上,这样易掌握主动,不易陷入价格僵局。

2. 质量异议

客户对车辆质量十分关心,毕竟它关系到人身和财产的安全。所以,当客户对车辆的性能、质量等缺乏信心时,客户就会提出车辆质量异议。这时汽车销售人员应该:

(1) 向客户表明汽车厂家为保证品质而做的努力;

(2) 正面解答客户对车辆的质询,不回避小问题,并要强调汽车厂家已经在积极处理这些小问题;

(3) 通过有效展示和请客户亲自操作来消除客户疑虑,增强客户信心。

第三节 汽车门店营销

一、门店营销的特点

汽车门店销售是传统意义上的销售,属有形销售。这种销售方式的主要特点有:

(1) 门店是企业与客户接触的窗口。

窗口,人们一般将企业的终端即与客户交流的所有场合称为窗口,这是个概念性的窗口。这个窗口由企业向外透出的各种信息组成,这种信息可以是有形的,如门店的标识;也可以是无形的,如员工的行为等。窗口的意义在于让客户透过这个窗口,可以看到企业的内在情况,比如企业产品的质量、企业员工的素养、企业的文化理念、企业的经营之道等。当然,透过窗口既可以让客户看到企业的美好形象,也可以让客户看到企业的不足之处。

门店是汽车产品的最终销售端,销售面对的都是最终客户。因此,门店营销人员的销售方法及其表现出的服务态度、商务礼仪等就成为企业留给消费者的第一印象。

(2) 门店销售的成功概率高。

进入门店的顾客按其目的的不同大体可分为三类,购车者、欲购车者和欣赏车者。三种类型的顾客其目的虽不同,有一点却是相同的,就是这些顾客都对车辆感兴趣。他们或即将成为汽车厂商的客户,如第一类;或极可能是汽车厂商的潜在客户,如第二类和第三类。因此,进入门店的顾客成为该汽车厂商客户的可能性极高。这"可能性极高"的意义与营销人员(也叫推销员)出门推销的意义是完全不一样的。

门店销售的一个重要意义在于给客户提供了一个选购汽车产品的场所,这是个固定的场所,经过多年的有意识的宣传,这个场所已给客户留下了很深的印象。客户欲了解某款汽车或欲购买该款汽车,首先想到的就是这个场所。

(3) 客户上门不仅是购买产品。

客户进门店来干什么?也许你会这样回答:这是个简单的问题,买车!作为汽车营销人员,若仅仅把认识停留在这样的层面,未免太肤浅。有这样的事实:有些客户带钱进门店来购车最后却并未成交!显然客户进门店不仅仅是购车。

对于汽车，客户购买它需花费几年或最少也需几个月的积蓄，再加上汽车又是一件耐用且消费大的用品，使用期可达 10 年以上，为此，客户对车的购买可用"慎之又慎"一词来形容。从客户心理来分析，客户在选购某款车时常常会这样想，我选的这款车物有所值吗？这个想法一直会延续到购车已成事实的一段时间后才消失。也就是说，在这种想法消失前的任何时点，客户都会因某些不利因素的作用而反悔，认为这款车不值得购买。

购车付款时的时点是一重要时点，在这时点之前，客户客观上有改变行动的可能。客户进入门店后，他会从窗口透露给他的信息来判断他选购车辆的决策正确与否，客观地说，这时的客户已不是在选车而是在选汽车厂商了。

从客户购买心理角度来说，客户上门不仅是购买汽车实物，还是在求证其对所选汽车商品的认定正确与否。本书在第二章第一节汽车营销人员应具备的基本销售理念第三段内说过，销售是通过服务来进行的，也可验证这一观点。

二、门店营销的具体内容

门店营销首先应解决的一个问题是理念的问题。汽车门店销售的特点之一是客户上门购车，这种销售方式从某种意义上看是被动的，因此，这种营销方式往往容易给营销人员造成误导，有守株待兔的感觉。然而，从营销理论角度看，这种方式只是一种形式，是营销活动中的一种营销表现形式。作为营销主管，如何走出门店，如何突破这种形式上的被动，是其考虑的主要工作内容；作为一名普通营销人员，如何经过自己的主观努力，通过与客户之间进行信息的传递，把营销工作做出门店是其努力的方向。形式上的被动，营销上的主动，是门店营销应具有的理念。

门店既然是企业的窗口，如何做好窗口工作，下述几点是必须要考虑的。

1. 门店的形象

门店的形象由主次两部分构成。主部分是企业形象的统一性，次部分是门店的个性。

企业形象(Corporate Identity System，CI)，亦称"企业识别系统"，具体到汽车企业中主要有这些方面：

第一，辨认、认识意义上的企业识别，表明企业自身的身份与性质。例如：当我们看到如下两个标志时，我们很快会想到前者代表的是红旗汽车(图 4-2(a))，后者代表的是中石油的油品(图 4-2(b))。

(a) 红旗车标志　　　(b) 中石油标志

图 4-2　企业标识

第二，传播意义上的企业识别，对内表明一个组织内部的某种统一性，对外表示本组织的个性存在以及区别于其它组织的差异性。例如：目前各汽车公司普遍实行 4S 营销服务体系，不论客户来到哪个地区，其享受的服务都是相同的。

第三，社会意义上的企业识别，表明个体意识到自己归属于某一种群体，思想意识、行为等都要服从制度，从而使这一群体中的个体互相沟通和认同，相互协作与支持。例如汽车企业的各 4S 店之间以及 4S 店与总公司之间的关系。

门店是企业的窗口，门店的造型、布置、装饰以及员工的着装和行为举止等应与企业的 CI 相一致。门店营销工作者应努力把 CI 的战略思想在门店具体化，并通过门店具体化的运作又将 CI 战略思想渗透给客户。

门店的个性是指在不违背企业 CI 的前提下如何表现出自己的个性。这可从几个方面考虑。

1) 门店布局

店内布局主要考虑三方面因素：① 按功能不同将门店划分成若干区域；② 顾客在观车、赏车和购车时是一种休闲活动；③ 通过门店车辆的陈列尽可能地将汽车最美的一面向客户展示。

展厅区域的划分一般是按功能的不同来划分的。在汽车门店销售中常见的功能区域有：车辆陈列区、销售洽谈区、维修接待区、顾客休息区、总台等，有些还有配件销售区。功能区域的划分可使各项工作互不干扰，相对独立，便于管理。不过在考虑功能区域的完整上，还应考虑功能区域的位置设置是否合理及工作流程是否协调，这样既可使工作井然有序，又可使门店显得井井有条。

休闲购车、开放畅通指的是客户在从进店到出店这一过程中观赏和选购车辆时，能自由地无障碍地行走在展厅的每一个角落。要做到这一点，就必须在商品(汽车)和辅助设施摆设中留有通道。通道有主、副之分。主、副通道的区分是根据营销者的营销目标和车辆的布局及陈列设计安排的。良好高效的通道设计，要求能引领客户按设计的自然走向，步入展厅的每一个角落，使设计意图能充分体现，使展厅空间得到最高效的利用，同时又能让客户不显局促，不感拥挤。在汽车展厅中最典型的通道设计是"田"字形和"凹"字形。

车辆在陈列时，一般是尽可能地将车辆最美的一面在第一时间内呈现给顾客，例如奥迪 A6 车型的侧面线条；还要把能反映车辆信息量最多的一面展示出来，例如车辆对角线的前方位置。应尽量避免车辆的正面或背面正对着客户的视角，这样的摆设显得呆板。在车辆陈列中需考虑的另一重要因素是主推车型。在不同的时期，汽车厂家都会根据市场的不同或利益的不同制订出新的营销战略，并根据这个战略推出主推车型。这些车型在店内布局上应陈列在较其它车型更醒目的地方。如，条件允许的情况下，离展厅大门不远处可陈列 3 辆展示车型，分别展示该车的侧面、前面和后面；在展厅内中心位置，搭建展台突出主题。陈设车辆还需考虑车辆的密度，一般的，两辆样车间的距离在3～4 个车门之间。对经济型车辆而言，此距离可近点，豪华车此距离则应远点，总之，随着汽车售价的提高，距离也应越大。样车展示讲求的是专业性，特别忌讳将不同品牌不同型号的车辆混合陈列。

上述三方面因素的考虑都应建立在以顾客为本的观念上。各功能区域都应有醒目的指示牌，各款车型都应有较详细的说明牌，购车程序和维修程序都应有明白的告示牌等，让顾客一目了然，似有回家的感觉。

2) 美的享受

门店形象中的美有三种因素是不可或缺的，这就是门店布局、色彩选配和音乐播放。

　　门店布局在这里主要是指明亮整洁、环境幽雅。明亮整洁、环境幽雅体现在展厅内展示的车辆和辅助设备的摆设中，例如汽车如何陈列，服务台如何摆设，宣传画如何张贴等，这些不仅仅是占用展厅的面积和空间，还有一个式样的问题。而所有这一切都没有一定的标准，主要由企业的主题思想、设计人员的理念和店长的认知水平来决定。

　　色彩是一种物理现象，但人们却能感受到色彩的情感。例如：红色代表热烈、冲动；蓝色是博大的色彩，天空和大海都呈蔚蓝色；白色，是有无尽的可能性。企业正是利用人们的抽象联想来确定自己的营销战略。例如，上海大众选用的企业色彩是蓝、白二色，江西 JMC 轻卡选用的是红、蓝、白三色，这些色彩都代表着企业的主题思想，在门店布局中一定要体现。色彩的这些特殊作用是不能用其它因素来代替的。色彩在现代商业活动中还有一个重要的作用就是烘托气氛。在门店布局中，通过色彩的设计既可以创造出一个亲切、和谐、鲜明和舒适的环境，也可能让人产生一种烦躁、厌恶的情绪，因此，在门店布局中，必须注意色彩的搭配。

　　音乐能调节人的情绪，科学家曾通过试验确认：古典音乐使人变得更理性，摇滚乐则使人变得更情绪化。展厅内播放的音乐称之为背景音乐(Back Ground Music)，它的主要作用是创造一种轻松和谐的气氛并掩盖噪声。为此，汽车展厅中对背景音乐的要求是：音乐乐曲应是抒情风格的或轻松的。同时，背景音乐的特点是不专心听就意识不到声音从何处来，故对背景音乐的第二个要求是：音量要较轻，以不影响两人面对面讲话为原则。

2. 门店的品质文化管理

　　门店管理属于管理学的范畴，但由于门店管理的优劣对门店销售有着直接的重要的影响，因此对门店的管理有必要进行叙述。

　　从管理的角度来说，良好的管理效果取决于三个方面：品质文化、管理体系和人的能力。其中，品质文化就是企业追求优质、追求卓越、追求完美的做事风格。在品质文化中，目前较为认同的是以 5S(S 是日语的罗马拼音 SEIRI(整理)、SEITON (整顿)、SEISO(清扫)、SEIKETSU(清洁)、SHITSUKE(素养)这五个单词的统称)为基础的品质文化。5S 概念的内涵如下：

　　整理：将工作场所中的任何物品区分为必要的与不必要的，必要的留下来，不必要的彻底清除。整理的目的是腾出空间，空间活用，防止误用、误送，打造清爽的工作环境。

　　整顿：必要的东西分门别类依规定的位置放置，摆放整齐，明确数量，加以标示。整顿的目的是提高工作效率。

　　清扫：清除工作场所内的脏污，并防止脏污的出现，保持工作场所干净亮丽。清扫的目的是清除脏污，保持职场内干净、明亮；稳定品质。

　　清洁：将上面的 5S 制度化、规范化，贯彻执行并维持提升。清洁的目的是维持上面 5S 的成果。

　　素养：人人养成好习惯，依规定行事，培养积极进取的精神。素养的目的是培养具有好习惯、遵守规则的员工；营造团体精神。

　　5S 是现场管理的基石。5S 可营造出一个对与错一目了然的环境，使得每个人必须约束自己的行为，久而久之就能实实在在地提升人的品质，营造出一个规范化的服务氛围。

3. 门店营销具体程序

1) 门店营销的环节

汽车销售环节大体可以分为接待、咨询、产品介绍、试乘试驾、协商、签约成交、交车和跟踪服务等 8 个环节，每个环节的销售工作重点和要求是不一样的(如图 4-3 所示)。

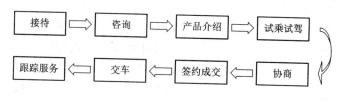

图 4-3　汽车销售环节

(1) 接待。接待环节最重要的是主动与礼貌。营销人员在看到有客户来访时，应面带微笑主动上前问好。如果客户有多人随行，应用目光与随行客户交流。目光交流的同时，询问客户需要提供什么帮助。语气尽量热情诚恳。这一环节需注意的是"适度"，即适度的主动。因为在实际中许多客户对营销人员的热情主动会感到拘谨，这就要求营销人员在问候客户时掌握恰到的火候，同时，营销人员的站位也应"恰当"，"恰当"的含义是"客前主侧后"，即站在客户看车时的侧面略靠后 2~3 个身位较妥，这样的站位能凸显客户的主体地位，同时能在客户发出需要帮助的信息时迅速地上前回应客户。

(2) 咨询。咨询的目的是为了收集客户的需求信息。营销人员需要尽可能多的收集来自客户的所有信息，以便充分挖掘和理解客户购车的准确需求。这一环节的一个正确认识是咨询并不一定是向客户发问。客户向营销人员发问，客户与营销人员的闲谈等都是咨询。这一阶段很重要的一点是信任。应让客户随意发表意见，并认真倾听，以了解客户的需求和愿望，从而在后续阶段做到更有效地销售。

(3) 产品介绍。在产品介绍阶段最重要的是有针对性和专业性。营销人员应具备所销售产品的专业知识，同时也需要充分了解竞争车型的情况，以便在对自己产品进行介绍的过程中，不断进行比较，以突出自己产品的卖点和优势，从而提高客户对自己产品的认同度。需注意的是，在产品介绍时应绝对避免对竞争车的品头论足。

(4) 试乘试驾。在试车过程中，主要是让客户对车进行体验，营销人员可在一侧提示功能键的应用，避免多说话，让客户集中精神获得对车辆的第一体验和感受。这一阶段需注意的是试车中应避免车身的刮擦。

(5) 协商。通常就是价格协商，营销人员应注意在价格协商开始之前让客户对于价格、产品、优惠、服务等各方面的信息充分了解，使客户感到物有所值。

(6) 签约成交。在成交阶段不应有任何催促的倾向，而应让客户有更充分的时间考虑和做出决定。在办理相关文件时，营销人员应将相关文件中的重要内容详细地向客户交代清楚。

(7) 交车。在签约成交、付款后，营销人员应将车辆交付给客户。交车时应根据客户对车辆的熟悉程度提示客户对车辆检视的要点、使用的注意点，并对客户购车后至上路前所需办理的法律文本作一详细介绍。

(8) 跟踪服务。从目前的情况看，4S 店的营销模式都将对客户的跟踪服务划归售后服务部门，为此销售部门在向客户交车的同时，应向客户交代清楚售后服务的指定联系人或售后服务的联系方法。两个部门的工作交接不顺畅极易给客户留下不良的印象。

　　2) 营销人员的服务步骤

　　营销人员在门店销售中的服务作用至关重要，从客户的购买心理来看，营销人员的服务步骤可分为六个阶段。

　　(1) 待机。待机从客户心理角度来说是指从"注意"到"感兴趣"的阶段，在客户的行为上是指客户还没进店之前或进店后还没有提出购买要求的等待行为。在这阶段，营销人员主要是观察判断客户的进店意图，观察顾客对商品的注意程度，判断其是有目的的购买还是前来了解商品销售行情或浏览参观。需注意的是，待机并非消极等待客户，而是积极吸引客户的注意，应以喜悦的神情和欢迎的态度迎候客户。

　　(2) 初步接触。这一阶段是指当客户对某款汽车发生了兴趣时，营销人员应主动打招呼接近客户。这一阶段中的关键点是接近客户的时机选择。从客户心理上说，接触客户的最佳时机应该是客户购买心理的"感兴趣"与"产生联想"之间，在这之前或之后都是不适当的接触时间，之前，客户易产生戒心或紧张，之后，又会使客户感到被冷落。客户的某些行为活动可帮助营销人员判别接触的时机。如：当客户径直走向某款车并认真观看时；当客户在展厅中浏览并在某款车前停留且认真观看或察看时；当客户观看某车一段时间后把头抬起时；当客户与营销人员对视时；等等。客户的心理活动会从其行为举止中反映出来，作为汽车营销人员必须学会从客户的行为举止中寻找并把握好接触客户的最佳时机。

　　(3) 展示商品。所谓"展示商品"，就是将该车型的性能、价值及特点等向客户充分展示，让客户充分了解，以便激起客户的购买欲望。在消费心理中属"产生联想"到"产生欲望"阶段。

　　(4) 说明引导。此阶段从客户心理角度来说属"产生欲望"到"进行比较"阶段。在这一阶段中，营销人员的主要工作就是启迪引导客户，进一步激发他们的购买欲望。需注意的是在这一阶段中客户心中的"比较"是自我进行的，客户需要的是该车型的性能、特点等客观的信息，而不需要营销人员的主观意见，因此营销人员在这一阶段中只需客观地、实事求是地向客户介绍该款车的相关信息即可。当然，客户在心里"比较"时也会在行为上表现出犹豫不决，此时，营销人员应揣摩客户的心理，了解客户的购买目的及疑虑所在，并针对客户的需求加以启迪和引导，促进购买活动的完成。

　　(5) 销售要点。这一阶段属"进行比较"和"树立信心"阶段。在这一阶段，营销人员主要是加强客户购买此款车的信心。营销人员应针对客户的心理，重点介绍该车适合客户所需的方面。

　　(6) 成交。在客户消费心理中，这一阶段是属"树立信心"和"行为"之间的阶段。在这一阶段中营销人员应注意的事项可参阅上述 1)门店营销的环节中第六个环节"签约成交"，这里不再重复。

4. 门店促销

　　门店营销的成败最终是靠销售来体现的，成功的汽车销售不仅仅靠店内有适销对路的汽车商品和有吸引力的价格，还要通过控制其在市场上的形象，并及时有效地向目标客户传达商品和与商品销售有关的信息来实现。促销正是门店销售中招徕顾客、提升经营业绩的有力武器，现在的门店销售已越来越重视促销活动。

1) 促销的目的

毫无疑问，门店重视促销活动的目的在于促进销售、提升业绩。但在运用各种促销手段时，其所要达到的具体目的是不尽相同的。这些目的大概有如下几方面：

(1) 在一定时期内，扩大营业额。如在某个时期，汽车门店销售采用有奖销售或降价销售的方式，便是为了在一定时间吸引客户，从而达到直接增加营业额的目的。

(2) 稳定老客户。老客户是门店最宝贵的资源，一个门店的 80%的营业额往往来自于20%的老客户，因此，许多门店促销(这里主要指售后服务销售)将稳定老客源作为一个重要目标，如采用贵宾卡形式，对老客户实行一定的优惠政策，是实现这一目标的常用手段。

(3) 增进企业形象，提高商店知名度。许多门店会配合当地政府举办的一些大型活动，例如展览会、博览会以提高企业的知名度，从长远角度出发促进企业的销售。

(4) 与竞争对手相抗衡，降低竞争对手的促销活动对本门店的影响。当周围门店因新开张或周年店庆而开展各种促销活动时，为了不让客户大量流失，本门店也应立即采取临时性促销活动，以与竞争对手争夺客源。

2) 门店促销活动的类型

汽车门店促销活动一般可以分为三种类型：

(1) 开业促销活动。几乎任一汽车品牌在某地门店开业时都会策划一个较为大型的促销活动，因为开业促销对门店而言只有一次。门店开业不仅仅是与客户的第一次接触，重要的是门店产品在该地区将占有一份市场份额，开店促销会在客户心目中留下深刻的第一印象，影响客户将来的购买行为。第一印象一旦形成，以后将很难改变。所以，企业对门店的开业促销活动都是全力以赴。

(2) 例行性促销活动。除了开业促销活动，汽车门店销售往往在一年的不同时期推出一系列的促销活动，这些促销活动的主题五花八门，有的以庆贺为主题，如周年、国庆、春节、销量破××万等；有的以当年当地的重大活动为主题，如展览会、博览会等；有的以推出新车型为主题等，不一而足。尽管这些主题花样繁多，但每一门店在下年要做哪些促销活动已经提前做好计划，每年的变化不会太大，故称为例行性促销活动。

(3) 竞争性促销活动。竞争性促销活动是指针对竞争对手的促销活动而采取的促销活动。由于目前国际汽车大鳄看好中国这一巨大的市场，市场竞争日趋激烈，于是，价格战、广告战、服务战等此起彼伏。为了与竞争对手相抗衡，防止竞争对手通过促销将当地客源吸引过去，汽车门店销售往往会根据汽车厂家的营销策略，针对竞争对手的促销行为推出相应的竞争性促销活动，以免自己的市场份额减少。

3) 拟订促销计划应考虑的因素

(1) 促销时间。促销活动在什么时间举行，举办的时间应是多长，这是拟定一个促销计划要考虑的因素之一。通常来说，促销时机的选择要考虑有利的购买环境，因为客户的购买行为会受季节、月份、日期、天气、温度、节令等因素的影响。另外，重要的节日也是商家进行促销活动的有利时机。

(2) 促销主题。现在，许多汽车销售门店每年举办促销活动，这些促销活动往往会寻找一个"借口"，或称促销主题，这样更容易赢得客户的好感。从门店销售的角度来看，目前，促销的主题大多是依汽车销售公司制订的销售计划来定，主要有新车型的推出、老车型的降价等。当然，也有的门店积极配合汽车销售公司的"节油万里行"，别出心裁，选择一些其它门店没有使用过的主题，吸引客户的注意。

促销主题往往具有画龙点睛的震撼效果，因此必须针对整个促销内容，拟订具有吸引力的促销主题。

(3) 促销方式。门店的具体促销方式有很多，常用的如 PoP 广告、降价、试驾、举办竞赛活动、限量采购、发优惠券等。门店在拟订一次具体的促销计划时，要根据活动的具体目的选择一定的促销方式。门店促销活动形式多样，商家必须选择合适的促销手段，才能避免陷入纯粹的价格促销循环。

(4) 宣传媒体。汽车销售的门店促销活动因为受到商圈范围、促销预算、门店规模等因素限制，一般很少采用电视、报纸等大众媒体，而常常采用店内广播、海报、PoP 广告、红布条等做宣传。当然，这也不是绝对的，有些门店特别是刚建立的汽车商店为了扩大自己的知名度，也会在电视和报纸等媒体上做宣传。如果选择这类大众宣传手段，商家在拟订促销计划时应考虑采用哪种媒体，并考虑制作的数量、规格、方式、时间长短、使用时机等。

(5) 促销预算。促销计划的一个重要内容是编制促销预算。编制促销预算的方法主要有两种：一种是营业额比例式，即以年度营业目标为基础，采用一个比例来计算一年总的促销预算，然后再根据一年中计划举办多少次促销活动进行分摊。这种方法的优点是预算额容易确定、易控制，缺点是缺乏弹性，不能全面考虑每次促销活动的实际需要。另一种方法是逐案累积式，即先确定一年计划举办的促销活动次数，每一次促销活动需要的具体金额，再将所有促销活动的费用加起来，便得出全年的促销预算。这种方法的优点是以促销活动为主导，可充分表现促销诉求的重点；缺点是难以控制促销费用，如果促销没有达到预期效果，会影响经营效益。

(6) 其它因素。门店拟订促销计划还应该考虑一些其它因素，如国家政策，不能采用违反国家法规的促销手段，如虚假宣传。

第四节　汽车上门销售

上门销售(也叫做推销)是汽车营销的一种方式，这种营销方式与门店销售不仅仅是形式上的不同，深层次的不同还在于观念上，即"坐商"与"行商"的差异。

一、上门销售的作用

(1) 销售。这是非常明了的事。上门销售汽车，销售就是其基本的内容，离开销售就不存在上门。销售是目的，上门是形式。

(2) 宣传。上门销售的同时带去了企业的信息，推销员在寻找客户、接近客户以及与客户交谈中，就把企业的商品、企业的形象、企业的理念带给了客户，这就是宣传。这种宣传不同于门店销售，它是一种主动的宣传。这种宣传是通过推销员来实现的，企业的抽象通过推销员与客户的接触而具体化了。

(3) 情结。上门销售不仅是对新客户进行车辆推销，老客户的回访也是上门销售的内容之一。营销理论中有一"80∶20"的理论，在 100 个客户中新老客户的比例大约是 80∶20，但这 100 个客户给企业带来的利润却正好相反，老客户给企业带来的利润占 80%，新客户给企业带来的利润占 20%，因此巩固老客户是企业营销工作中的重中之重。而推销员上门销售的模式特别适合保留老客户，其原因在下面会谈到。

二、上门销售的特点

(1) 方式主动。上门销售是主动销售。上门销售与门店销售的最大区别就在于一个是主动寻找客户，一个是等客户找上门。

(2) 工作强度大。上门销售的工作强度大主要体现在两个方面：一方面是销售方式很辛苦。推销员要在茫茫人海中找到合适的客户，需要走很多路、见很多人、说很多话，没有足够的毅力，很难坚持下来；另一方面是心理上要承受很大的压力。比如有时辛苦地跑了好多天，可能还不知客户在哪里，还有很多人对推销这种方式存在偏见，很难与之沟通。所以辛苦是推销员最大的障碍。

(3) 与客户的关系密切。成功的汽车推销人员与客户都建立了密切的关系，这种关系与门店销售所建立的关系是不同的。这种关系的建立一方面是因为车辆推销方式中包含着对所售车辆的终身服务，另一方面推销员本身的素质也决定了这种关系的存在。这种关系的建立对推销员今后业务的扩大有着重要的意义。

三、上门销售的技术

1. 寻找客户

作为一名新上任的汽车推销人员，面对的首要问题是客户在哪里。因为能否迅速地寻找到客户是其能否推销成功的关键所在。部分汽车销售公司采用的办法是"以老带新"，即老推销员带新推销员一起推销。这种办法能使汽车推销新手迅速地进入这一行，然而更重要的是，汽车推销员本人应树立随时寻找意识，养成敏锐搜寻潜在客户的习惯。这是因为，潜在客户的线索可能在任何时间从任何地方冒出来。除此之外，开阔思路，学会利用各种手段寻找潜在客户，是汽车推销员的必备素质。寻找客户常用的方法有：

(1) 查阅资料法。这种方法使用最多，它是一种通过查阅各种信息资料来寻找潜在客户的方法。资料来源大体有这么几种：当地政府的统计资料、工商管理公告、媒体(如广播、电视、报纸、杂志等)、电脑网络、电话簿及名片等。

(2) 咨询法。社会上的咨询公司很多，推销人员可以利用这些咨询公司寻找潜在客户。这种方法只需花少量的咨询费，就可以得到许多重要资料。

(3) 地毯式访问法。这是一种针对客户定位而进行寻找的方法，即根据所推销车辆的适合客户群体，选择这些客户群较集中的区域进行地毯式的寻找。

(4) 连锁介绍法。这是一种通过交易成功的客户的介绍，利用他们的关系链来寻找新客户的方法。

(5) 广告开拓法。利用广告发布信息，然后根据反馈的线索进行有针对性的寻访。

(6) 社交寻找法。就是利用参加各种社交会议的机会寻找准客户。

通过上述方法寻找到的客户，按客户属性划分，并不一定都能归到潜在客户栏中，因为不是所有符合购车条件的客户都能成为潜在客户进而成为真正的客户，这里有个筛选问题，即推销人员必须会分析、初定客户。下面两个因素对推销员的分析、初定客户也许有一定的参考意义。

(1) 根据推销的汽车产品用途初定客户。客户购买汽车首先考虑的是干什么用，能用是客户的第一需求。是否满足客户的需要可从两个层面考虑：

第一层面，汽车产品的使用对象。例如洒水车政府部门是决不会买的，这种车的购买对象是从事养护工作的企事业单位；油罐车考虑的购车客户是石油部门和用油大户；面包货车比敞口货车在市区中适用的线路范围广；等等。

第二层面，客户的购车目的。某些客户购买车辆的目的是自用，例如 M1、N1、N2 类车客户，这类客户一般选择内部自用的车型；而另一些客户，例如除 M1、N1、N2 以外的用车客户，他们购买车的目的基本上是作为生产资料使用的。

(2) 根据推销的汽车产品价格初定客户。客户购车考虑的一个重要因素就是价格。从购车类型来看，个人购车大多数属消费性的，政府购车和产业购车大多数属自备或生产性的。消费性购车客户一般考虑的比较多的是价格高低，自备性购车客户一般考虑的是政策的约束和车辆的实用性，生产性的购车客户一般考虑的是某种车能带来多大收益。这三类购车客户重点考虑的问题总的来说都与费用有关但有所侧重。

这两种因素分析有助于推销员对客户进行分类，但分类的确定需建立在汽车推销员对客户信息的全面、详尽地收集并已与客户见面的基础上。

需要着重指出的是，对特定的推销员来说，在客户成交量和时间这个坐标系中，纵轴上的客户量增长随时间横轴的向前推移是一条开口向上的半抛物线而不是一条直线(如图 4-4 所示)。这是因为先前已购车的客户会在其活动的社交圈内、亲朋好友中作无形的宣传，这种宣传会以购车客户为中心呈点状发散形式进行。这就要求汽车推销人员在做好车辆推销的同时做好客户的跟踪服务。这也印证了汽车营销的理念：第一辆车是卖出去的，第二辆及后续车是服务出去的。

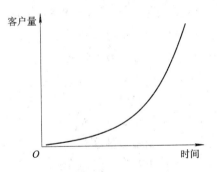

图 4-4   客户量与时间的关系图

2. 接近客户

这里说的是与客户的第一次接近。

一般来说客户都不大欢迎推销人员来访，这可能是受中国传统文化的影响，也许正是这种影响使得推销这种营销形式在我国处于弱势地位，不过这种弱势地位正在得到改善。这种地位给推销员造成的心理障碍是在接近客户时有一种忐忑不安的感觉：被选定拜访的客户是否需要车辆？权威性如何？性格怎样？态度文明吗？等等，答案都不确定。这就首先要求推销员应有良好的心理素质，能应付各种意料不到的场面。其次，推销员在接近客户之前，应尽可能多地了解该客户的情况，制订预备方案，尽量做到心中有数。再者，推销员在接近客户前可采用合适的方法以降低接近的门槛，例如预约，这种方式会增加客户对推销员的接纳感，同时也使客户能安排时间从容接待。预约的方式有多种，比如电话预约、朋友牵线、客户介绍等。接近客户时应尽量采用预约的方式。

3. 与客户面谈

与客户面谈是整个推销过程的关键性环节。

面谈类同于汽车销售谈判，但它涉及的面更广，内容更多，对推销员的要求也更高。内容不仅限于汽车商品本身，还包括客户对汽车商品的需要程度，客户对汽车制造公司的了解，汽车销售公司的整个销售理念等。推销员在面谈时的技巧可参见第三节汽车销售谈判中的相关内容，这里所说的主要是推销中的面谈与门店营销的面谈的不同之处。

见面时推销员应体现公司的风范，体现个人的素养。穿着整洁、谈吐得体、落落大方、不卑不亢。在面谈中牢记一条黄金法则：不与客户争吵。面谈中客户往往会提出各种各样的购买异议，这些异议可分为以下几个方面。

(1) 需求异议：客户自认为不需要车辆；

(2) 财力异议：客户自认为无钱购买推销的车辆；

(3) 权力异议：客户自认为无权购买车辆；

(4) 产品异议：客户自认为推销车辆不尽如人意；

(5) 价格异议：客户自认为推销车辆价格过高。

针对这些异议，推销员事先都应有心理准备，同时应在了解清楚客户的真实意图后，根据客户的具体情况一一解答。

推销员必须清楚：推销工作大多数情况下不会一次成功。第一次面谈往往只是一次主客认识过程、商品及售后服务介绍过程，为此，在第一次面谈结束后能约定与客户下次见面的时间或留下客户的联系方式，也是面谈成功的标志。

4. 有效地工作

1) 工作计划

工作计划是指销售主管将销售部门的销售任务分解给推销员个人后，推销员依据自己所负责的推销区域特点制订的销售计划。这种计划可分为年工作计划、月工作计划、周(旬)工作计划和天工作计划。从推销的实行性来说，月、周(旬)和天工作计划显得重要也较实用些。

年工作计划主要是将推销员的年销售车辆数分解到每个月。每月销售数量的安排主要依据常年的销售规律进行，因而它是个指示性的工作计划。

月工作计划是年工作计划的组成。这个计划的重要性在于它有承上启下的关键作用。根据销售规律，旺月的销售任务若不能完成，将影响到整年的任务完成；若月初的计划未完成，推销员可在月中或月末抓紧赶上。因而，月工作计划是一个带有衔接性的指导性计划。

周计划或旬计划是关键计划。月计划任务能否完成取决于周(旬)计划的执行情况。在周(旬)计划的制订中，推销员必须考虑被访问者的工作规律、突发事件等因素。例如：周末的双休单休因素、周一至周五的工作效率不同因素、约定时间的见面因客户的临时变动而取消的因素等。

天计划其实是个具体行动方案。年、月、周计划都是通过每个天计划的实现而累加完成的。在这个计划中推销员必须有详细的行动内容。例如：当天拜访的客户数量及其中新老客户的比例；客户拜访的时间；与新、老客户交谈的内容；昨天客户的再次回访；拜访客户的合理线路安排等。

2) 方案的实施

方案的实施是天计划和周计划的实施。如前所述，只有完成天计划和周计划才有可能完成月计划和年计划。而在方案实施中，推销员的恒心和毅力很关键，推销员必须克服畏难情绪，必须按计划坚定地去做，才能完成任务。

3) 工作的分析、总结

这个环节对于推销员完成任务和积累工作经验非常重要。工作计划再完美也只是一种设想，是固定的，而环境是变化的。这就要求推销员每天都应对当天的工作情况进行总结。找出原定计划未完成的原因，分析是客观的还是主观的，采取改进措施并制订出第二天的计划。

第五节　二手车销售

随着近几年汽车市场的快速发展以及新车市场占有量的不断增加，二手车市场也开始发力，交易量逐年递增。与新车交易相比，2003 年我国二手车交易量约为新车交易量的 1/3，2004 年二手车交易量增长速度首次超过新车，开始显示出其巨大的市场潜力。在发达国家，初次购买汽车的人 80% 以上选择买二手车。随着汽车作为普通商品逐渐进入家庭以及消费者的消费理念逐步成熟，消费者购买汽车不再一味追求豪华体面，因而将会有更多的购车者首先选择二手车，二手车的购买群体会越来越大。

一、二手车的销售程序

二手车交易应严格按照商务部市场体系建设司 2005 年 8 月 31 日发布的《二手车流通管理办法》(见附录 C)和《二手车交易规范》(见附录 D)进行。

二手车交易过程中的手续各地不尽相同，交纳的费用也会因时间不同发生变化。

1. 进行评估作价

例如，2001 年的桑塔纳 2000 时代超人，评估作价为 10 万元，过户手续费 = 10 万元 × 2.5% = 2500 元。

这里需要说明的是，过户手续费与该车实际成交价无关。如果这辆 2001 年的桑塔纳 2000 时代超人的成交价为 10.5 万元，还是以评估作价金额 10 万元来计算。

另外，如果分期付款购买二手车，评估作价金额就是银行发放贷款的基准价。例如，刚才的这辆桑塔纳 2000 时代超人，某购买户选择分期付款方式，由二手车交易市场评估作价机构出具定价单，评估值为 10 万元，因而缴纳 20% 的首付款 2 万元，剩下的 8 万元为银行贷款额。这笔交易中，不能以成交价 10.5 万元为准。同时，还是按照 2.5% 的比例收取过户手续费 2500 元，并和首付款一并交付。

2. 给车照相

给车照相主要是变更行驶证时需要。

3. 办理过户手续

办理过户手续需要交易发票、行驶证、机动车产权登记证、购置附加税、车船使用税、交易双方身份证原件；进口车还需要进口贸易手续单证——海关关单、商检单和保险卡。另外如果车主是公户的，买卖双方是单位对个人、单位对单位，那么卖方需要准备资金往来发票以证明交易完成。

二、二手车价格的确定

二手车的价格，主要取决于两方面的因素：市场对该款车型的认可程度和该车的使用程度。

1. 市场认可价格(平均价格)

某款车型的二手车价格，由这款二手车在市场上的价格总体表现所决定。单个品牌的二手车型，其价格的表现形式可能有四种：一是品牌二手车的价格；二是经纪公司售车价格；三是二手车拍卖价格；四是个人二手车交易价格。这四个不同的价格的平均值就是该款二手车的平均价格，也就是市场对该款二手车的认可价格。

一般而言，品牌二手车由于具有品牌附加值，其价格相对高于同类二手车的价格，而经纪公司的二手车价格属于市场价格，二手车拍卖价格要比市场的零售价格低，而个人之间二手车交易相对于其它二手车价格弹性会比较大。

2. 确定二手车价格的四种方法

二手车的价格有如下四种评估方法：

1) 重置成本法

重置成本是购买一辆全新的与被评估车辆相同的车所支付的最低金额。按重新购置的车辆所用的材料、技术的不同，可把重置成本分为复原重置成本(简称复原成本)和更新重置成本(简称更新成本)。复原成本指用与被评估车辆相同的材料、制造标准、设计结构和技术条件等对被评估车辆进行复原，以现时价格购置该全新复原车辆所需的全部成本。更新成本指利用新型材料、新技术标准、新设计等对被评估车辆进行更新，以现时价格购置该更新车辆所需的全部成本。一般情况下，在进行重置成本计算时，如果可以同时取得复原成本和更新成本，应选用更新成本；如果没有更新成本，再考虑用复原成本。

重置成本法是指用在现时条件下重新购置一辆全新状态的被评估车辆所需的全部成本，减去该被评估车辆的各种陈旧贬值后的差额作为被评估车辆现时价格的一种评估方法。其理论依据是，任何一个二手车购买者在购买某款车辆时，他所愿意支付的价钱，绝对不会超过具有同等效用的全新车型的最低成本。如果该二手车的价格比重新购置全新状态的同等效用的车型的最低成本高，购买者肯定不会购买这款车，而会去购置全新的车型，即待评估资产的重置成本是其价格的最大可能值。

重置成本法基本计算式为

$$P_e = P_c - P_d - P_f - P_j \tag{4-1}$$

式中：P_e 为现时价格；P_c 为重置成本；P_d 为实体性贬值；P_f 为功能性贬值；P_j 为经济性贬值。

或者，成新率为 β，则有

$$P_e = P_c \times \beta$$

从式(4-1)中可看出，被评估车辆的各种陈旧贬值包括实体性贬值、功能性贬值和经济性贬值。

实体性贬值也叫有形损耗，是指机动车在存放和使用过程中，由于物理和化学原因而导致车辆实体发生的价值损耗，即由于自然力的作用而发生的损耗。旧车一般都不是全新状态的，因而大都存在实体性贬值，确定实体性贬值程度，即确定表体及内部构件的损耗程度。假如用损耗率来衡量，一辆全新的车辆，其实体性贬值程度为百分之零，而一辆报废的车辆，其实体性贬值程度为百分之百，处于其它状态下的车辆，其实体性贬值程度则位于其间。

功能性贬值，是由于科学技术的发展导致的车辆贬值，即无形损耗。这类贬值又可细分为一次性功能贬值和营运性功能贬值。一次性功能贬值是由于技术进步引起劳动生产率的提高，现在再生产制造与原功能相同的车辆所需的社会必要劳动时间减少，成本降低而造成原车辆贬值。具体表现为原车辆价值中有一个超额投资成本将不被社会承认。营运性功能贬值是指由于技术进步，出现了新的、性能更优的车辆，致使原车辆的功能相对新车型已经落后而使其贬值。具体表现为原车辆完成相同工作任务，相对新型车来说对燃料、人力、配件材料等的消耗增加，产生了一部分超额运营成本。

经济性贬值，是指由外部经济环境变化所造成的车辆贬值。所谓外部经济环境，包括宏观经济政策、市场需求、通货膨胀、环境保护等。经济性贬值不是车辆本身或内部因素引起车辆达不到原来设计的获利能力而造成的贬值。外界因素对车辆价值的影响不仅是客观存在的，而且这种影响还相当大。

重置成本法的计算公式为正确运用重置成本法评估旧车辆价值提供了思路，评估操作中，重要的是依此思路，确定各项评估技术和经济指标。

2) 收益现值法

收益现值法是将被评估的车辆在剩余寿命期内的预期收益，用适用的折现率折现为评估基准日的现值，并以此评估车辆价格的一种方法。

使用这种评估方法的前提是：车辆必须可继续使用，而且车辆价值与经营收益之间存在稳定的比例关系，并可以计算；未来的收益可以准确预测；与预期收益相关的风险报酬也能进行估算。

用收益现值法对车辆价值进行评估的公式为

$$P = \sum_{t=1}^{n} \frac{F_t}{(1+i)^n}$$

式中：P 为评估值；F_t 为未来 t 时间内的预期收益额；i 为折现率，即将未来预期收益折算成现值的比率；n 为收益期，一般以年计。

3) 现行市价法

现行市价法又称市场竞争法、市场法或市场价格比较法。它是通过比较被评估车辆与最近售出的类似车辆的异同，并根据该类似车辆的市场价格确定被评估车辆价值的一种评估方法。现行市价法是最直接、最简单的一种评估方法，也是在二手车交易中用得最多的方法。

这种方法的基本思路是：通过市场调查，选择一个或几个与评估车辆相同或类似的车辆作为参照；然后分析参照车辆的构造、功能、性能、新旧程度、地区差别、交易条件及成交价格等，并与被评估车辆进行比较，找出两者的差别及其在价格上所反映的差额，经过适当调整，确定被评估旧车辆的价格。

现行市价法的应用前提是，需要有一个充分发展、活跃的二手车交易市场，有充分的参照车辆可取。在二手车交易市场上，二手车交易越频繁，越容易获得与被评估车辆相类似的车辆的价格。

运用现行市价法，需要人们找到与被评估车辆相同或相类似的参照车辆，并且要求参照是近期的，可比较的。所谓近期，是指参照车辆交易时间与车辆评估基准日接近，最好在一个季度之内。所谓可比，是指车辆在规格、型号、结构、功能、性能、新旧程度及交易条件等方面不相上下。

用现行市价法得到的评估值，能够客观反映二手车辆目前的市场情况，其评估的参数、指标直接从市场获得，评估值能反映市场实际价格。因此，评估结果易被买卖双方接受。

这种方法的不足之处是需要以公开的、活跃的市场作为基础，否则寻找参照对象比较困难。且被评估车辆与参照车辆可比因素多，即使是同一个生产厂家生产的同一型号的产品，同一天登记，但不同的车主对车辆的使用强度、使用条件、维修水平等都有差异，导致车辆实体损耗、新旧程度都各不相同。

4）清算价格法

清算价格法是以清算价格为标准对旧车辆进行的价格评估。清算价格是指企业由于破产或其它原因，要求在一定的期限内将车辆变现，在企业清算期内预期出卖的车辆的快速变现价格。

清算价格法在原理上基本与现行市价法相同，区别在于企业迫于停业或破产，急于将车辆拍卖、出售，所以，清算价格常低于现行市场价格。

以上四种评估方法，适用的重点有所不同。重置成本法主要用于企业资产的评估和转移；收益现值法和现行市价法主要用于市场上个人车辆的交易；清算价格法则主要用于企业因停业或破产而急于变现的情况。在车辆评估中，采用任何一种方法都有法律效力，但不能同时用两种方法进行评估。

5）四种评估方法的比较

(1) 各种价格评估方法之间有一定的区别和联系，具体如下：

① 重置成本法与收益现值法。这两种评估法的区别在于，重置成本法以过去为参考点，主要考虑二手车的贬值程度，而收益现值法则以将来为参考点，主要考虑二手车将会带来多大的收益；它们的联系是两种方法都考虑汽车的技术状况。

② 重置成本法与现行市价法。这两种评估法的区别也在参考点上，重置成本法以全新车辆的价格为参考点，参考车的数目为 1～3 辆，现行市价法则以市场价格为参考点，并且要参考多辆车来确定这个价格；两种方法相同之处在于都要通过参照物作比较来定价。

③ 收益现值法与现行市价法。这两种评估法的区别也在参考点上，如前所述，收益现值法以未来收益为参考点，而现行市价法以市场价格为参考点；两种方法的相同之处在于都将收益现值法和现行市价法结合起来进行评估。

④ 清算价格法与现行市价法。这两种评估法的区别在于，采用清算价格法时，企业迫于破产或其它原因造成的压力，交易双方地位存在一定的不平等，而现行市价法交易双方地位是平等的；两种方法的联系是都由市场决定价格。

(2) 各种评估方法的适用范围：

① 重置成本法在汽车评估中采用的最多。主要依据相同功能的全新车辆的购置价来评

估二手车的价格，准确度高。

② 使用收益现值法的前提条件是被评估车辆具有独立的、能连续用货币计量的可预期收益。这种方法适用于营运车辆。

③ 使用现行市价法的必要条件是要有充分活跃的市场，充分条件是被评估的二手车与作为参照物的车辆具有可比性。

④ 采用清算价格法评估二手车时，必须提供具有法律效力的破产处理文件、抵押合同及其它有效文件，所评估的车辆在市场上能快速出售，并且清算价格要足以补偿因出售车辆所付出的附加支出总额。

(3) 各种评估方法优缺点见表 4-1。

表 4-1　各种评估方法的优缺点

评估方法	优　点	缺　点
重置成本法	评估结果较公平	工作量大，经济损耗不易准确计算
收益现值法	与投资决策相结合，比较真实准确地反映车辆本金化的价格	预期收益额预测难度大
现行市价法	评估值反映市场的真实价格	由于市场不够完善，寻找参照物比较困难
清算价格法	特例	

3. 影响价格的因素

影响二手车价格的因素主要有以下几种：

(1) 重置价格：新车售价；

(2) 成新率：使用年限、行驶公里数；

(3) 技术因素：技术状况、维护保养、制造质量、工作性质、工作条件；

(4) 市场因素：评估目的、车型因素、销售因素、配件因素、油耗因素、平均行驶里程。

三、二手车的评估鉴定

1. 业务操作流程

二手车的评估鉴定操作流程如图 4-5 所示。

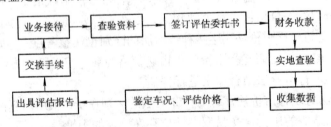

图 4-5　二手车的评估鉴定操作流程

2. 车辆评估需要提供的资料

评估二手车需提供的相关资料主要有：

(1) 车辆登记证书、行驶证、附加费证、保险卡、养路费缴讫单、保修卡等随车资料；

(2) 车辆来历证明；

(3) 车辆所有人身份证明；

(4) 车辆所有人提供的委托代理证明；

(5) 车辆所有人或单位的印章。

3. 实地查验内容

(1) 车辆外观：碰撞、刮擦、划痕、裂痕、凹瘪、油漆脱落；

(2) 车况核对：发动机号、车架号、颜色、发动机种类、变速箱种类、轮胎、内饰、灯光；

(3) 机械状况：发动机、行驶系统、悬挂系统、变速器、冷却系、转向系统、离合器、润滑系、制动系统；

(4) 电气设备；

(5) 空调系统。

4. 评估数据的收集

对二手车进行评估需收集的数据主要有以下几种：

(1) 车辆重置价值或同类型车辆市场价格；

(2) 该车或同类型车辆本年度销量；

(3) 车辆配件价格；

(4) 车辆百公里油耗；

(5) 车辆行驶里程；

(6) 车辆已使用的时间。

5. 评估报告应附的资料

二手车的评估报告中应附上以下几种资料：

(1) 二手车评估鉴定委托书；

(2) 车辆行驶证复印件；

(3) 二手车技术勘察表；

(4) 鉴定估价师职业资格证书复印件；

(5) 鉴定评估机构营业执照复印件。

四、办理二手车交易所需的手续资料

1. 身份证明

单位参与的交易要提供法人代码证、公章；国家机关、国有企事业单位在出售、委托拍卖车辆时，应持有本单位或者上级单位出具的资产处理证明。

个人参与的交易要提供身份证(暂住户口需提供暂住证)。

2. 车辆证件

交易中要提供的车辆证件有《机动车登记证》、《机动车行驶证》、有效的机动车安全技术检验合格证、车辆保险单、养路费缴付凭证、车船使用税缴付凭证等。

3. 其它资料

交易中需提供的其它资料有二维条形码单、车辆的牌号、车架号码拓印件等。

五、国家明令禁止交易的二手车类别

根据商务部、公安部、工商总局、税务总局 2005 年第 2 号文件《二手车流通管理办法》中的第三章第二十三条规定，下列车辆禁止经销、买卖、拍卖和经纪：

(1) 已报废或者达到国家强制报废标准的车辆；

(2) 在抵押期间或者未经海关批准交易的海关监管车辆；

(3) 由人民法院、人民检察院、行政执法部门依法查封、扣押的车辆；

(4) 通过盗窃、抢劫、诈骗等违法犯罪手段获得的车辆；

(5) 发动机号码、车辆识别代号或者车架号码与登记号码不相符，或者有凿改迹象的车辆；

(6) 走私、非法拼(组)装的车辆；

(7) 不具有《二手车流通管理办法》中第三章第二十二条所列证明、凭证的车辆；

(8) 在本行政辖区以外的公安机关交通管理部门注册登记的车辆；

(9) 国家法律、行政法规禁止经营的车辆。

同时还规定，"二手车交易市场经营者和二手车经营主体发现车辆具有(4)、(5)、(6)情形之一的，应当及时报告公安局、工商行政管理部门等执法机关。交易违法车辆的二手车交易市场经营者和经营主体应当承担连带赔偿责任和其它相应的法律责任。"

第六节　汽车配件销售

汽车配件是汽车的组成部分。从营销原理看，汽车配件的营销市场调研与分析、营销战略制订、营销策略运用、促销方法等，类同于汽车整车的营销，然而，因为汽车配件的技术性、多样性、专业性，又使汽车配件的销售在某些方面不同于汽车整车销售。它们的主要区别由配件商品与整车商品的不同引起。

这节内容仅对配件商品本身的相关知识加以介绍，有关汽车配件的营销运作，可结合对汽车营销知识的学习，融会贯通。

一、汽车配件的基本知识

1. 汽车配件的类型

汽车配件按其性质可分为三大类：汽车零部件、汽车标准件和汽车材料。

1) 汽车零部件

汽车零部件一般都编入各车型汽车配件目录中，并标有统一规定的零部件编号。汽车零部件又分为以下类别：

(1) 零件。零件是组成汽车的最小单元，不可再拆卸，如活塞、活塞销、气门、气门导管等。

(2) 合件。由两个或两个以上的零件组装，其中某个或某几个零件起主要作用的组合体称为合件，如带盖的连杆、成对的轴瓦、带气门导管的缸盖等。合件的名称以其中的主要零件而定名，例如带盖的连杆，则定名为连杆。

(3) 组合件。由几个零件或合件组装，但不能单独完成某一机构作用的组合体称为组合件，如离合器压板及盖、变速器盖等。有时也将组合件称为"半总成"件。

(4) 总成件。由若干零件、合件、组合件组合成一体，能单独完成某一功能转换作用的组合体称为总成件，如发动机总成、离合器总成、变速器总成等。

(5) 车身覆盖件。由板材冲压、焊接成形，并覆盖汽车车身的零件称为车身覆盖件，如散热器罩、叶子板等。

2) 汽车标准件

按国家标准设计与制造，对同一种零件统一其形状、尺寸、公差、技术要求，能通用在各种仪器、设备上，并具有互换性的零件称为标准件，例如螺栓、垫圈、键、销等。其中适用于汽车的标准件，称为汽车标准件。

3) 汽车材料

汽车材料大多是由非汽车行业生产而由汽车行业使用的产品，一般不编入各车型汽车配件目录，如各种油料、溶液、汽车轮胎、蓄电池、标准轴承(非专用)等，也将其称为汽车的横向产品。

在汽车配件中，还有一个重要的概念，那就是"纯正部品"。纯正部品是进口汽车配件中的一个常用名称，指的是各汽车厂原厂生产的配件，而不是副厂或配套厂生产的协作件。纯正部品虽然价格较高，但质量可靠，坚固耐用，故客户一般都愿采用。凡是国外原厂生产的纯正部品，包装盒上均印有英文"**GENUINE PARTS**"或中文"纯正部品"字样。

2. 国产汽车配件的编号规则

1) 国产汽车零部件的编号规则

我国的汽车零部件编号按中国汽车工业联合会 1990 年 1 月 1 日颁布实施的《汽车产品零部件编号规则》进行统一编制。

(1) 汽车零部件编号。汽车零部件编号由企业名称代号、组号、分组号、件号、结构区分号、变更经历代号(修理件代号)组成，如图 4-6 所示。

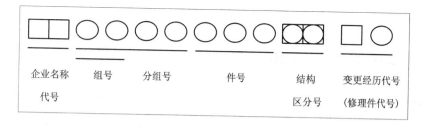

图 4-6　国产汽车零部件的编号规则

说明：结构区分号位于组号或分组号之后，表示该组或该分组的系统总成或装置的不同结构；结构区分号位于件号之后，表示该零件总成或总成装置的不同结构。

(2) 不属于独立总成的零部件编号。对于不属于独立总成的连接件或操纵件，其编号的构成形式如图 4-7 所示。

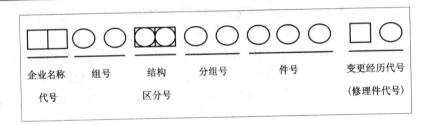

图 4-7　不属于独立总成的零部件的编号规则

(3) 属于独立总成的零部件编号。对于属于独立组总成的零部件，其编号的构成形式如图 4-8 所示。

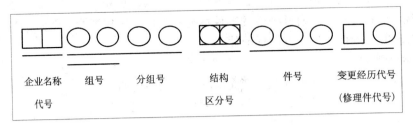

图 4-8　属于独立总成的零部件的编号规则

注：上述三个插图中，□表示汉语拼音字母，○表示阿拉伯数字，◨表示汉语拼音字母或阿拉伯数字均可。

2) 国产汽车零部件编号规则的说明

(1) 适用范围。国产汽车零部件编号规则适用于各类汽车和半挂车的零件、总成和总成装置图编号，但不包括专用半挂车的专用装置部分的零件、总成和总成装置图的编号。

(2) 标准用术语。

● 组号：用两位数字表示汽车各功能系统内分系统的分类代号。

● 分组号：用四位数字表示总成和总成装置图的分类代号。前两位数字代表它所隶属的组号，后两位数字代表它在该组内的顺序号。

● 件号：用三位数字表示零件、总成和总成装置图的代号。

● 结构区分号：用两个字母或两位数字区别同一类零件、总成和总成装置图的不同结构、性能、尺寸参数的特征代号。

● 变更经历代号：用一个字母和一位数字表示零件、总成和总成装置图更改过程的代号。当零件或总成变化较大，但首次更改不影响互换的用 A1 表示，依次用 A2、A3…；当零件或总成首次更改影响互换时，则用 B1 表示；若再次更改影响互换，则依次用 C、D、…表示。

● 修理件代号：在标准尺寸的基础上加大或减小尺寸的修理件，按其尺寸加大或减小的顺序进行编号。其代号用两个汉语拼音字母表示，前一个字母表示修理件尺寸组别，后一个字母为修理件代号，用"x"表示。例如某一修理件有三组尺寸，其代号为"Bx"、"Cx"、"Dx"。当该组修理件标准尺寸进行更改影响互换时，应相应更改尺寸组别代号，其字母根据更改前所用的最后字母依次向后排列。又如更改影响互换，标准尺寸的更改经历代号为"E"时，则相应修理件代号为"Fx"、"Gx"、"Hx"。

(3) 汽车零部件编号中组号和分组号的编制原则：国产汽车产品零部件编号共有 58 个组号及 638 个分组号，其分组情况如表 4-2 所示(各组内均有缺号，故起止号与各组分组总数不完全相符)。

表 4-2　国产汽车产品零部件编号分组情况

组号	部件	分组数	分组号	组号	部件	分组数	分组号
10	发动机	22	1000～1022	45	绞盘	10	4500～4509
11	供给系	25	1100～1128	50	车身(驾驶室)	7	5000～5012
12	排气系	7	1200～1207	51	车身(驾驶室)地板	8	5100～5112
13	冷却系	14	1300～1313	52	风窗	8	5200～5207
15	自动液力变速器	5	1500～1504	53	前围	7	5300～5310
16	离合器	6	1600～1607	54	侧围	9	5400～5410
17	变速器	6	1700～1706	56	后围	11	5600～5612
18	分动器	5	1800～1804	57	顶盖	7	5700～5710
19	副变速器	3	1900～1902	60	车篷及侧围	6	6000～6005
20	超速器	5	2000～2004	61	前侧车门	11	6100～6110
21	汽车电驱动装置	6	2100～2105	62	后侧车门	11	6200～6210
22	传动轴	11	2200～2241	63	后车门	12	6300～6311
23	前桥	12	2300～2311	64	驾驶员车门	9	6400～6408
24	后桥	11	2400～2410	66	安全门	7	6600～6608
25	中桥	10	2500～2512	68	驾驶员座	7	6800～6807
27	支撑连接装置(牵引汽车用)	17	2700～2731	69	前座	9	6900～6908
28	车架	11	2800～2810	70	后座	8	7000～7007
29	汽车悬架	21	2900～2960	71	乘客单人座	8	7100～7107
30	前轴	3	3000～3003	72	乘客双人座	8	7200～7207
31	车轮及轮毂	7	3100～3106	73	乘客三人座	8	7300～7307
32	承载轴	3	3200～3202	74	乘客多人座	8	7400～7407
33	后轴	3	3300～3303	75	折合座	8	7500～7507
34	转向器	13	3400～3413	78	隔板墙	6	7800～7805
35	制动系	34	3500～3550	79	无线电通讯设备	10	7900～7910
36	电子设备	1	3600	81	空气调节设备	13	8100～8112
37	电气设备	59	3700～3774	82	附件	12	8200～8219
38	仪器设备	24	3800～3871	84	车前钣金零件	6	8400～8405
39	随车工具及附件	21	3900～3921	85	货厢	12	8500～8515
42	特种设备	13	4200～4240	86	货厢倾斜机构	15	8600～8616

二、汽车配件销售的特点

1. 较强的专业技术性

汽车是融合了多种高新技术的集合体，汽车配件是这个集合体的基本组成。要经营好汽车配件，除了要掌握商品营销知识、汽车配件专业知识外，还必须具备与材料相关的知识，例如：汽车材料知识，机械识图知识，各种汽车配件的规格、性能、用途以及配件的商品检验知识，甚至计算机知识。

2. 经营品种多样化

在一辆汽车的整个使用过程中，约有几千种零部件存在损坏和更换的可能，因而，即使只经营一个车型的零配件也要涉及许多品种规格。另外，同一规格的配件，由于国内有许多生产厂，其质量、价格差别很大，这就使得配件品种多样。

3. 必须有相当数量的库存支持

这是由汽车配件经营品种多样化以及汽车故障发生的随机性决定的，因而，经营者必须将大部分资金用于库存储备和商品在途储备。

4. 必须有相配套的服务

汽车是许多高新技术和常规技术的载体，所以汽车配件的销售必须有与之相配套的服务，特别是技术性服务。相对于一般生活用品销售，汽车配件销售更强调售后的技术服务。

5. 配件销售与使用环境有关

汽车配件的销售环境包括两方面，即自然环境和地域环境。

气候、温差的变化给汽车配件销售市场带来不同的需求。例如：春天雨水较多，雨布、挡风玻璃、车窗升降器、电气刮水器、挡泥板等部件的需求就特别多。夏季气温高，发动机机件磨损大，火花塞、断电触点、气缸床、进排气门、风扇带、冷却部件等的需求特别多。由此可见，自然环境给汽车配件市场带来非常明显的季节需求差异。

地域环境也影响汽车配件的销售。从全国看，我国国土辽阔，山地、高原、平原等地貌海拔高度的悬殊，造成了汽配销售市场的地域销售差异。从局部看，城镇特别是大、中城市，汽车启动和停车次数较频繁，机件磨损较大，因而与其相关的启动、离合、制动、电气设备等部件的数量需求就较多。由此可见，地理环境对汽配销售市场有很大的影响。

三、配件门店销售的柜组分工

汽车配件销售主要采用门店销售，也称之为门市销售。在有一定规模的门店中，为便于营销，营销人员的柜组编排一般按品种系列和按车型这两种方式进行。

1. 按品种系列分柜组销售

经营的所有配件不分车型，而是按部、系、品名分柜组经营，例如经营发动机配件的，叫发动机柜组；经营工具的，叫工具柜组；经营通用电器的，叫通用电器柜组。

这种柜组分工方式的优点如下：

(1) 符合专业化分工的要求。因为汽车配件是按照整车的构成部分来划分的，每一部分因其功能不同配件也不同，如发动机部分、底盘部分、电气部分等，它们的配件种类有很大区别。因此，这种柜组划分比较符合商品本身的特点要求。

(2) 有助于营销人员对本柜组经营的汽车配件知识的掌握。对于营销人员来说，掌握为汽车某部分功能服务的配件比掌握整车全部配件的知识要容易得多，分柜组销售能使营销人员较快地掌握所经营的品种的品名、质量、价格及通用互换常识。尤其是进口维修配件的经营，由于车型品种多，而每种车型的保有量又不太多，更应选择按品种系列分柜组销售。

(3) 某车辆改型后配件是否通用，进口车与国产车的某些配件可否互换，需要营销人员根据已掌握的知识进行判断，如果不按品种系列，而按车型经营，遇到上述情况，就有许多不便。

2. 按车型分柜组销售

这种柜组分工方式将配件按车型分柜组，如分成桑塔纳、富康、捷达、东风、解放柜组等，每个柜组经营一个或两个车型的全部配件品种。

这种柜组分工方式的优点是：

(1) 适合车辆使用者的需要。一些车辆使用单位拥有的车型种类不多，特别是中小型企业及个体客户，大多只拥有一种或几种车型。这些客户的配件采购计划，往往是按车型制订的。客户的一份采购单，在按车型划分的柜组中往往只需找一个柜组便可全部备齐，甚至只集中到一个柜组的一至二个柜台，便可解决全部需要，方便了客户。

(2) 按车型分工可使所销售的配件品种与整车厂编印的配件目录相一致，当向整车厂订货时，可以很便利地制订以车型划分的进货计划。

(3) 有利于进行经济核算和管理。按车型分工经营，可以根据社会车型保有量统计数据，把进货、销量、库存、资金占用、费用、资金周转几项经济指标落实到柜组，有利于企业管理的规范化。

这种分工方法的缺点是：整车经营的配件品种要多于按系列分柜组经营的品种，这对营销人员对配件知识的掌握程度要求大大提高，而且当一种配件可以几个车型通用时，容易造成重复进货和重复经营。

两种柜组分工方式各有千秋，如果销售对象以终端销售商、汽修厂为主，选择按品种系列分柜组较合适；如果销售对象以车辆客户为主，选择按车型分柜组较合适；大的汽车配件经营企业也有二者兼有的。可以这么说，柜组分工也是配件营销中的一种策略，至于采用哪种方式，应根据企业所处的环境及自身的具体条件确定。

第五章　汽车商品质量的保证

第一节　汽车商品的售前服务

汽车作为一种贵重的消费品，其质量问题始终是客户关注的焦点。汽车的售前服务就是以保证汽车的质量为核心所做的新车的验收和库存车的管理等工作。

一、新车的验收

按照目前的销售经营模式，商品车直接由供应链送到经销商手中，整个物流过程由专业物流公司负责。在新车运送到经销商处时，要对其进行严格的检查，确认符合要求后方能接收。在整个过程中，经销商应该选派熟悉汽车知识、经过专业培训的人员从事商品车的验收工作，验车的核心问题是查看车辆是否是自己订购的车辆，并会同拖车人员初步检视车辆外观及核对配件是否齐全。

新车交车前的全面检查称为 PDI(Pre-Delivery Inspection)作业。各品牌汽车的 PDI 检查项目和指标差别很大，但均涉及车辆内部、外观、发动机舱、底盘、随车附属品和工具等。现在这项检查已经扩展到了商品车的整个管理过程中，如新车验收、库存车管理、展车管理、交车准备等。下面对 PDI 作业的内容作一详细介绍。

1. PDI 作业流程

汽车的 PDI 作业流程如图 5-1 所示。

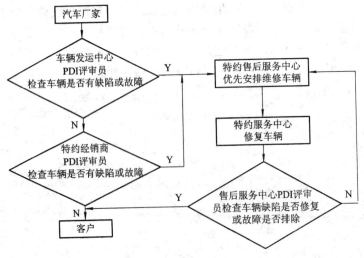

图 5-1　PDI 作业流程

2. PDI 作业原则

汽车质量检验员在完成 PDI 作业时应遵循以下几点原则：

(1) 交车前负责检查的检验员必须参加 PDI 检查程序和 PDI 车损标准培训，合格后才能上岗，并且必须参加每次新车型推出时的 PDI 专项培训。

(2) 整个 PDI 检查工作必须按照厂家规定的程序，在照明符合要求的场地进行，并按照 PDI 车损标准的要求判定各类缺陷和故障。

(3) 在 PDI 检查中发现缺陷或故障时，特约售后服务中心应严格按照流程优先予以修复排除，并由 PDI 检验员重新对其进行检查。

(4) 在整个 PDI 活动中发现的任何缺陷和故障都须收集、汇总并定期反馈给厂家相关部门。对于重大的、有批量性的缺陷和故障应及时反馈给厂家相关部门。

3. PDI 作业具体内容

1) 接车作业

(1) 经销商订购的新车到达销售中心，由新车管理员接车，会同拖车人员初步检视外观及核对接车单配件是否齐全。新车管理员在完成点交检查作业时，如发现配件缺失、车况(车身外观、漆面)异常，应立即会同拖车人员在点交单上注明缺件品名、异常部位及现象，并且要双方共同签认，以确定赔偿责任归属。

(2) 新车管理员一般属于销售单位，其工作任务为保管新车和管理车辆的资料、文件及钥匙等。

(3) 接车入库如在夜间进行，点交检查受限，则应在 24 小时内将车辆异常情况反馈给厂家。

2) 入库检查

如果新车不马上交车，应进行入库检查，然后在库房中选择合适位置存放。

3) 展示车检查

新车如果要当展示车使用，除实施入库检查外，应特别注意外观的清洁及电瓶的充电量，要注意日常清洁维护及保持电瓶电量充足，车辆钥匙交给门店营销人员管理。

4) 库存车管理

(1) 新车库存必须寻找安全、宽敞、有遮篷、通风好、不会有异物落下的地点存放。

(2) 库存新车不得按照其它用途使用。须保持车辆轮胎有适当的胎压，拆开电瓶负极桩头，拉紧手刹车，若为手动挡则挂入 R 挡，若为自动挡则挂入 P 挡，关好车门和车窗。

(3) 定期进行动态质量检查，确保商品车在任何情况下均符合出厂标准。

5) 预交车检查

(1) 即将交付于客户的车辆必须事先按 PDI 检查内容完成检查作业，检查的主要内容有：

① 车舱内的检查；

② 车外观的检查；

③ 发动机舱内的检查；

④ 底盘的检查；

⑤ 车辆附件的检查；

⑥ 车辆文件的检查。

(2) 完成检查作业时应填写 PDI 检查表。

(3) PDI 检查表一式三联，经销商保存一联，特约售后服务中心保存一联，另一联寄回厂家，未实施 PDI 检查的车辆切勿交付客户。

6) 质量反馈

在完成接车、入库及库存管理的 PDI 作业时，如果发现有异常现象，应按照质量反馈程序通知厂家，有质量问题的车辆，不可尝试先交付客户，以后再办理索赔维修的程序，这将严重损坏企业形象。

二、库存车的管理

车辆入库时，新车管理员要登记注册，并保管好新车资料、文件、随车工具及钥匙等。

库存车应按车型分类摆放，有条件时尽量做到"一车一位"。车辆中间要留有足够的场地作为消防和进出通道。库存车必须做好维护和保养工作，避免日晒雨淋；电瓶应定期充电，防止失效；如保存时间长，机件应上油防锈；冬天需防止缸体冻裂；库存车辆的移动，必须由保管员亲自动手操作或在保管员的指导下进行操作；新车资料、文件、随车工具应妥善保管，做到配套齐全，不错位；车辆钥匙应由保管员专人负责，不得随意转交他人，如有外借、转交等应专门登记。

出库时，提车人必须持有提货单和发票凭证，确定所提车辆与提货单上所写的一致后方可放行。

第二节　汽车商品的售中服务

汽车商品的售中服务也就是汽车商品交接中的服务，它包括：从客户接车开始，发车人员帮助客户检查车况和冲洗车辆，财务人员帮助客户办理临时号牌等各种手续，技术人员向客户讲解各种操作装置的使用方法等。具体内容有：

(1) 帮助客户办理工商验证手续；

(2) 帮助客户给汽车加油；

(3) 帮助客户办理汽车临时牌号；

(4) 帮助客户排除突发性故障(找特约维修站)；

(5) 帮助客户办理车辆保险、养路费、车船费等；

(6) 帮助客户联系车辆清洗站；

(7) 帮助客户找司机。

一、交接的意义

汽车商品交接的完成，是汽车销售成功的标志。

汽车销售的目的是为了满足客户现实和潜在的购车需要，同时实现销售商的工作目标。满足客户现实的和潜在的购车需要是汽车销售的最高目标，实现企业目标即获取尽可能多的利润。在商品经济条件下，不满足客户需求就不可能达到获利的目的，或只能得益于一时。汽车销售的核心是买卖双方实现互利的交换，卖方按买方要求提供商品，使买方得到满足；同时卖方获取相应的利润，本身也得到满足，双方各得所需。

汽车销售的核心任务是通过市场达成交易，引导汽车和劳务转移到客户手里，把客户手中的货币转移到生产者和中间商手中，从而完成商品的交换。

二、交接中检查的项目

交接中的检查是指买方从汽车供货方提货的过程中，对汽车进行严格检查，确认符合要求后收下商品车的整个过程。交车前的检查是交接服务的一部分，包括一系列在新车交货前需要完成的工作。其中大部分的工作由服务部门来完成。服务部门的责任是以正确迅速的方法执行检查以便把车辆完美无缺地交到客户手中。

新车交车前的检查目的就是在新车投入正常使用之前及时发现问题，并按新车出厂技术标准进行修复；同时再次确认汽车各系统技术状态良好，各种润滑油、冷却液符合技术要求，以保证客户所购汽车能够正常运行。

为了使顾客买得放心，用得安心，营销人员要帮助客户检查车况，具体的检查项目和实施步骤为：

(1) 看外表是否完好。正常渠道销售的新车在出厂前均进行过严格的质量检验，一般不会存在较大的质量问题，但在运输过程中容易出现刮碰、丢失附件等现象。因此外观检查通常先检查汽车的 17 位码，再检查有无刮碰痕迹，门窗、后厢盖、发动机罩等是否开启轻便，随车工具、附件是否与说明书上所列的相符，挡风玻璃是否为原装等。车内里程表也是必须检查的项目，其铅封应完好无损，通常新车的里程表显示应在 100 公里之内。近年来，随着轿车运输车的出现，零公里销售的轿车也在市场上出现。概括地讲，新车外观的检查一般包括以下部位：

① 查看车身油漆是否均匀，有无刮痕。

② 检查前盖、车门等处间隙是否均匀。

③ 查看车门关闭是否灵活。

④ 查看车辆配件(电瓶、刮雨器、轮胎等)是否老化。

⑤ 查看底盘、轮拱、避震器、悬挂等的工作情况，可用手按压车身一角，看其弹动次数，一般在两三次左右。

⑥ 查看发动机室车底边缘是否有贴补痕迹，并把车开上地沟，以便查看底盘。

(2) 看车内情况是否正常。

① 查看仪表盘上各种仪表是否齐全有效、易于识别。

② 查看方向盘，上下不应有间隙，左右自由行程不宜过大。

③ 查看车门玻璃是否升降自如、密封良好。

④ 查看座椅表面是否清洁完好，是否能自由移动及有多个位置可固定。

⑤ 查看离合器、制动器、油门是否正常。坐入车内，左脚踏离合器，感觉应轻松自如，并有一小段自由行程；右脚踩下制动踏板，应保持一定高度，若其缓慢下移，则可能有漏油现象；油门踏板不应有沉重、犯卡、不回位现象。

(3) 看汽车性能是否完好。

① 首先打开发动机盖，检查水箱补充液、清洗液、动力转向液、润滑油、制动液面是否正常，液面在最高与最低刻度之间为正常；液罐表面要干净，无水痕和油迹。

② 其次查看电瓶的固定桩头与电线是否良好，用手扳，应无松动现象。

(4) 看手续是否齐全。查看汽车各部件(如发动机)与其铭牌(包括产品合格证及出厂日期等)是否相符。如购买进口车还必须检查货物证明以及关税、增值税等各项应交税单，以防办理牌照时因手续不全而无法上牌。

(5) 亲自试开。启动发动机，听转动情况，检查发动机启动是否快捷，有无杂音和异响，加油门感受发动机响应是否连续，连续加速后怠速状态是否仍然稳定。

三、交接的程序及应注意的事项

1. 交车的流程

汽车商品交接流程如图 5-2 所示。

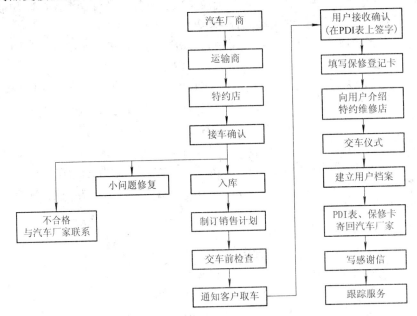

图 5-2　汽车商品交接流程

下面对图 5-2 所示的汽车交接流程作较详细的说明：

(1) 由运输商负责运输前的检查。

(2) 在运输过程中由运输商负责新车的安全。

(3) 特约店接车员按汽车厂家接车确认单的内容进行检查。如存在问题，经运输商确认，双方在接车确认单上写清楚存在的问题并签字，属于运输商的问题由运输商承担修复的全部费用，如存在严重问题，及时与汽车厂家联系，由汽车厂家决定如何处理。

(4) 经确认合格的新车方可入库。

(5) 特约店销售部门对入库的新车制订销售计划，并将销售计划通知服务部门，以便服务部门安排交车前的检查(PDI)工作。

(6) 特约店服务部门交车前检查员严格按交车前检查工序进行检查，并按要求填写交车前检查表及《保修手册》中的"交车前检查"栏，如有不合格项目，需经修复后重新进行检查，然后将检查合格的新车的 PDI 表和《保修手册》一起交给销售部门。交车前，检查员和销售部门接车员要签名。

(7) 经 PDI 检验合格的新车可以进行销售，由销售部门接车员通知客户取车。

(8) 客户确定接收新车后在"保修登记表"和"PDI 表(A)"上签字。

(9) 由营销人员填写保修登记卡，记录客户及车辆的详细资料。

(10) 介绍汽车厂家保修规定和车辆操作注意事项。

(11) 客户办完所有手续后，由营销人员向客户介绍特约店店长和销售服务各部门主管人员，带客户参观车间。

(12) 对客户的购买表示感谢，特约店应举办简短而有纪念意义的交车仪式，赠送纪念品并合影。

(13) 由销售部门建立销售客户档案，并将有关资料移交服务部门。

(14) 由销售部门将"保修登记表"、"PDI 表(A、B)"、"接车确认单"及磁盘等于每月 15 号或 30 号以特快专递方式邮寄汽车厂家售后服务科负责人收，以确保厂家能及时收到。

(15) 客户取车后一周，由销售部门邮寄感谢信，同时通知首次保养里程或保养时间。

(16) 客户收到信函后，售后服务人员通过电话了解新车的使用情况，同时提醒客户来店进行首次保养。

2. 汽车交接过程中的注意事项

交车服务应尽量使客户对所购车辆产生良好印象，从而进一步提高客户满意度。营销人员按交货流程仔细检查要发运或提取的车辆，并按车辆清洗手册将车辆清洗干净，然后给车辆添加若干升燃油(或按公司规定做)，以保证所售车辆最起码能够开到附近最近的加油站，同时准备好随车文件资料和工具。

交车服务中，营销人员应与客户一起检查车辆，直至客户完全满意为止。可再一次向客户介绍车辆性能，并可进行驾驶演示。注意在售出的车辆上放置相关文件资料，协助客户填写"交车验收表"及"客户信息登记表"。主动向客户介绍有关售后服务。

营销人员要将"保修登记表"和行驶证复印件留底，并将"客户信息登记表"尽快发往销售公司市场部，以存档备查。

第三节　汽车商品的售后服务

根据中国客户协会的调查，客户了解汽车品牌最主要的途径是"通过朋友介绍"。认为它"重要或比较重要"的比例占 73.4%，比排在第二位的"通过杂志广告"高出近 20 个百分点。在向客户问及"购买家庭轿车时主要注意什么"时，回答排在第二位的是售后服务(选择人数占被调查者总数的六成)。向已购车的客户问及对售后服务是否满意时，客户所列各项服务的满意率均不到 40%。所以，汽车商品的售后服务越来越受到客户的重视，他们对汽车品牌服务寄予了很高的期望。国内汽车企业应该借鉴一下国外成功企业的经验，加强售后服务工作的管理力度，增加投入，要意识到想真正赢得客户的信赖还有很长的一段路要走。现代汽车市场竞争越来越激烈，同一档次的汽车，其产品的性能、质量、价格几乎趋于一致，结果导致市场竞争焦点都在向产品的售后服务方面转移。因此，企业售后服务工作的好坏，直接影响到其产品的市场占有率。

一、汽车商品售后服务概述

1. 汽车商品售后服务的概念及其重要性

汽车是一种高价值的产品,同时也是商品,它的使用寿命一般为 10 年左右甚至更长的时间。为了保证汽车在如此长的一段时间内的可用性,汽车出售到客户手中后,厂家要围绕客户开展一系列的售后服务活动。因此,汽车售后服务的定义可以描述为"在汽车售出后,为满足顾客的需要,向其提供服务活动的过程和结果"。

汽车的售后服务是与汽车这一特定产品相关的各个实体相互协作、相互作用的过程与结果。售后服务活动参与者包括汽车的生产厂家、销售商、维修商、零配件供应商和客户。维修商通常是汽车售后服务最直接的提供者。销售商也常常配合当地的维修商提供售后服务。汽车生产厂家为其自有品牌汽车的售后服务制订相关标准(例如强制保险、更换零配件的价格等)。客户是汽车售后服务的接受者,他们是汽车售后服务最直接的参与者。零配件供应商是汽车售后服务的间接参与者,他们为汽车售后服务提供汽车零配件的支持。汽车售后服务参与者构成的价值链如图 5-3 所示。

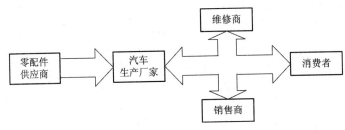

图 5-3　汽车售后服务的价值链

汽车商品售后服务泛指客户接车前后,由汽车销售部门为客户提供的所有技术性服务。它可能在售前进行,如车辆整修、产品介绍、购买咨询和试乘试驾等;也可能在售时进行,如车辆美容和按照客户要求即时进行附件安装和检修,以及根据企业的需要对客户进行培训、向客户发放技术资料等;但更多的是车辆售出后,一定期限内的质量保修、日常维护、维修、信息咨询、技术咨询、配件供应、保险、汽车召回以及汽车置换等服务工作。从时间长度上考虑,售前和售中服务时间相对较短,一般伴随着客户购买行为的结束而结束。而在客户购买汽车之后的 10 年甚至更长的汽车使用期内,汽车售后服务的质量对于维持客户对企业的信任更为重要。

近代营销理论已经普遍认为售后服务是营销策略不可分割的组成部分和做好销售工作的重要支撑。售后服务能够为客户提供实实在在的好处,能够真正地解决客户的后顾之忧。售后服务的范围应当扩大到能够为客户想到的一切与汽车相关的内容,通过服务,使客户用好汽车商品,把在实际生活中遇到的问题和信息及时反馈到原汽车企业,使汽车企业及时改进工作和产品的不足,增强市场竞争力,为企业创造更好的效益。

2. 汽车售后服务的作用

在汽车业界流行着这样一句话:"第一辆车是营销人员卖出去的,第二辆车是服务人员卖出去的。"这样的说法不无道理,统计数据显示,已经购买某个汽车服务商的汽车的客户,其再次购买这个服务商的汽车的比例可达 65%，而从竞争对手那里争取过来的客户只占 35%。65%和 35%这两个数字向我们表明了这样一条汽车行业的竞争法则：一家汽车企业如果要保住其市场份额，就必须要留住回头客。客户的忠诚对于一家汽车企业的生存和发展来说是至关重要的。

　　赢得客户的忠诚不仅能够保住一家汽车企业的市场份额，更重要的是，客户的忠诚能够给企业创造高额利润。美国哈佛商学院曾在 1990 年对在客户整个购买周期内服务于客户的成本和得到的收益进行了分析，并得出结论：对于每个行业来说，在早期为赢得客户要付出高成本使企业不能赢利，但在随后的几年，随着服务于老客户的成本的下降及老客户购买额的上升，这些客户关系给企业带来了巨大收益，回头客每增加 5%，利润就会根据行业的不同而增加 25%~35%。忠诚的客户是企业巨大的财富，原因就在于：忠诚的客户会经常性地重复购买其产品，会交叉购买相关产品或服务，会对竞争对手的促销活动产生免疫力，会积极向别人推荐自己使用的产品或享受的服务(如美国的一项研究结果显示，一个忠诚的客户通常会将愉快的消费经历告知至少 5 个人)。根据"80：20"法则，一般来说，企业 80%的利润是由 20%的忠诚客户创造的。因此，一直以来，保持较高的客户忠诚度成为汽车行业中每个企业追求的目标。

　　良好的汽车售后服务是维持客户忠诚度的重要手段。根据美国的一家咨询公司的调查，客户从一家企业转移到另一家，70%的人认为是服务质量的问题。随着科学技术的进步和市场竞争的加剧，各汽车企业的产品在价格和质量方面的差距越来越小，所以服务质量的高低已成为企业竞争优势的重要组成部分。面对客户个性化的服务要求，企业只有建立完善的客户服务系统，创建服务优势，让客户真正体验到"上帝"的感觉，才能留住客户，从而建立和保持客户对企业的忠诚。

　　另一方面，再好的产品也有可能会出现这样或那样的问题，这就要靠售后服务来弥补。概括地讲，汽车售后服务主要有以下四方面的作用：

　　(1) 争取客户，增强企业的竞争力。客户在购买产品时，总希望能给他们带来整体性的满足，不仅包括实物产品，而且还包括满意的服务。优质的售后服务可以继产品性能、质量、价格之后，增加客户对产品的好感，让客户觉得产品方便、安全，并对产品产生偏爱。这种好的感受又会影响更多的人，增加产品的口碑，从而提高企业的声誉，迎来更多的客户，增强企业的竞争力。同时，优质的售后服务还可以让客户体验到被重视、被尊重的感觉，给他们以心理上的优越感。所以售后服务也是协调客户心理平衡的重要过程，如果服务没有做好，不仅损失客户的金钱和时间，还影响客户的感情。

　　(2) 保证汽车功能的正常发挥。企业为客户提供及时、周到、可靠的服务，可以保证汽车商品的正常使用和可靠运行，最大限度地实现车辆的使用价值。

　　(3) 收集客户和市场的反馈信息，为汽车企业做出正确决策提供依据。售后服务网络的建设，不仅可以使企业掌握客户的信息资料，还可以广泛收集客户的意见和市场需求信息，为汽车企业经营决策提供依据，使企业能按照客户意见和市场需求的变化制订和改变策略，从而提高决策的科学性，减少企业的风险。

　　(4) 售后服务也是企业增加收入的一条途径。除在一定的保证期限内为客户提供的免费的服务外，其它有关的服务以及为客户提供大量的零配件和总成件，也可以增加企业的收入。在整个汽车产业链中，汽车商品主要的获利并不是来自整车销售，而是来自售后服务。根据专家分析，企业出售整车只赚了客户 20% 的钱，还有 80% 的钱潜藏在以后的售后服务中。

无论对于企业还是对于客户，售后服务都是很重要的。汽车企业也大都认识到，汽车的卖出并不是销售工作的结束，而是占领市场的开始。

汽车商品的售后服务，是当今汽车市场激烈竞争的一个重要方面，是继产品设计、制造生产、质量管理之后不可缺少的重要环节，是工厂产品的完善和补充，是企业质量保证体系在企业外部的延伸，是沟通企业与客户之间的"桥梁"，是塑造企业形象最有效的途径，更是企业保持原有市场和开拓新市场的重要策略。

3. 售后服务的内容

发达国家主要通过两种手段来管理汽车服务行业：一种手段是制订出行业性质的管理规范，该规范详细说明汽车售后服务的内容，其内容涉及如何建立行业服务标准，确定汽车质量检测的检测项目、技术指标以及采用何种检测手段，如何评价服务质量等。另一种手段是成立行业协会，通过行业自律来提高汽车服务行业的服务水平。

尽管我国的汽车服务行业起步较晚，但随着我国汽车售后服务市场的逐步壮大，我国汽车售后服务管理规范已经制订并且正在逐步实施。目前，我国第一个汽车售后服务管理规范——《汽车售后服务规范》已经于 2002 年 9 月 26 日在深圳开始实施。《规范》对汽车售后服务的基本原则、基本内容和基本要求作了具体规定。由于汽车服务售前售后的内容关系密切，《规范》中还纳入了销售过程中的操作细节。

深圳市《汽车售后服务规范》中规定了汽车售后服务的基本原则：

(1) 由供方(汽车服务商)对所提供的乘用车实施质量担保。

(2) 供方应当明确拥有负责售后服务的组织。

(3) 供方应当具备售后服务要求的条件，并符合 GB/T 16739.1—2 中的有关规定：应当有足够的后勤保障，包括场地、工具、备用品和配件的供应；应当具备提供维修、保养服务的技术手段、组织和人员；应当及时掌握产品使用情况，特别是新产品的故障和缺陷，并建立产品质量的反馈系统，以监控产品在其使用期内的质量特性。

(4) 供方应当根据需要对乘用车建立完整的售后服务档案。

《汽车售后服务规范》还规定了汽车售后服务的内容：

(1) 供方在出售乘用车时，应当向顾客出具购车发票，提供产品合格证(进口汽车应有海关证明材料)，以及客户手册、维修保养手册、使用说明书、产品售后服务的网络分布通讯册等。代理上牌时，应提供行驶证，附加税、车船使用税等税费缴讫证明及保险单据等。

(2) 供方提供咨询和现场服务(包括咨询、技术、故障救援等)。

(3) 供方向顾客提供技术培训，进行售前验车。供方应根据顾客的需要或双方的协议对顾客及有关人员进行技术培训，使顾客了解产品的性能和结构特点，并能正常使用和操作。最后由顾客签字确认。

(4) 供方向顾客提供汽车的保养服务，并将相关的书面文件交给顾客。

(5) 供方根据汽车特点和使用的要求，向顾客提供维修服务。

(6) 供方向顾客提供产品的质量保证。质量担保期应符合生产厂家的有关规定。

(7) 供方向顾客及时提供零配件的供应服务。

(8) 供方应对产品建立信息反馈系统，对产品在使用中的质量问题及时进行处理，并告知顾客有关保修或索赔条例。

(9) 供方应对顾客的汽车建立服务档案，提供终身服务。

(10) 当产品出现质量事故时，供方有责任进行事故鉴定并协调处理。

(11) 供方应接受售后服务质量的投诉和纠纷处理。

二、客户管理

1. 客户的分类

为了提高服务质量和服务效率，企业应该将客户分类管理。一般来说，可以将客户分为两大类(如图 5-4 所示)：一类是内部客户，即企业的全体员工，本文对这类客户不作详细的讨论；一类是外部客户，即企业产品和服务的客户。外部客户又可以分为四类：潜在客户、预期客户、现实客户和流失客户，其中现实客户又可以分为初次购买者、重复购买者和忠诚客户三类。

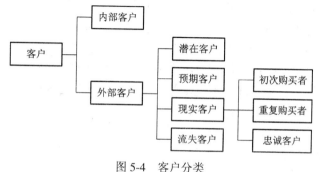

图 5-4　客户分类

(1) 潜在客户。潜在客户是指对某一产品或服务有需求和欲望并有购买动机和购买能力，可能购买某企业或其竞争对手的产品或服务的人。

(2) 预期客户。预期客户是企业经过初期调查判断后确定的最有可能购买自己的产品或服务的客户，即有效的潜在客户。

(3) 现实客户。客户对某企业的产品和服务进行了第一次尝试性购买后就成为该企业的现实客户。研究表明，16 个潜在客户中可能有一位成交，而两个现实客户中就可能有一个成交。所以现实客户是企业利润的主要来源，企业应将重点放在现实客户身上，为其建立资料库，注重与这些客户建立关系，为他们创造价值，这样就有可能将他们培养成重复购买者和忠诚客户；反之，如果企业对现实客户关注不够，就可能使一部分现实客户变成流失客户。

(4) 流失客户。流失客户是指曾经是企业的现实客户，由于不满企业的产品或服务，现在不再购买企业的产品或服务而流向竞争对手的客户。

2. 对各类客户的管理

(1) 对潜在客户的管理。企业的销售工作必须从掌握潜在客户开始，关注和掌握潜在客户信息是企业营销人员的主要工作之一。营销人员应根据本企业产品或服务性质，考虑不同性别、年龄、职业、受教育程度、地区和民族的人们的需求和购买能力，将那些不可能购买本企业产品或服务的人群过滤掉，要花大精力分类编制潜在客户名册，如亲友名册、个人名册、团体名册、有实力人物名册、利用定期出版物编制的名册、流失客户名册、竞争对手的现实客户名册、协作单位名册等。

(2) 对预期客户的管理。企业需要参考现实客户的习性和需求，制订出一个判断标准，以便在掌握潜在客户的资料后，从中筛选出预期客户。确定预期客户的工作应由部门经理负责，部门经理必须重视营销人员的意见，与他们共同研究。经过企业初期核查判断后登记在册的客户，就成为企业的预期客户。

在选择预期客户时，应避免单凭主观感觉去做判断，有必要与客户进行交流。要积极通过信函、问卷、走访等方式向这些客户宣传本企业的产品和服务，并进一步了解他们的需求。

对预期客户管理的目的就是尽可能地将他们变成现实客户。部门经理要对预期客户高度重视，掌握他们的需求，了解他们的心理，制订出合适的推销策略。有了预期客户的资料，就可以有目标地进行访问，针对不同类型人群的特点来开展推销工作。初次购买是一个关键性的阶段，要抱着与客户建立终身关系的目的照顾好第一次交易，让产品和服务符合或超过初次购买者的期望。

(3) 对现实客户的管理。对现实客户的管理首先要建立客户档案，进行跟踪服务。建立客户档案直接关系到售后服务的正确组织和实施。客户的档案管理是对客户的有关材料以及其它技术资料加以收集整理、鉴定、保管并对变动情况进行记录的一项专门工作。

档案管理必须做到以下几点：

① 档案内容必须完整、准确。

② 档案内容的变动必须及时。

③ 档案的查阅、改动必须遵循有关规章制度。

④ 要确保某些档案及资料的保密性。

客户档案的主要内容为客户名称、地址、邮政编码、联系电话、法定代表人姓名、注册资金、生产经营范围、经营状况、信用状况、与销售方建立关系年月、往来银行、历年交易记录、联系记录等。

对现实客户的管理还要注意保持与客户的联络，维持客户关系。建立客户档案的目的在于及时与客户联系，了解客户的要求，并对客户的要求作出答复。应经常查阅一下最近的客户档案，了解客户汽车和配件的使用情况以及存在的问题。与客户进行联络应做好以下几项工作：

① 了解客户的要求。应了解客户的汽车及配件有什么问题，或者客户需要什么。

② 专心听取客户的要求并作出答复。

③ 多提问题，确保完全理解客户的要求。

④ 总结客户要求。完全理解客户的要求以后，还要归纳一下客户的要求。可以填写"汽车客户满意度调查表"等。

(4) 对流失客户的管理。对企业来说，流失一位重复购买者，要比失去一位新客户带来的损失更大。客户的流失像一把双刃剑，不仅使企业失去了这些客户，损失了利润，同时还损失了与新客户交易的机会。因为，一个不满意的客户可能会把他的不满告诉其它至少8~10人。

　　所以，流失客户应该列入预期客户名册。研究报告显示，向流失客户销售，每四个中可能有一个成功，因此不能忽略对这部分客户的管理。积极与他们联系不仅可以让他们感受到企业对他们的关心，给他们反映问题的机会，缓解他们的不满，阻止他们散布对企业的负面评价，还可以了解问题出在哪里，以便及时改进，防止其它客户继续流失。

第六章　汽车营销延伸服务

　　当前，汽车市场竞争日趋激烈，为了确保竞争优势地位，需要高度关注顾客满意度，培养顾问式销售人员，形成一些"忠诚客户"。汽车销售的微利化，提醒经销商需要寻找新的利润增长点。而提供汽车营销延伸服务，不失为一种行之有效的措施。

　　汽车营销的延伸服务是指经销商根据客户需求开展的各种除销售业务以外的服务项目，它包括：汽车购买手续代理服务、汽车消费信贷服务、汽车保险代理服务、汽车租赁、汽车美容与装饰、汽车俱乐部等。下面将重点介绍汽车购买手续代理服务、汽车消费信贷服务及汽车保险代理服务。

第一节　汽车相关手续的代理服务

一、车辆购置税的缴纳

1. 车辆购置税的含义

　　车辆购置税是对在境内购置规定车辆的单位和个人征收的一种税，它由车辆购置附加费演变而来。现行车辆购置税法的基本规范，是从 2001 年 1 月 1 日起实施的《中华人民共和国车辆购置税暂行条例》。车辆购置税的纳税人为购置(包括购买、进口、自产、受赠、获奖或以其它方式取得并自用)应税车辆的单位和个人，征税范围为汽车、摩托车、电车、挂车、农用运输车，税率为 10%，应纳税额的计算公式为：

$$应纳税额 = 计税价格 \times 税率$$

2. 车辆购置税征收的标准

　　(1) 国产车辆按售价的 10% 征收。

　　按新规定，车辆购置税的计算公式为：应纳税额＝计税价格×税率。如果消费者买的是国产私车，计税价格为支付给经销商的全部价款和价外费用，不包括增值税税款(税率 17%)，即车辆购置税计税价格 = 发票价 ÷ 1.17，然后再按 10% 的税率计征车辆购置税。

　　以购买 10 万元的国产车为例，要缴纳的车辆购置税为 $100\ 000 \div 1.17 \times 10\% = 8547$ 元。

　　(2) 进口车辆，以车辆到岸价加海关相关费用的组合价的 10% 征收。

　　(3) 国家交通部、财政部如有新规定，按新规定收费。

3. 车辆购置税的缴纳

　　车主购买新车后，需到车辆购置税征稽所交纳车辆购置税(国产车购置税为除去增值税部分的车价的 10%，进口车购置税为进口环节各项费用组成的计税价格的 10%)。具体手续为：

(1) 出示购车发票原件(经工商行政管理机关盖章)并提交复印件两份。

(2) 出示车辆合格证(进口车持货物进口证明书和商检证明)并提交复印件一份。

(3) 出示本人身份证明(单位车辆需出示企业代码证正本、公章、代理人身份证)，并提交复印件一份。

(4) 个人购车用现金或者现金支票(现金支票只有到银行兑现后，才能使用)，公司购车用支票缴费时必须保证银行账户存款足够。如因存款不足、印鉴不符等原因造成银行退票时，车主需在接到电话通知的当天，到征稽所更换支票。否则，从应交费之日起，按日加收应交费用千分之三的滞纳金。

(5) 车主领取车辆号牌后，需持行驶证和车购费凭证返回征稽所办理建档手续，征稽所工作人员负责填写凭证的"车辆号牌"栏，并加盖"已建档"戳记。车主用现金缴费可随时建档，用支票缴费，则在五日后才能建档。

(6) 车辆购置税的收据上一般都注明：车主、牌号、进口(国产)车计费、滞纳金、附加税证号等。缴费后发给车主车购费凭证，车主需注意正、副联内容填写是否一致，证上加盖车辆落籍地车购费征收专用章，否则无效。

二、新购汽车号牌的代理

客户购买新车，经过新车初检，缴纳车辆购置税以及车辆保险后，可在公安机关车辆管理部门办理登记注册，领取车号牌。新车领取车号牌后，方能在路上正常行驶。

1. 机动车行驶证

车主在领取正式机动车号牌时，管理机关会同时发给车主一个编号与号牌号码相同的行驶证，它记载着机动车的基本状况，确认了车主对车辆的所有权，同时也是机动车主获得上路行驶资格的书面凭证。

通过行驶证，可以了解车辆的归属和技术状况，有助于车管部门充分掌握车辆的分布状况，加强车辆管理，保障交通安全，减少交通事故。所以，驾驶员在出车时，必须随车携带行驶证，以便公安车管部门审查和管理。

根据《中华人民共和国机动车行驶证证件》GA 37—92 标准的规定，行驶证由证夹、主页、副页三部分组成。证夹外皮为蓝色人造革，正面烫金压字"中华人民共和国机动车行驶证"，主页为聚酯薄膜密封单页卡片，副页为单页卡片。行驶证中的文字、数字使用简化汉字及阿拉伯数字，字体为宋体、仿宋体或楷体。主副页的尺寸为长 88 mm，宽 60 mm(塑封后为长 95 mm，宽 66 mm)。

行驶证分正式行驶证和临时行驶证两种。

2. 机动车号牌的申领

1) 临时号牌的申领

由于种种原因，有时机动车需要持临时号牌行车，根据规定，凡符合以下条件之一者，可申领临时号牌：

(1) 从车辆购买地驶回车主住地，须向购买地车辆管理部门申领临时号牌(或由车辆销售部门代领)。

(2) 已交还正式号牌的转籍车辆，须在当地车辆管理部门申领临时号牌，以便车辆驶向转籍地。

(3) 在车主所在地尚未申领正式号牌，又需驶向外地改装的车辆，需在本地申领临时号牌驶向改装地。待改装完毕，再在改装地申领临时号牌驶回原地。

申领临时号牌时需办理以下手续：

(1) 申领人需提供车主姓名或单位名称、身份证号码或者企业代码证号码、合格证复印件、发票复印件、交强险复印件及号码。

(2) 车辆经技术检验合格后，按临时号牌编号顺序发牌，并规定有效时间及准行区。

(3) 持临时号牌的车辆，不发给行驶证。

2) 正式号牌的申领

车主申领正式号牌需按照以下程序进行：

(1) 凭有关凭证到当地车管部门领取"机动车登记申请表"，填写有关内容，并加盖公章。

(2) 接受机动车安全技术检验(免检车型除外)，并将检验结果记入"机动车登记申请表"，作为核发号牌的重要依据之一。

(3) 经车管部门审核后，若手续完备，发给相应的号牌和行驶证。

在申领号牌时，需提交的证件有：

(1) 身份证明。个人购车提交居民身份证或户口簿。

(2) 车辆来源合法证明。购置国产车的，应有生产合格证，并且是国家规定的汽车和民用改装车生产企业及产品目录中的产品；个人从国外进口的车辆，提交海关放行证明。

(3) 车辆购置税缴讫证明和机动车第三者责任保险单等。

3) 领取新车号牌

领取号牌必备的文件：① 初检合格、签章齐全的"机动车登记表"；② 购车原始发票及发票复印件、汽车产品合格证；③ 车辆购置税缴纳凭证；④ 单位车辆需持企业代码证书，个人车辆须有车辆交强险保单及号码、身份证，合资企业需持营业执照；⑤ 进口汽车须有进口许可证、海关和商检局的相关证明以及国家规定的有关文件。

4) 领取号牌程序

(1) 提前做好准备工作，有条件时，可将需要的文件复印备用。

(2) 持前述文件送交审核。

(3) 缴费领取号牌；一次办理多部车辆时，须注意不要装错号牌。

(4) 对已上好号牌的车辆照相；同时办理养路费缴纳手续。

(5) 持照片三张及养路费缴纳凭证，办理领取车辆行驶证。

5) 机动车新车上牌手续

(1) 打印"机动车注册登记申请表"，公车需单位盖章，私车需车主签名。

(2) 机动车购车统一发票，第二、四联上须有销售单位公章及工商行政部门验证章(二、三轮摩托车、专用机械车除外)。

(3) 国产车需带车辆合格证，进口轿车需带《货物进口证明书》或《中华人民共和国海关监管车辆进境领取号牌通知书》，没收的走私、非法拼(组)装汽车还需带《罚没走私车摩托车证明书》。

(4) 三资企业、私营企业报废更新的客车须带工商营业执照原件和复印件。

(5) 拍印发动机及车架钢印号两份，分别粘贴在"机动车登记表"、"被盗机动车查询表"正面，背面粘贴经办人员身份证复印件。

(6) 公车需带车主单位企业代码，私车需带车主身份证、户口簿，境外人员需带暂住证、居住证、台胞证或领馆证等。

(7) 机动车保险凭证(其中交强险必须投保)。

(8) 车辆购置税完税证明或免税证明。

(9) 养路费、车船税完税证明。

办妥上述手续后到公安车辆管理部门的有关考验场领取行驶证和号牌。

三、车辆变更手续

车辆变更，是指已经注册登记的机动车，车辆发动机、发动机号码、车架(底盘)、车辆识别号(车架号码)等在使用过程中，因某种原因，需对车辆做些改动时，车主必须经公安机关车辆管理机构批准，按规定办理车辆变更手续。汽车变更时，车主须在一个月内，到车辆管理所办理车辆变更手续。

1. 须办理变更登记的机动车

有下列情形之一的机动车须办理变更登记手续：

(1) 改变机动车车身颜色的；

(2) 更换发动机的；

(3) 更换车身或者车架的；

(4) 因质量有问题，制造厂更换整车的；

(5) 营运机动车改为非营运机动车或者非营运机动车改为营运机动车的；

(6) 机动车所有人的住所迁出或者迁入原公安机关交通管理部门管辖区域的。

2. 办理变更手续

(1) 执行先报批后改变的原则。

(2) 提供机动车所有人的身份证明：私车须提供机动车所有人的《居民身份证》或《居民户口簿》及其复印件(按原车主登记时的身份证件予以提供)；公车须提供企事业单位《组织机构代码证书》及其复印件和车主单位介绍信，到所在地车辆管理所领取"机动车变更登记申请表"。

(3) 填写"机动车变更登记申请表"(拓印发动机号和车架号，并按表格背面的"填表说明"进行填写、盖章、签字)，提供《机动车登记证书》、《机动车行驶证》和机动车的两张标准照片。

(4) 提供机动车主管部门或主管单位批准变更的文件及其复印件。行政事业机关凭上级主管部门出具的变更机构名称的正式批文；企业凭工商部门变更企业名称的规范文件。

(5) 委托代理人办理的，还应提交代理人的《居民身份证》或《居民户口簿》及其复印件；暂住人员，还须提供有效期一年以上的《暂住证》及其复印件。

(6) 需改变原车型设计性能、用途和结构的车辆，须先报批后改装。改装后的车辆，经车管所检查合格后，方可办理车辆变更手续。

四、机动车转移登记手续

1. 机动车的转移

已注册登记的机动车发生的所有权转移，称之为机动车转移。申请机动车转移登记，当事人应当向登记该机动车的公安机关交通管理部门交验机动车，并提交以下资料：

① 当事人的身份证明；

② 机动车所有权转移的证明；

③ 机动车登记证书；

④ 机动车行驶证。

2. 机动车辆转移登记手续

机动车所有权转移后的现机动车所有人自机动车交付之日起 30 日内到公安交通管理部门车辆管理所申请办理转移登记。办理转移登记的具体手续如下：

(1) 填写"机动车转移登记申请表"；

(2) 提交现机动车所有人的身份证明；

(3) 提交机动车所有权转移的证明；

(4) 提交《机动车登记证书》；

(5) 提交《机动车行驶证》；

(6) 交验机动车；

(7) 超过检验有效期的机动车应当进行安全技术检验，取得检验合格证明。

3. 不能办理转移登记的机动车

根据《机动车登记规定》，有下列情形之一的不予办理转移登记：

(1) 达到强制报废年限的车辆；

(2) 机动车的实际情况与该车的档案记载内容不一致的；

(3) 机动车未被海关解除监管的；

(4) 机动车在抵押期间的；

(5) 机动车或者机动车档案被人民法院、人民检察院等行政执法部门依法查封或扣押的；

(6) 机动车涉及未处理完毕的道路交通安全违法行为或者交通事故的。

第二节　汽车消费信贷服务

一、消费信贷概述

消费信贷是由金融机构向消费用户提供资金，用以满足消费需求的一种信贷方式。消费信贷的贷款者是个人或具有法人资格的企事业单位，贷款用途是用于消费，目的是提高消费用户即期消费水平，合理安排消费用户终生消费水平。

汽车消费贷款是发放给贷款人用来购买汽车的人民币担保贷款；是银行或汽车财务公司对购买者一次性支付车款所需的资金提供担保贷款，并联合保险、公证机构为购车者提供保险和公证。贷款的个人要具有稳定的职业和经济收入或易于变现的资产，足以按期偿还贷款本息；贷款的法人和其它经济组织要具有偿还贷款的能力。一般，法人借款期限最长不超过三年，自然人最长不超过五年。如果消费用户所购车辆是用于出租营运、汽车租赁、客货运输等经营用途的，借款期限最长不超过两年。

汽车市场的需求是汽车消费信贷的前提，反之，汽车消费信贷的增长又极大地把汽车消费用户的潜在需求转化为现实需求。有人称汽车消费信贷为汽车产业发展的催化剂，其多样灵活的金融产品和便捷的服务手段有利于汽车市场的不断开拓。同时，它更能给汽车金融服务业带来丰厚的利润。有资料表明，2000 年通用汽车金融服务公司的利润占通用汽车公司总利润的 36%，福特汽车金融服务的收入也大致占到整个福特汽车公司收入的 20%以上。因此，汽车消费信贷不管对汽车制造商还是对金融服务商均是一块十分诱人的"大奶酪"。对汽车制造商而言，汽车消费信贷最大的效能是开拓汽车销售市场，对汽车金融服务商而言，汽车消费信贷最大的效能是获取利润。

在汽车服务贸易领域中，汽车消费信贷占有突出的地位。汽车产业是个金矿，金融产业当然也是个金矿，汽车金融服务正是把两个金矿加在一起的"黄金组合"。

对购车者来说，需求欲望产生以后是否能够变成现实的购买力，最重要的条件之一就是存不存在支付能力。对于汽车这种价格相对较高的耐用消费品来说，"汽车消费信贷"正是购车者最期盼的服务项目。数据显示，全球有 70%的私人用车都是通过贷款销售的，美国更是高达 80%。目前，全球一年的汽车金融服务融资金额达到 1 万亿美元，且以每年 3%～4%的速度在增长。

同时，汽车消费信贷是汽车企业重要的"战略后勤"。汽车生产企业的生命力在于生产的实物产品能够得到消费用户的认同，并在较短的时间内实现销售，回笼资金。这一过程通常称之为企业的市场营销活动。在企业战略中，它属于企业营销战略的实施范畴，如果我们把这一过程称为"战略主体"的话，那么，与实现企业营销战略相关的一系列重要服务活动可以称为"战略后勤"。随着经济全球化进程的加快、人们消费水平的迅速提高以及市场竞争的日益加剧，人们对企业的要求越来越苛刻，已不仅仅满足于价廉物美的产品，还要求提供良好的服务。企业市场营销已扩展到服务营销领域，企业营销活动的成败不单纯依靠销售能力，在很大程度上还取决于"战略后勤"的制度保障。汽车消费信贷在汽车企业的"战略后勤"中恰恰扮演着十分重要的角色。

二、消费信贷方式与信贷程序

1. 汽车信贷方式

在我国，汽车金融服务集中体现在汽车消费信贷上。目前，国内汽车消费信贷主要存在三种形式：制造商贷款、经销商贷款和"经销商-银行-保险"三方贷款。

1）制造商贷款

我国的汽车制造商还没有或刚刚建立自己的融资体系，已建立的虽然还很不完善，但他们自己的财务公司已经开始为自己的品牌汽车量身定做金融服务产品，提供消费贷款，以满足广大消费用户的需要。

2）经销商贷款

为了促进销售，经销商有时也为消费用户提供贷款，但经销商提供贷款需要较大的财力和具备较强的风险承受能力，另外汽车生产企业需要大量垫付。

3）"经销商-银行-保险"三方贷款

这种模式将经销商、银行和保险公司三方联系到一起，共同承担贷款风险，极大地降低了风险系数，并且简化了贷款申请和批准程序。

由于中国目前还缺乏个人信贷记录系统，而且在获得贷款过程中存在官僚主义、银企职责难分、法制不健全等现象，造成了汽车贷款的风险较高，使中国的汽车金融服务离期望的目标还很遥远。

2. 汽车信贷程序

如果客户想以贷款形式购买汽车，首先要确认所购汽车的经销商是不是银行指定的特约经销商，否则，无法申请汽车消费贷款。客户申请汽车消费贷款的程序具体是：

(1) 到经销商处选定拟购汽车，与经销商签订购车合同或协议。

(2) 到银行信贷部门提出申请，并填写"汽车消费贷款申请表"。同时还需要向银行信贷部门提供相关的资料原件和复印件。

自然人需要提供的资料原件和复印件有：

① 有效身份证件。如居民身份证、户口簿，已婚者还应提供结婚证、配偶的居民身份证、户口簿。未婚者需提供单身证明。

② 收入证明，房产证原件以及家庭基本情况。

③ 贷款银行储蓄专柜开出的购车首期存款证明(存折)；消费用户与银行的特约经销商所签订的购车合同或协议。

注：车子的发票原件、交强险的保单原件、机动车登记本等应交给银行作抵押。

法人需要提供的资料原件及复印件有：

① 企业法人营业执照或事业法人执照；

② 法人代表证明文件；

③ 人民银行颁布的《贷款证》；

④ 经会计(审计)事务所审计的上一年度的财务报告及上一个月的资产负债表、损益表和现金流量表；

⑤ 贷款人规定的其它条件。

借款人应当对所提供材料的真实性和合法性负完全责任。

(3) 银行在受理贷款申请后，对借款人和保证人的资信情况进行调查，对不符合贷款条件的，银行在贷款申请受理后7个工作日内告知借款人；对符合贷款条件的，银行提出贷款额度、期限、利率等具体意见，及时通知借款人办理贷款手续，签订《汽车消费借款合同》。

(4) 借款人在贷款行指定的保险公司预办抵押物保险，并在保险中明确第一受益人为贷款银行，保险期限不得短于贷款期限。

(5) 贷款银行向经销商出具《汽车消费贷款通知书》及收款凭证后，协助借款人到相关部门办理缴费及领取用车等手续，并将购车发票、各种缴费证原件及行驶证复印件直接移交给贷款银行。

在办理完上述手续之后，客户就可以从经销商处提车了。

第三节　汽车保险代理服务

一、车辆保险概述

汽车保险在财产保险领域中属于一个相对年轻的险种，这是由于汽车保险是伴随着汽车的出现和普及而产生和发展的。世界上最早签发的机动车保险单是 1895 年由英国保险公司签发的保费为 10～100 英镑的汽车第三者责任保险单。

汽车保险(我国称为机动车保险)是指以机动车或机动车驾驶员因驾驶机动车肇事所负的责任为保险标的的保险。

在保险实务上因标的及内容不同而予以不同的名称。根据《机动车辆保险条款》规定：机动车辆保险所承保的车辆是指汽车、电车、蓄电池车、摩托车、拖拉机、各种专用机械车和特种车。

二、车辆保险具体内容

1. 汽车保险的分类

汽车保险分为基本险，包括车辆损失险和第三者责任险，以及加在两大主要险种上的若干附加保险。保险公司按照投保人所购买的保险险种分别承担保险责任，现分述如下。

1) 车辆损失险

车辆损失险也是财产保险的一种，一般是不定值保险。《机动车辆保险条款》对车辆损失险的定义为：保险车辆遭受责任范围内的自然灾害或意外事故，造成保险车辆本身损失，保险人依照保险合同的规定给予赔偿。

汽车车辆损失保险又称为汽车损失险，简称为车损险。它是汽车保险中最基本的险种，是汽车保险单主要承保内容之一。车辆损失险的保险收入，仍然是汽车保险业务经营最大的收入来源，车辆损失险经营的好坏，不仅决定汽车保险经营的盈亏，同时更是整个财产保险经营的关键。

车辆损失险是承保车辆因发生意外事故所毁损灭、失予以的赔偿。由于车辆保险涉及的意外事故颇多，各国为扩大对被保险人的保障，一般以综合保险单承担车辆保险。此外，针对一些发生频率较高的危险事故，在保单中特别将该危险事故单独列出而为独立险种，如美国、日本等国的车辆损失险承保险种，包括汽车综合损失险及汽车碰撞损失险。我国由于机动车盗抢日益严重，汽车保险现已将机动车盗抢作为车损险的附加险单列。

这里所提到的保险责任范围包括车辆行驶过程中发生碰撞、倾覆、火灾、爆炸、外界物体的倒塌、空中运行物体的坠落、行驶中平行坠落、雷击、暴风、龙卷风、暴雨、洪水等原因造成的车辆损失。由于自然磨损、朽蚀、地震、战争、暴乱、扣押、竞赛、测试、进厂修理、饮酒、吸毒、无证驾驶所造成的损失，保险公司概不赔偿。另外，不同车种收费标准不同，国产车与进口车基本保费也不同。下面举例说明国产车和进口车基本保费的计算方法。

例1　桑塔纳普通型国产非营运车以 13 万作为保额，其基本保费的计算公式为

保险金额 × 保险费率 + 基本保费 = 车辆损失险保险费

$$130\,000 \times 1.2\% + 240 = 1800(元)$$

故桑塔纳非营运车损失保险费为 1800 元。

例2　进口 36 座大型客车如果是营业用途，以 80 万元作为保额，按上述公式，则其基本保费的计算方法为

$$800\,000 \times 1.6\% + 1400 = 14\,200(元)$$

车辆损失险按以下规定赔偿：

(1) 全部损失。保险金额高于实际价值时，以出险当时的实际价值计算赔偿；保险金额等于或低于实际价值时，按保险金额计算赔偿。

(2) 部分损失。以新车购置价确定保险金额的车辆，按实际修理及必要、合理的施救费用计算赔偿；保险金额低于新车购置价的车辆，按保险金额与新车购置价的比例计算赔偿修理及施救费用。

保险车辆损失赔偿及施救费用都以不超过保险金额为限，当保险车辆部分损失一次赔款金额与免赔金额之和等于保险金额时，车辆损失险的保险责任即行终止。

2) 第三者责任保险

(1) 第三者责任险的含义。

在第三者责任保险的保险合同中，有三方的关系人：保险人即保险公司是第一方，也叫第一者；被保险人或致害人是第二方，也叫第二者；遭受人身伤害或财产损失的受害人是第三方，也叫第三者。第三者责任险是指被保险人允许的合格驾驶员在使用保险车辆过程中发生意外事故，致使第三者遭受人身伤害或财产损失，依法应当由被保险人支付的赔偿金额，保险人依照保险合同的规定予以赔偿。也就是说，第三者责任是被保险人对他人因保险车辆使用过程中发生意外事故而导致的民事赔偿责任。

投保人(被保险人)在购买了第三者责任保险后，一旦发生了保险责任规定范围内的事故致使第三者遭受损失，保险公司应予以赔偿。

(2) 第三者责任险的类别。

汽车第三者责任保险分为第三者责任强制保险(法定)和第三者责任保险(商业)。

机动车第三者责任强制保险，是指由保险公司对被保险机动车发生道路交通事故造成受害人的人身伤亡、财产损失进行赔偿的责任保险。由国家保监会制订并颁发，在我国属于法定保险，在中华人民共和国境内道路上行驶的机动车的所有人、管理人，应当依照《中华人民共和国道路交通安全法》的规定投保机动车第三者责任强制保险。

第三者责任保险由各保险公司依据《中华人民共和国保险法》制订，具体保险条例各保险公司不尽相同，属商业行为。

(3) 第三者责任险的险种及保额、保费。

第三者责任险由于同样是机动车保险中最基本的险种，因此在条款中规定的也比较详细，不同的车种收费标准不同，营业与非营业车辆，收费标准也不同。这是因为营业车辆由于在路面行驶里程多于非营业车辆，可能发生的风险也高于后者，因此在收取第三者责任险保费时，营业用车辆要高于非营业用车辆。表 6-1 给出了机动车交通事故责任强制保险及基础费率，表 6-2 为某保险公司第三者责任险基础费率表。

表6-1　机动车交通事故责任强制保险及基础费率表　　（人民币元）

家庭自用汽车	6座以下	6座以上	—	—	—
	1050	1100			
非营业客车	6座以下	6～10座	10～20座	20座以上	—
企业	1000	1190	1300	1580	
党政机关、事业团体	950	1070	1140	1320	
营业客车	6座以下	6～10座	10～20座	20～36座	36座以上
出租、租赁	1800	2360	2580	3730	3880
城市公交	—	2250	2520	3270	4250
公路客运	—	2350	2620	3420	4690
非营业货车	2吨以下	2～5吨	5～10吨	10吨以上	4690
	1200	1630	1750	2220	—
营业货车	2吨以下	2～5吨	5～10吨	10吨以上	
	1850	3070	3450	4480	
特种车	特种车型一	特种车型二	特种车型三	特种车型四	
	6040	2430	1320	5660	
摩托车	50CC及以下	50～250CC(含)	250CC以上及侧三轮	—	
	120	180	400	—	
拖拉机	农用型拖拉机 14.7 kW及以下	农用型拖拉机 14.7 kW以上	运输型拖拉机 14.7 kW及以下	运输型拖拉机 14.7 kW以上	
	待定	待定	待定	待定	—

注：1. 座位和吨位的分类都按照"含起点不含终点"的原则来解释。

　　2. 特种车一：油罐车、汽罐车、液罐车、冷藏车；

　　　　特种车二：用于牵引、清障、清扫、清洁、起重、装卸、升降、搅拌、挖掘、推土等的各种专用机动车；

　　　　特种车三：装有固定专用仪器设备从事专业工作的监测、消防、医疗、电视转播等的各种专用机动车；

　　　　特种车四：集装箱拖头。

　　3. 挂车根据实际的使用性质并按照对应吨位货车的50%计算。

表6-2　某保险公司第三者责任险基础费率表　　（人民币元）

第三者责任险									
非 营 业					营 业				
限额5万元	限额10万元	限额20万元	限额50万元	限额100万元	限额5万元	限额10万元	限额20万元	限额50万元	限额100万元
800	1040	1250	1500	1650	1200	1560	1870	2240	2460

投保人在投保第三者责任险前，要根据自身车辆的具体情况，进行风险评估。目前，我国机动车辆第三者责任险的每次事故最高赔偿限额从 5～100 万元不等，赔偿限额越高，保费也越高。投保人可以根据实际需求和保费支付能力选择赔偿限额。一般来讲，不同车种可投保不同赔偿限额。微型车可选择限额 5 万元或 10 万元；小型轿车可选择 10 万元或 20 万元；中型货车和 20 座左右客车可选择 20 万元或 50 万元或更高限额。总之，在购买第三者责任险时，应体现高风险高保额，低风险低保额这一购买原则。

(4) 第三者责任强制险与第三者责任险的区别。

首先，两者的性质不同。第三者责任保险是投保人和保险人通过自愿的方式，在平等互利、协商一致的基础上，签订保险合同来实现的一种保险，具有自愿性。第三者责任强制保险具有法律上的强制性，这种强制性具体体现在两方面：机动车辆必须参加该保险；保险公司必须承保该保险。

其次，两者的目的不同。保险公司开展第三者责任保险业务是以盈利为目的；而第三者责任强制保险则不以盈利为目的，具有公益性，主要是国家为了弥补交通事故中第三者遭受的损失，保护受害人的权益而设立的，因此只是在总体上做到保本微利。

第三，两者归责的原则不同。《中华人民共和国保险法》第五十条第二款规定："责任保险是指以被保险人对第三者依法应负的赔偿责任为保险标的的保险。"因此，在第三者责任保险中，保险公司承担保险责任必须满足一个前提条件，即机动车对第三者应当依法承担经济赔偿责任。如果机动车对第三者在法律上不负有经济赔偿责任，那么保险公司也就不需要对被保险人承担保险赔偿责任。而《道路交通安全法》第七十六条规定："无论受损害的第三者对交通事故是否有责任，都应该由保险公司在机动车第三者责任保险限额内赔偿第三者的损失。"可见保险公司的赔偿具有强制性。无论被保险的机动车在法律上是否应当对第三者承担赔偿责任，保险公司都必须在保险责任限额范围内承担赔偿责任，除非是由于受害人的故意造成的事故。

第四，两者赔偿的途径不同。第三者责任保险中受损害的第三者只能向责任人索赔，保险公司再依据保险合同对被保险人承担赔偿责任；而对于第三者责任强制保险，机动车在发生交通事故后造成第三者损失的，保险公司直接对遭受损失的第三者进行赔偿，从而及时、快捷地维护受害人的利益。

最后一点，两者遵循的法律不同。第三者责任保险的法律依据是《中华人民共和国保险法》，而第三者责任强制保险则是由《道路交通安全法》规定的。

3) 各种附加保险

为了满足被保险人对与机动车有关的其它风险的保险要求，解除被保险人的后顾之忧，保险人常常通过附加险的方式承保。目前，我国开办的汽车附加保险主要有以下几种：

① 全车盗抢险；

② 车上责任险；

③ 无过失责任险；

④ 车载货物掉落责任险；

⑤ 玻璃单独破碎险；

⑥ 车辆停驶损失险；

⑦ 自然损失险；

⑧ 新增加设备损失险；

⑨ 不计免赔特约险。

附加险不能单独投保，在投保一个主险的前提下，才可投保全车盗抢险(针对不同的保险公司)、玻璃单独破碎险、车辆停驶损失险、自然损失险、新增加设备损失险；在投保第三者责任险的基础上才可投保车上责任险、无过失责任险、车载货物掉落责任险；在同时投保车辆损失险和第三者责任险的基础上，才可投保不计免赔特约险。具体可参见表6-3。

表6-3　不同基本险对应可投的附加险

所投基本险	对应可投的附加险
车辆损失险	① 全车盗抢险；② 玻璃单独破碎险；③ 自然损失险；④ 车辆停驶险；⑤ 新增设备损失险
第三者责任险	① 车上责任险；② 无过失责任险；③ 车载货物掉落责任险
同时投保上述两个险种	不计免赔特约险

各类附加保险内容简介如下：

(1) 全车盗抢险。全车盗抢险是指保险车辆全车被盗窃或被抢夺，经公安刑侦部门立案证实，满3个月未查明下落，保险车辆在被盗窃、被抢夺期间受到损坏，或车上零部件及附属设备丢失需要修复的合理费用，保险公司负责赔偿。

(2) 车上责任险。车上责任险指投保了本项保险的机动车辆在使用过程中，如果发生意外事故，致使保险车辆上所载货物遭受直接损毁和车上人员伤亡，依法应由被保险人承担的经济赔偿责任，保险公司在保险单所载明的该保险赔偿额内计算赔偿。

(3) 无过失责任险。无过失责任险指投保了本项保险的车辆在使用中，因与非机动车辆、行人发生交通事故，造成对方人员伤亡和财产直接损毁，保险车辆一方无过失，且被保险人拒绝赔偿未果，对被保险人已经支付给对方而无法追回的费用，保险公司负责给予赔偿。

(4) 车载货物掉落责任险。车载货物掉落责任险指投保了本保险的机动车辆在使用中，所载货物从车上掉下造成第三者人身伤亡或财产直接损毁，依法应由被保险人承担的经济赔偿责任，保险公司负责赔偿。

(5) 玻璃单独破碎险。玻璃单独破碎险指投保了本项保险的机动车辆在停放或使用过程中，发生本车玻璃单独破碎，保险公司按实际损失进行赔偿。

(6) 车辆停驶损失险。车辆停驶损失险指投保了本项保险的机动车辆在使用过程中，因遭受自然灾害或意外事故，造成车身损毁，致使车辆停驶造成的损失，保险公司按照与被保险人约定的赔偿天数和日赔偿额进行赔偿。

(7) 自然损失险。自然损失险指投保了本项保险的机动车辆在使用过程中，因本车电路、线路、供油系统发生故障及运载货物自身起火燃烧，造成投保车辆的损失，保险公司负责赔偿。

(8) 新增加设备损失险。新增加设备损失险指投保了本项保险的机动车辆在使用过程中，因自然灾害或意外事故造成车上新增设备的直接损毁，保险公司负责赔偿。

(9) 不计免赔特约保险。不计免赔特约保险指办理了本项特约保险的机动车辆发生事故时，车辆损失赔偿及第三者责任事故所造成的赔偿，如果是符合赔偿规定的金额内按责任应承担的免赔金额，保险公司负责赔偿。

2. 投保注意事项

(1) 不要重复投保。有些投保人自以为多投几份保，就可以使被保车辆多几份赔偿。按照《保险法》第四十条规定："重复保险的车辆，各保险人的赔偿金额的总和不得超过保险价值。"因此，即使投保人重复投保，也不会得到超价值赔款。

(2) 不要超额投保或不足额投保。有些车主，车辆明明价值 10 万元，却投了 15 万元的保险，认为多花钱就能多赔付；而有的车价值 20 万元，却投了 10 万元。这两种投保都不能得到有效的保障。依据《保险法》第三十九条规定："保险金额不得超过保险价值，超过保险价值的，超过部分无效。保险金额低于保险价值的，除合同另有约定外，保险人按照保险金额与保险价值的比例承担赔偿责任。"所以，超额投保、不足额投保都不能获得额外的利益。

(3) 保险要保全。有些车主为了节省保费，想少保几种险，或者只保车损险，不保第三者责任险，或者只保主险，不保附加险等。其实各种险都有各自的保险责任，假如车辆真的出事，保险公司只能依据当初订立的保险合同承担保险责任给予赔付，而车主的其它一些损失有可能得不到赔偿。

(4) 及时保险。有些车主在保险合同到期后不能及时续保，但天有不测风云，万一车辆就在这几天出了事故，岂不是悔之晚矣。

(5) 要认真审阅保险单证。当你接到保险单证时，一定要认真核对，看看单据第三联是否采用了白色无碳复写纸印刷并加印浅褐色防伪底纹，其左上角是否印有"中国保险监督委员会监制"字样，右上角是否印有"限在××省(市、自治区)销售"的字样。如果没有，可拒绝签单。

(6) 注意审核代理人真伪。投保时，要选择国家批准的保险公司所属机构投保，而不能只图省事，随便找一家保险代理机构投保，更不能被所谓的"高返还"所引诱，为求小利而上假代理人的当。

(7) 核对保单。办完保险手续拿到保单正本后，要及时核对保单上所列项目，如号牌号、发动机号等，如有错漏，要立即更正或补充。

(8) 随身携带保险卡。交强险保单原件、保险卡应随车携带，如果发生事故，先报交警，等开出事故单，责任确定，再通知保险公司，由投保的保险公司或保险公司指定的估价公司对车辆进行定损。

(9) 提前续保。保险费要涨或者是被保险人不在而保险到期时，需提早保。续保的时间长短跟新保一致。

(10) 注意"骗赔"伎俩。有极少数人，总想把保险当成发财的捷径，如有的先出险后投保，有的人为地制造出险事故，有的伪造、涂改、添加修车或医疗等发票和证明，这些都属于骗赔的范围，是触犯法律的行为。

第七章　汽车网上交易

随着网络、通信和信息技术的飞速发展，Internet 在全球迅速普及，已经逐渐成为人们工作、学习和生活中必不可少的工具。现代商业也受到了 Internet 的巨大影响，商业组织必须改变自己的组织结构和运行方式来适应这种全球性的发展和变化。

电子商务正是在这种以全球为市场的变化的基础上出现和发展起来的。它利用 Internet 技术，将企业、客户、供应商以及其它商业和贸易所需环节连接到现有的信息技术系统上，使销售商与供应商可以更紧密地联系起来，更快地满足客户的需求，也使生产厂家能够在全球范围内选择最佳供应商，在全球市场上销售产品。它以前所未有的方式，将商业活动纳入网上，彻底改变了现有的业务作业方式和手段，充分利用了有限的资源，减少了商业环节，缩短了商业周期，提高了应用效率，降低了成本，改善了客户服务质量。电子商务代表了未来信息产业的发展方向，将对全球经济和社会的发展产生深远的影响，是本世纪全球经济与社会发展的朝阳领域。

电子商务以其特有的优势正逐渐得到传统产业的重视，各行各业相继推出符合自身特点的电子商务解决方案，汽车行业也不例外。在经历了几十年的标准化、规模化的大生产后，目前全球汽车生产相对过剩，汽车生产厂家利润率严重下滑。汽车业作为昔日传统行业的巨人，是否可以在信息业蓬勃发展的今天重振雄风，成为诸多业界人士思索的问题。对于这个问题，世界各大厂商见解不一，但在一点上他们的看法是一致的，即：汽车市场电子化是帮助汽车企业渡过难关的关键。电子商务如此备受各界人士推崇，原因何在？

第一节　电子商务的概念

一、电子商务的定义

电子商务(Electronic Commerce)，是指对整个贸易活动实现电子化。就是通过电子信息技术、互联网技术等现代通信手段，使得交易涉及的购销各方借助电子方式联系达成交易，而无需依靠纸面文件、单据的交换和传输。根据人们理解的不同，电子商务可以分为狭义和广义两种。从狭义上理解，电子商务指通过因特网上的"在线商店"进行的商品和服务的交易活动，交易的内容十分广泛，可以是有形的产品，如书籍、电脑、汽车、飞机票等；也可以是无形的产品，如新闻、技术、软件、数据库等；还可能是服务，如在线的各种咨询(证券、投资、就业)、医疗保健、远程教学等。从广义上理解，电子商务泛指一切与数字处理有关的商务活动，它所依靠的也不仅仅是因特网，而是广泛结合企业的内联网(Intranet)、外联网(Extranet)以及进行电子数据交换(EDI)交易的增值网(Value Added Network, Van)等专用网的一个无所不包的动态的新型全球商业体系。它不但指通过因特网在线交易，还涉及传统市场的方方面面。电子商务的运作空间是电子虚拟市场(the Electronic Marketplace)，是商务活动中的生产者、中间商和消费者在某种程度上以数字方式进行交互式商业活动的市场，是传统实物市场的电子虚拟形态，它开辟了商务活动的又一空间。与传统有形市场相比，两者有许多共同点，如市场经营主体、经营客体以及经营活动内容等。但电子商务更具有一些特点，就是将传统交易活动全部或部分地电子化、数字化、虚拟化以及实现在线经营等。

电子商务涵盖的业务包括：信息交换、售前售后服务(提供产品和服务的细节、产品使用技术指南、回答客户意见)、销售、电子支付(使用电子资金转账、信用卡、电子支票、电子现金)、运输(包括商品的发送管理和运输跟踪，以及可以电子化的产品的实际发送)、组建虚拟企业(组建一个物理上不存在的企业，集中一批独立的中小公司的权限，提供比任何单独公司多得多的产品和服务)、公司和贸易伙伴可以共同拥有和运营的商业方法等。

电子商务是传统产业所面临的新的经济环境、新的经营战略和新的运作方式。电子商务的目标是利用 Internet 技术，优化产品供应链及生产管理，优化客户服务体系，完成传统产业的提升与转化。

二、电子商务的分类

1. 按商业活动运作方式分类

按商业活动运作方式，电子商务可分为完全电子商务和不完全电子商务两类。

(1) 完全电子商务，即可以完全通过电子商务方式实现和完成整个交易过程的交易。

(2) 不完全电子商务，即指无法完全依靠电子商务实现和完成整个交易过程的交易，它需要依靠一些外部要素，如运输系统来完成交易。

2. 按电子商务应用范围分类

按电子商务应用服务范围来分，电子商务可分为五类，即企业对消费者 B2C(Business to Consumer)、企业对企业 B2B(Business to Business)、企业对政府机构 B2G(Business to Government)、消费者对政府机构的电子商务 C2G(Customer to Government)、消费者与消费者之间的电子商务 C2C(Consumer to Consumer)。

(1) 企业对消费者(也称商家对个人客户或商业机构对消费者)的电子商务。商业机构对消费者的电子商务基本等同于电子零售商业。目前，Internet 上已遍布各种类型的商业中心，提供各种商品和服务，主要有鲜花、书籍、计算机、汽车等商品和服务。

(2) 企业对企业(也称商家对商家或商业机构对商业机构)的电子商务。商业机构对商业机构的电子商务是指商业机构(或企业、公司)使用 Internet 或各种商务网络向供应商(企业或公司)订货和付款。商业机构对商业机构的电子商务发展最快，已经有了多年的历史，特别是通过增值网络(Van)上运行的电子数据交换(EDI)，使企业对企业的电子商务得到了迅速扩大和推广。公司之间能使用网络进行订货和接受订货合同等单证并付款。

(3) 企业对政府机构的电子商务。在企业-政府机构方面的电子商务可以覆盖公司与政府组织间的许多事务，目前我国有些地方政府已经推行网上采购。

(4) 消费者对政府机构的电子商务。政府将会把电子商务扩展到福利费发放和自我估税及个人税收的征收等方面。

(5) 消费者与消费者之间的电子商务，就是个人与个人之间的电子商务。比如一个消费者有一台旧汽车，通过网络进行交易，把它出售给另外一个消费者，此种交易类型就称为 C2C 电子商务。

3. 按信息网络范围分类

按开展电子交易的信息网络范围，可将电子商务分为三类，即本地电子商务、远程国内电子商务和全球电子商务。

(1) 本地电子商务通常是指利用本城市内或本地区的信息网络实现的电子商务活动，电子交易的地域范围较小。本地电子商务系统是利用 Internet、Intranet 或专用网将下列系统联结在一起的网络系统：

① 参加交易各方的电子商务信息系统，包括买方、卖方及其它各方的电子商务信息系统；

② 银行金融机构电子信息系统；

③ 保险公司信息系统；

④ 商品检验信息系统；

⑤ 税务管理信息系统；

⑥ 货物运输信息系统；

⑦ 本地区 EDI 中心系统(实际上，本地区 EDI 中心系统是联结各个信息系统的中心)。本地电子商务系统是开展远程国内电子商务和全球电子商务的基础系统。

(2) 远程国内电子商务是指在本国范围内进行的网上电子交易活动，其交易的地域范围较大，对软硬件和技术要求较高，要求在全国范围内实现商业电子化、自动化，实现金融电子化，交易各方具备一定的电子商务知识、经济能力和技术能力，并具有一定的管理水平等。

(3) 全球电子商务是指在全世界范围内进行的电子交易活动，参加电子交易各方通过网络进行贸易。涉及与交易各方相关的系统，如买方国家进口公司系统、海关系统、银行金融系统、税务系统、运输系统、保险系统等。全球电子商务业务内容繁杂，数据往来频繁，要使电子商务系统严格、准确、安全、可靠，应制订世界统一的电子商务标准和电子商务(贸易)协议，使全球电子商务得到顺利发展。

三、电子商务的特点

电子商务与传统的商务活动方式相比，具有以下特点：

(1) 交易虚拟化、透明化。电子商务是通过以 Internet 为代表的计算机网络所进行的贸易，贸易双方从贸易磋商、签订合同到货款支付等，无需当面进行，均通过计算机互联网络完成，整个交易过程完全虚拟化。而且，买卖双方从交易的洽谈、签约到货款的支付、交货通知等整个过程都在网络上进行，通畅、快捷的信息传输可以保证各种信息之间互相对接，可以防止伪造信息的流通。

(2) 消除时空差异。传统的商务是以固定不变的销售地点(即商店)和固定不变的销售时间为特征的店铺式销售。Internet 上的销售通过以信息库为特征的网上商店进行，所以它的销售空间随网络体系的延伸而延伸，已没有了地界之分，也没有了昼夜之别。因此，Internet

上的销售相对于传统销售模式具有全新的时空优势，这种优势可在更大程度、更大范围上满足网上客户的消费需求。

(3) 全方位展示产品及服务。网络上的销售可以利用网上多媒体的性能(如精美的图片、逼真的声音和视频短片)，全方位地展示产品及服务功能，从而有助于消费者完全认识商品或服务，然后确定购买与否。传统的销售在店铺中虽然可以把真实的商品展示给客户，但对一般客户而言，对所购商品的认识往往是很肤浅的，也无法了解商品的内在质量，往往容易被商品的外观、包装等外在因素所迷惑。从理论上说，消费者理性的购买，既提高了自己的消费效用，又节约了社会资源。

(4) 密切客户关系，加深客户了解。由于 Internet 的实时互动式沟通，以及没有任何外界因素干扰，使得产品或服务的消费者更易表达出自己对产品或服务的评价。一方面，网上的零售商们可以通过客户的反馈更深入了解其内在需求；另一方面，零售商们的即时活动式沟通，也可促使两者之间的关系更密切。

(5) 提高交易效率，减少流通环节，降低交易费用。电子商务克服传统贸易方式费用高、易出错、处理速度慢等缺点，极大地缩短了交易时间，使整个交易相当快捷而且方便。由于 Internet 将贸易中的商业报文标准化，使商业报文能在世界各地瞬间完成传递与计算机自动处理，使得原料采购、产品生产、需求与销售、银行汇兑、保险、货物托运及申报等过程无须人员干预就可在最短的时间内完成。而且与传统的销售相比，利用Internet 渠道可以避开传统销售渠道中许多中间环节，降低流通费用和交易费用，加快了信息流动的速度。

第二节　汽车网上交易

一、汽车行业电子商务的基本功能

汽车行业的电子商务解决方案，除了具备企业形象及产品信息宣传功能外，还必须实现以下基本功能：

(1) 灵活的商品目录管理功能。作为零售商，在商品目录管理系统上，能够创建包括任何厂商、任何商品类别、任意数量的自建商品目录，其中的任何商品信息的更改，都可以实时反映在目录中。而对于供应商来说，不仅可以通过建立包含任意商品类别的公开商品目录向零售商发布产品信息，也可以创建只供指定零售商查看的商品目录。在这些目录中，可以提供特殊的优惠而不用担心被其它供应商或者未被指定的零售商浏览到。

(2) 网上洽谈功能。当零售商发现一个感兴趣的商品，或者供应商寻找到零售商发布的新的采购目录后，网上洽谈功能可以帮助零售商和供应商进行实时交流，而且所有的洽谈记录都将存放到数据库中，以备查询。

(3) 订单管理功能。根据客户的实际需要，自动将发生在一对供应商和零售商之间的订单草稿发送给供应商。另外，对于经常交易的双方来说，由于相互比较信任，也可以不经过任何洽谈就直接发送订单。这样就极大地提高了采购和供应的效率。

(4) 基于角色的权限和个性化页面。电子商务还可以规定各种角色的权限和角色之间安全的继承性，如：一个系统管理员的账号可以创建和管理销售或采购经理的账号，而销售或采购经理账号可以创建许多由他领导的业务员的账号，这些业务员的权限又各不相同。同时，基于这些客户自己的定制而提供的个性化功能，对于不同的角色，其操作的页面是不一样的，同一个角色不同账号之间的页面内容也可以完全不同。

二、汽车电子商务的模式

汽车工业按照自身的生产与市场的发展规律，其行业的体系结构形成了一个基本模式，即汽车工业形成了从原料供应、汽车零件加工、零部件配套、整车装配到汽车分销乃至售后服务的一整套"供应—制造—销售—服务"的供应链体系结构，该体系结构如图 7-1 所示。

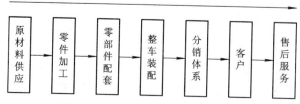

图 7-1 汽车行业的供应链体系结构

在当前的网络经济中，汽车制造企业的管理已突破了单一企业的范围，将客户、销售网络和供应商等相关资源纳入管理的范围，利用 Internet/Intranet/Extranet 建立虚拟公司的扩展供应链，进行全球网络供应链的集成管理，以信息的形态及时反映物流活动和相应的资金状况，真正实现物流、资金流、信息流的实时、集成、同步控制，从而保证增值的实现。基于供应链的电子商务模式能够满足如上需求，汽车行业的电子商务模式有如下特点：

(1) 汽车制造商为了实现全球的广域网络采购(iProcurement)，要分离许多零部件生产协作配套厂，使他们成为供应商，从而减少低利润的企业，减少公司的投资。通过电子商务平台，汽车制造商与上游供应商(汽车部件供应商、零件供应商、原材料供应商)将组成一个有效的上游零部件供应链。汽车制造商将致力于汽车的设计和研发，几乎不生产汽车的部件，而是将供应商送来的汽车部件进行最后的组装，然后打上自己的品牌。在这方面，福特已经走在全世界汽车公司的前列。

(2) 当网上支付体系、安全保密以及认证体系非常完善时，大量网络客户的个性化需求就可以通过汽车制造商的客户关系管理(Customer Relationship Management，CRM)系统快速形成批量定制，已形成的批量定制订单将触发汽车制造商的企业资源计划(Enterprise Resource Planning，ERP)系统，拉动其批量生产。采用 CRM 系统可对产品的整个营销过程进行管理，包括对市场活动、汽车电子商务发展模式及售后服务三大环节的管理。

(3) 原材料及汽车零部件供应商、汽车制造商的物流配送体系与其主业剥离，社会化、专业化的物流体系逐步完善，第三方物流配送中心完成汽车产品供应链物流配送功能。信息流为：上游供应商的 CRM 系统→第三方物流系统→汽车制造商的 iProcurement；汽车制造商的 CRM 系统→第三方物流系统→客户需求。第三方物流配送中心通过先进的管理、技术和信息交流网络，对商品的采购、进货、储存、分拣、加工和配送等业务过程进行科学、统一、规范的管理，使整个商品运动过程高效、协调、有序，从而减少损失，节省费用，实现最佳的经济效益和社会效益。

(4) 汽车制造商的 ERP 系统定位于企业内部资金流与物流的全程一体化管理，即实现从原材料采购到产品完成整个过程的各种资源计划与控制，主要目标仍是以产品生产为导向的成本控制。企业各种资源的计划与控制通过信息系统集成，形成企业内部各业务系统间通畅的信息流，通过 iProcurement 与上游供应商连接，通过 CRM 系统与下游分销商和客户连接，形成供应链中各企业的信息集成，提高整个供应链的效率。基于 Internet 技术，企业应用 ERP 系统实现内部资金流，借助 iProcurement，ERP 系统与 CRM 系统集成一体化运行，便可以帮助企业实现对整个供应链的管理。

(5) 随着网络经济的不断发展，分销商经销渠道逐步萎缩，其汽车销售功能由电子商务销售平台替代。信息收集、反馈和处理由汽车制造商的 CRM 系统完成。物流配送功能由专业化的第三方物流公司完成。

三、电子商务实现的四个阶段

1) 交易前的准备

这一阶段主要是指买卖双方或参加交易各方在签约前的准备活动。

(1) 买方根据自己要买的商品，准备购货款，制订购货计划，进行货源市场调查和市场分析，反复进行市场查询，了解各个卖方国家的贸易政策，反复修改购货计划和进货计划，确认和审批购货计划。再按计划确定购买商品的种类、数量、规格、价格、购货地点和交易方式，尤其要利用 Internet 和各种电子商务网络，寻找自己满意的商家和商品。

(2) 卖方根据自己所销售的商品，召开商品新闻发布会，制作广告进行宣传，全面进行市场调查和市场分析，制订各种销售策略和销售方式，了解各个买方国家的贸易政策，利用 Internet 和各种电子商务网络发布商品广告，寻找贸易伙伴和交易机会，扩大贸易范围和商品所占的市场份额。其它涉及交易的各方(中介方、银行金融机构、信用卡公司、海关系统、商检系统、保险公司、税务系统、运输公司等)也都要为进行电子商务交易做好准备。

2) 交易谈判和签订合同

这一阶段主要是指买卖双方对所有交易细节进行谈判，将双方磋商的结果以文件的形式确定下来，即以书面文件形式和电子文件形式签订合同。

电子商务的特点是可以签订电子商务贸易合同。交易双方可以利用现代电子通信设备和通信方法，经过认真谈判和磋商后，将双方的交易方式、运输方式、违约和索赔等合同条款，全部通过电子交易合同作出全面详细的规定。合同双方可以利用电子数据交换(EDI)进行签约，可以通过数字签名等方式签名。

3) 办理交易前的手续

这一阶段主要是指从买卖双方签订合同后到合同开始履行之前办理各种手续的过程，也是双方贸易前的交易准备过程。

交易中要涉及有关各方，即可能要涉及中介方、银行金融机构、信用卡公司、海关系统、商检系统、保险公司、税务系统、运输公司等。买卖双方要利用 EDI 与有关各方进行各种电子票据和电子单证的交换，直到办理完卖方可以按合同规定开始向买方发货的一切手续为止。

4) 交易合同的履行和索赔

这一阶段是从买卖双方办完各种手续之后开始，卖方先备货、组货，同时进行报关、保险、取证、发信用证等，然后将所购商品交付给运输公司包装、起运、发货。买卖双方可以通过电子商务服务器跟踪发出的货物。银行和金融机构也按照合同，处理双方收付款，进行结算，出具相应的银行单据等，直到买方收到自己所购商品，完成了整个交易过程。索赔是在买卖双方交易过程中出现违约时，需要进行违约处理的工作，受损方要向违约方索赔。

四、两种汽车网络销售模式

1. 直销模式

(1) 消费者进入 Internet，查看汽车企业和经销商的网页。

(2) 在这样的网页上，消费者通过购物对话框填写购物信息，包括：个人信息、所购汽车的款式、颜色、数量、规格、价格等。

(3) 消费者选择支付方式，如信用卡、电子货币、电子支票、借记卡等，或者办理有关货款服务。

(4) 汽车生产企业或经销商的客户服务器检查支付方式服务器，确认汇款额。

(5) 汽车生产企业或经销商的客户服务器确认消费者付款后，通知销售部门送货上门。

(6) 消费者的开户银行将支付款项传递到消费者的信用卡公司，信用卡公司负责发给消费者收费单。

这种交易方式不仅有利于减少交易环节，大幅度降低交易成本，从而降低商品的最终价格，而且可以减少售后服务的技术支持费用并为消费者提供更快更方便的服务。但是这种方式也存在不足：一是购买者只能从网络广告上判断汽车的型号、性能、样式；二是购买者利用信用卡或电子货币进行网络交易，不可避免地要将自己的密码输入计算机，安全性较小。

2. 中介交易模式

1) 中介交易模式的流程

汽车网络销售的中介交易模式可以理解为有这样一个网络汽车交易中心，以 Internet 为基础，利用先进的通信技术和计算机软件技术，将汽车生产商、经销商甚至零部件生产商和银行紧密地联系起来，为客户提供信息市场、商品交易、仓储配送、货款结算等方位的服务，具体交易流程如下：

(1) 买卖双方将各自的需求和需求信息通过网络告诉网络汽车交易中心，交易中心通过信息发布服务向参与者提供大量详细的汽车交易数据和市场信息。

(2) 买卖双方根据汽车网络交易中心提供的信息，选择自己的贸易伙伴。交易中心从中撮合，促使买卖双方签订合同。

(3) 交易中心在各地的配送部门将汽车送交买方。

2) 中介交易模式的优点

采用这种交易方式显然会增加一定的成本，似乎有悖于电子商务"直接经济"的特质，但是却可以降低买方和卖方的风险，其具体优点如下：

(1) 这样的交易中心就好像一个"网上汽车博览会"，汽车生产商和经销商以及零部件生产商遍及全国甚至全球各地，为供需双方提供了很大的交易市场，增加了许多交易机会，而且双方都不需要付出太多。

(2) 在双方签订合同之前，网络汽车交易中心可以协助买方对商品进行检验，只有符合条件的商品才可以入网，这在一定程度上解决了商品的信誉问题。而且，交易中心会协助交易双方进行正常的电子交易，以确保双方的利益。

(3) 网络汽车交易中心采用统一的结算模式，可以加快交易速度。

汽车企业在采用电子商务进行交易的过程中，应选择实力强大的网络技术合作伙伴，并加强与银行的合作，以确保网上交易顺利实施和网上支付的安全实现。同时，要考虑到与国际接轨，特别是零部件全球化采购趋势要求我们融入国际零部件交易网络，所以要开阔眼界、系统思维，发展共生与合作，以开放性的网络精神进入网络和电子商务时代，促进我国汽车业的良性发展。

第八章　汽车市场环境分析与目标市场营销

第一节　汽车市场营销环境分析

汽车企业并不是生存在真空中，作为社会经济组织，它总是在一定的外界环境条件下开展市场营销活动的。而这些外界环境条件是不断变化的，一方面，它给企业提供了新的市场；另一方面，它给企业带来很多威胁。因此，市场营销环境对企业的生存和发展具有重要意义。企业必须重视对市场营销环境的分析和研究，并根据市场营销环境的变化制订有效的市场营销策略，扬长避短，趋利避害，适应变化，抓住机会，从而实现自己的市场营销目标。

一、市场营销环境的涵义

美国著名市场学家菲力普·科特勒认为，市场营销环境就是"影响企业的市场营销管理能力，决定其能否卓有成效地发展和维持与其目标客户交易及关系的外在参与者和影响力。"因此，市场营销环境是与企业营销活动有潜在关系的所有外部力量和相关因素的集合，是影响企业生存和发展的各种外部条件。

二、市场营销环境的构成

一般来说，市场营销环境主要包括两方面的构成要素：一是微观环境要素，即指与企业紧密相关，直接影响其营销能力的各种参与者，这些参与者包括企业的供应商、营销中间商、客户、竞争者、社会公众以及影响营销管理决策的企业内部各个部门；二是宏观环境要素，即影响企业微观环境的巨大社会力量，包括人口、经济、政治、法律、科技、社会文化及自然地理等多方面的因素。这两个方面的要素如图 8-1 所示。

图 8-1　企业市场营销环境构成要素

微观环境直接影响和制约企业的市场营销活动，而宏观环境主要以微观营销环境为媒介间接影响和制约企业的市场营销活动。前者可称为直接营销环境，后者可称为间接营销环境。两者之间并非并列关系，而是主从关系，即直接营销环境受制于间接营销环境。

三、市场营销环境的特点

市场营销环境是一个多因素、多层次而且不断变化的综合体，其特点主要表现在以下几个方面。

1. 客观性

企业总是在特定的社会经济和其它外界环境下生存和发展的。不管你承认不承认，企业只要从事市场营销活动，就不可能不面对这样或那样的环境条件，也不可能不受到各种各样环境因素的影响和制约，包括微观的和宏观的。企业决策者必须清醒地认识到这一点，及早做好充分的思想准备，随时应付企业面临的各种环境的挑战。

2. 差异性

市场营销环境的差异性不仅表现在不同的企业受不同环境的影响，还表现在同样一种环境因素的变化对不同企业的影响也不相同。例如，不同的国家、民族和地区之间在人口、经济、社会文化、政治、法律、自然地理等各方面存在着广泛的差异。各种差异性对企业营销活动的影响显然是不同的。对于外界环境因素的差异性，企业必须采取不同的营销策略来应付和适应。

3. 相关性

市场营销环境是一个系统，在这个系统中，各种影响因素是相互依存、相互作用和相互制约的，因为社会经济现象的出现，往往不是某一单一因素所能决定的，而是一系列相关因素影响的结果。例如，企业开发新产品时，不仅要受到经济因素的影响和制约，更要受到社会文化因素的影响和制约。再如，价格不但受市场供求关系的影响，而且还受到科技进步及财政政策的影响。因此，要充分注意各种因素之间的相互作用。

4. 动态性

营销环境是企业营销活动的基础和条件，但这并不意味着营销环境是一成不变的、静止的。恰恰相反，营销环境总是处在一个不断变化的过程中，它是一个动态的概念。以中国所处的间接营销环境来说，今天的环境与十多年前的环境已经有了很大的变化。例如国家产业政策，过去重点放在重工业上，现在已明显向农业、轻工业倾斜，这种产业结构的变化对企业的营销活动产生了决定性的影响。再如我国消费者的消费倾向已从追求物质的数量逐步向追求物质的质量及个性化转变，也就是说，消费者的消费心理日趋成熟。这无疑对企业的营销行为产生最直接的影响。当然，市场营销环境的变化是有快慢大小之分的，有的变化快一些，有的变化慢一些；有的变化大一些，有的变化小一些。例如科技、经济等因素的变化相对快而且大，因而对企业营销活动的影响持续时间短且跳跃性大；而人口、社会文化、自然因素等变化相对较慢且较小，对企业营销活动的影响时间相对长而且稳定。因此，企业的营销活动必须适应环境的变化，不断地调整和修正自己的营销策略，否则，将会不断失去市场。

5. 不可控性

影响市场营销环境的因素是多方面的，也是复杂的，并表现出企业不可控性。例如一个国家的政治法律制度、人口增长以及一些社会文化习俗等，企业不可能随意改变。而且，这种不可控性对不同企业表现不一，有的因素对某些企业来说是可控的，而对另一些企业则可能是不可控的；有些因素在今天是可控的，而到了明天则可能变为不可控因素。另外，各个环境因素之间也经常存在着矛盾关系。例如消费者对家用电器的兴趣与热情就可能与客观存在的电力供应的紧张状态相矛盾，那么这种情况就使企业不得不作进一步的权衡，在利用可以利用的资源的前提下去开发新产品，而且企业的行为还必须与政府及各管理部门的要求相符。

四、环境与市场营销

1. 市场营销必须适应环境的发展

市场营销环境是企业经营活动的约束条件，它对企业的生存和发展有着非常重要的影响。现代营销学认为，企业经营成败的关键，就在于企业能否适应不断变化着的市场营销环境。由于生产力水平的不断提高和科学技术的进步，当代企业外部环境的变化速度，远远超过企业内部因素变化的速度。因此，企业的生存和发展，愈来愈取决于其适应外界环境变化的能力。"适者生存"既是自然界演化的法则，也是企业营销活动的法则，如果企业不能很好地适应外界环境的变化，则很可能在竞争中失败，从而被市场所淘汰。

强调企业对所处环境的反应和适应，并不意味着企业对于环境无能为力或束手无策，只能消极地、被动地改变自己以适应环境，而是应从积极主动的角度出发，能动地去适应营销环境。也就是说，企业既可以以各种不同的方式增强适应环境的能力，避免来自营销环境的威胁，也可以在变化的环境中寻找自己的新机会，并可能在一定的条件下转变环境因素。或者说运用自己的经营资源去影响和改变营销环境，为企业创造一个更有利的活动空间，然后再使营销活动与营销环境取得协调一致。

一个著名的营销案例说明了这一道理。美国有两名推销员到南太平洋某岛国去推销企业生产的鞋子，他们到达后却发现这里的居民没有穿鞋的习惯。于是，一名推销员给公司拍了一份电报，称岛上居民不穿鞋子，这里没有市场，随后打道回府。而另一位推销员则给公司的电报称，这里的居民不穿鞋子，但市场潜力很大，只是需要开发。他让公司运了一批鞋赠送给当地的居民，并告诉他们穿鞋的好处。逐渐地，人们发现穿鞋确实既实用又舒适而且美观，穿鞋的人也越来越多。这样，该推销员通过自己的努力，打破了当地居民的传统习俗，改变了企业的营销环境，获得了成功。

2. 市场营销可以能动地改变环境

现代营销理论告诉我们，企业对营销环境具有一定的能动性和反作用，它可能通过各种方式如公共关系等手段，影响和改变环境中的某些可能被改变的因素，使其向有利于企业营销的方向变化，从而为企业创造良好的外部条件。美国著名市场学者菲力普·科特勒正是针对这一点提出了"大市场营销"理论。该理论认为，企业为了成功地进入特定市场或者在特定市场经营，应用经济的、心理的、政治的和公共关系技能，赢得若干参与者的合作。科特勒举例说，假设某家百货公司拟在美国某城市开设一家商店，但是当地政府的法律不许你开店，在这种情况下，你必须运用政治力量来改变法律，才能实现企业的目标。"大市场营销"理论提出企业可以运用能控制的方式或手段，影响造成营销障碍的人或组织，争取有关方面的支持，使之改变做法，从而改变营销环境。这种能动的思想不仅对开展国际市场营销活动有重要指导作用，对国内跨地区的市场营销活动也有重要意义。因此，营销管理者的任务不只是适当安排营销组合，使之与外部不断变化的营销环境相适应，而且要创造性地适应并积极地改变环境，创造或改变目标客户的需要。只有这样，企业才能发现和抓住市场机会，因势利导，在激烈的市场竞争中立于不败之地。

五、市场营销环境的分析方法

市场营销环境分析常用的方法为 SWOT 法，它是英文单词 Strength(优势)、Weak(劣势)、Opportunity(机会)、Threaten(威胁)首字母的组合。

1. 外部环境分析(机会与威胁)

环境机会的实质是指市场上存在着"未满足的需求"。它既可能来源于宏观环境也可能来源于微观环境。消费者需求的不断变化、产品寿命周期的缩短和旧产品的不断淘汰，要求开发新产品来满足消费者的需求，所以市场上出现了许多新的机会。

环境机会对不同企业影响是不同的，同一个环境机会对一些企业可能有利，而对另一些企业则可能造成威胁。环境机会能否成为企业的机会，要看此环境机会是否与企业目标、资源及任务相一致，企业利用此环境机会能否比其竞争者获得更大的利益。

环境威胁是指对企业营销活动不利或限制企业营销活动的发展。这种环境威胁主要来自两方面：一方面，环境因素直接威胁着企业的营销活动，如政府颁布某种法律，诸如《环境保护法》，它对造成环境污染的企业来说，就构成了巨大的威胁；另一方面，企业的目标、任务及资源同环境机会相矛盾，如人们对自行车的需求转为对摩托车的需求，而自行车厂的目标与资源同这一环境机会就是矛盾的。自行车厂要将"环境机会"变成"企业机会"，需淘汰原来产品，更换全部设备，学习新的生产技术，这对自行车厂无疑是一种威胁。摩托车的需求量增加，自行车的销售量必然减少，使环境机会对自行车厂的威胁又加剧。

2. 内部环境分析(优势与劣势)

抓住环境中有利的机会是一回事，具备在机会中获得成功所必需的竞争能力是另一回事。每个企业都要定期检查自己的优势与劣势，这可通过"营销备忘录优势与劣势绩效分析检查表"的方式进行。管理当局或企业外的咨询机构都可利用这一格式检查企业的营销、财务、制造和组织能力。每一要素都要按照特强、稍强、中等、稍弱或特弱划分等级。

公司不一定要纠正自身的所有劣势，也不是对其它优势不加利用。主要的问题是公司应研究，自己究竟是应只局限在已拥有优势的机会中，还是应该去树立和发展一些别的优势以找到更好的机会。

六、市场机会分析

市场机会是指某种特定的营销环境条件，在该营销环境条件下企业可以通过一定的营销活动获得利益。市场机会可以为企业赢得利益的大小表明了市场机会的价值，市场机会的价值越大，对企业利益需求的满足程度也越高。市场机会的产生来自于营销环境的变化，如新市场的开发、竞争对手的失误以及新产品新工艺的采用等，都可能产生新的待满足的需求，从而为企业提供市场机会。

清楚市场机会的特点，分析市场机会的价值，有效地识别市场机会，对于避免环境威胁及确定企业营销战略具有重要的意义。

1. 市场机会的特点

市场机会作为特定的市场条件，是以其利益性、针对性、时效性、公开性四个特征为标志的。

1) 利益性

利益性是指市场机会可以为企业带来经济的或社会的利益。市场机会的利益特性意味着企业在确定市场机会时，必须分析该机会是否能为企业真正带来利益、能带来什么样的利益以及带来的利益的多少。

2) 针对性

针对性是指特定的营销环境条件只对于那些具有相应内部条件的企业来说是市场机会。因此，市场机会是具体企业的机会，市场机会的分析与识别必须与企业具体条件结合起来进行。确定某种环境条件是不是汽车企业的市场机会，需要考虑汽车行业特点及本企业在行业中的地位与经营特色，包括汽车企业的产品类别、价格水平、销售形式、工艺标准、对外声誉等。例如，折扣销售方式的出现，对生产价低量大产品的企业来说是一个可以加以研究利用的市场机会，但对在客户心目中一直是生产高质、高价产品的企业来说，就不能算作是一个市场机会。

3) 时效性

市场机会的价值随时变化的特点，便是市场机会的时效性。对现代企业来讲，由于其营销环境的发展变化越来越快，它的市场机会从产生到消失的过程通常也是很短暂的，即企业的市场机会往往稍纵即逝。同时，环境条件与企业自身条件最为适合的状况也不会持续很长时间，在市场机会从产生到消失这一短短的时间里，市场机会的价值也快速经历了一个价值由增到减的过程。

4) 公开性

公开性是指市场机会是客观存在的或即将出现的营销环境变化，是每个企业都可以去发现和共享的。与企业的特有技术、产品专利不同，市场机会是公开化的，是可以为整个营销环境中所有企业共用的。市场机会的公开化特性要求企业尽早去发现那些潜在的市场机会。

市场机会的上述四个特性表明，在市场机会的分析和把握过程中，企业必须结合自身内部、外部环境的具体条件，发挥竞争优势，适时、迅速地做出反应，争取使市场机会为企业带来的利益达到最大。

2. 市场机会的价值分析

不同的市场机会可以为企业带来的利益大小也不一样，即不同的市场机会的价值具有差异性。为了在千变万化的营销环境中找出价值最大的市场机会，企业需要对市场机会的价值进行更为详细的分析。

　　1) 市场机会的价值因素

　　市场机会的价值大小由市场机会的吸引力和可行性两方面因素决定。

　　(1) 市场机会的吸引力。市场机会对企业的吸引力是指企业利用该市场机会可能创造的最大利益。它表明了企业在理想条件下充分利用该市场机会的最大极限。反映市场机会吸引力的指标主要有市场需求规模、利润率和发展潜力。

　　① 市场需求规模。市场需求规模指当前市场机会所提供的待满足的市场需求总量的大小，通常用产品销售数量或销售金额来表示。事实上，由于市场机会的公开性，市场机会提供的需求总量往往由多个企业共享，特定企业只能拥有该市场需求规模的一部分，因此，这一指标可以由企业当前在该市场需求规模中可能达到的最大市场份额代替。若提供的市场需求规模大，则该市场机会使每个企业获得更大需求份额的可能性也大一些。因此，一般说来，这种市场机会对企业的吸引力也更大一些。

　　② 利润率。利润率是指市场机会提供的市场需求中单位需求量当前可以为企业带来的最大利益(这里主要是指经济利益)。不同经营现状的企业其利润率是不一样的。利润率反映了市场机会所提供的市场需求在利益方面的特性。它和市场需求规模一起决定了企业当前利用该市场机会可创造的最高利益。

　　③ 发展潜力。发展潜力反映市场机会为企业提供的市场需求规模、利润率的发展趋势和发展速度。发展潜力同样也是确定市场机会吸引力大小的重要依据。即使企业当前面临的某一市场机会所提供的市场需求规模很小或利润率很低，但如果整个市场规模或该企业的市场份额抑或利润率有迅速增大的趋势，则该市场机会对企业来说仍可能具有相当大的吸引力。

　　(2) 市场机会的可行性。市场机会的可行性是指企业把握住市场机会并将其转化为具体利益的可能性。从特定企业角度来讲，只有吸引力的市场机会并不一定能成为该企业真正的发展良机，具有大吸引力的市场机会必须同时具有强可行性才会是企业高价值的市场机会。例如，某公司在准备进入数据终端处理市场时，意识到尽管该市场潜力很大(吸引力大)，但公司缺乏必要的技术能力(可行性差，市场机会对该公司的价值不大)，所以开始并未进入该市场。后来，公司通过收购另一家公司具备了应有的技术(此时可行性已增强，市场机会价值已增大)，这时公司才正式进入该市场。

　　市场机会的可行性是由企业内部环境条件、外部环境状况两方面决定的。

　　① 内部环境条件。企业内部环境条件如何是能否把握住市场机会的主观决定因素。它对市场机会可行性的决定作用有三：首先市场机会，只有适合企业的经营目标、经营规模与资源状况，才会具有较大的可行性。例如，一个具有很大吸引力的饮料产品的需求市场的出现，对主营方向为非饮料食品的企业来说，可行性就不如对饮料企业的可行性大。同时，即使是同一行业的企业，该市场机会对经营规模大、实力强的企业与对经营规模小、实力弱的企业的可行性也不一样，一个吸引力很大的市场机会很可能会导致激烈的竞争，所以，它对实力较差者来说，可行性可能并不大。其次，市场机会必须有利于企业内部差别优势的发挥才会具有较大的可行性。所谓企业的内部差别优势，是指该企业比市场中其它同行企业更优越的内部条件，通常是先进的工艺技术，强大的生产力，良好的企业声誉等等。企业应对自身的优势和弱点进行正确分析，了解自身的内部差别优势所在，据此可以更好地判断市场机会的可行性大小。此外，企业还可以有针对性地改进自身的内部条件，

创造出新的差别优势。最后，企业内部的协调程度也影响着市场机会可行性的大小。市场机会的把握程度是由企业的整体能力决定的。针对某一市场机会，只有企业的组织结构及各部门的经营能力都与之相匹配时，该市场机会对企业才会有较大的可行性。

② 外部环境条件。企业的外部环境从客观上决定着市场机会对企业可行性的大小。外部环境中每一个宏观、微观环境要素的变化都可能使市场机会的可行性发生很大的变化。例如，某企业已进入一个吸引力很大的市场。在前一段时间里，由于该市场的产品符合企业的经营方向，并且该企业在该产品生产方面有工艺技术和经营规模上的优势，企业获得了相当可观的利润。然而，企业当前许多外部环境要素已发生或即将发生一些变化：原来的竞争对手和潜在的竞争者逐渐进入该产品市场，并采取了相应的工艺革新，使该企业的差别优势在减弱，市场占有率在下降。该产品较低价位的替代品已经开始出现，客户因此对原产品的定价已表示不满，但降价意味着利润率的锐减；环保组织在近期的活动中已经把该企业产品使用后的废弃物列为造成地区污染的因素之一，并呼吁社会各界予以关注；最后，政府即将通过的一项关于国民经济发展的政策可能会使该产品的原材料价格上涨，这也意味着利润率的下降。针对上述情况，该企业决定逐步将一部分的生产力和资金转投其它产品，即部分撤出该产品市场。这表明，尽管企业的内部条件即决定市场机会可行性的主观因素没变，但由于决定可行性的一些外部因素发生了重要变化，也使该市场机会对企业的可行性大为降低。同时，利润率的下降又导致了市场吸引力的下降。吸引力与可行性的减弱最终使原市场机会的价值大为减小，以至于企业部分放弃了当前市场。

2）市场机会价值的评估

确定了市场机会的吸引力与可行性，就可以综合这两个方面对市场机会进行评估。按吸引力大小和可行性强弱组合可构成市场机会的价值评估矩阵，如图 8-2 所示。

图 8-2　市场机会价值评估矩阵

区域Ⅰ为吸引力大、可行性弱的市场机会。一般来说，该种市场机会的价值不会很大。除了少数好冒风险的企业，一般企业不会将主要精力放在此类市场机会上。但是，企业应时刻注意决定其可行性大小的内、外环境条件的变动情况，并做好当其可行性变大进入区域Ⅱ时迅速反应的准备。

区域Ⅱ为吸引力、可行性俱佳的市场机会，该类市场机会的价值最大。通常，此类市场机会既稀缺又不稳定。企业营销人员的一个重要任务就是要及时、准确地发现有哪些市场机会进入或退出了该区域。该区域的市场机会是企业营销活动最理想的经营内容。

区域Ⅲ为吸引力、可行性皆差的市场机会。通常企业不会去注意该类价值最低的市场机会。该类市场机会不大可能直接跃居到区域Ⅱ中，它们通常需经由区域Ⅰ、Ⅳ才能向区域Ⅱ转变。当然，有可能在极特殊的情况下，该区域的市场机会的可行性、吸引力突然同时大幅度增加。企业对这种现象的发生也应有一定的准备。

区域Ⅳ为吸引力小、可行性大的市场机会。该类市场机会的风险低，获利能力也小，通常稳定型企业、实力薄弱的企业以该类市场机会作为其常规营销活动的主要目标。对该区域的市场机会，企业应注意其市场需求规模、发展速度、利润率等方面的变化情况，以便在该类市场机会进入区域Ⅱ时可以立即有效地把握。

需要注意的是，该矩阵是针对特定企业的。同一市场机会在不同企业的矩阵中出现的位置是不一样的。这是因为对不同经营环境条件的企业，市场机会的利润率、发展潜力等影响吸引力大小的因素状况以及可行性均会有所不同。

在上述矩阵中，市场机会的吸引力与可行性大小的具体确定方法一般采用加权平均估算法。该方法对决定市场机会的吸引力(或可行性)的各项因素设定权值，再对当前企业这些因素的具体情况确定一个分数值，最后加权平均之和即从数量上反映了该市场机会对企业的吸引力(或可行性)的大小。

第二节　汽车市场细分与目标市场营销

现代市场营销非常重视 STP 营销，即汽车市场细分化(Segmentation)、选择汽车目标市场(Targeting)和汽车产品定位(Positioning)。企业无法在整个市场上为所有客户服务，应该在市场细分的基础上选择对本企业最有吸引力并能有效占领的那部分市场为目标，并制订相应的产品计划和营销计划为其服务，这样企业就可以把有限的资源、人力、财力用到能产生最大效益的地方上，确定目标市场。选择那些与企业任务、目标、资源条件等一致，与竞争者相比本身有较大优势，能产生最大利益的细分市场作为企业的目标市场并做出合理的市场和产品定位是 STP 营销的主要任务。

一、汽车市场细分

市场细分，就是企业根据市场需求的多样性和客户购买的差异性，把整个市场划分为若干具有相似特征的客户群。每一个客户群就是一个细分市场，而每一个细分市场又包含若干细分市场。市场细分化就是分辨具有不同特征的客户群，把它们分别归类的过程。企业选择其中一个或若干个作为目标。

市场之所以能够细分的前提是市场需求的相似性和差异性，即市场是具有层次性的。

1. 汽车市场细分的常见方法

汽车产品市场的细分标准多种多样，下面介绍一些常见的细分方法。

(1) 按地理位置细分。就是把市场分为不同的地理区域，如国家、地区、南方、北方、高原、山区等。各地区自然气候、经济文化水平等因素，影响消费者的需求和反应，例如在城市用的摩托车和山区用的摩托车就是有差别的。

(2) 按人口特点细分。这是按照人口的一系列性质因素来辨别消费者需求上的差异。就是按年龄、性别、家庭人数、收入、职业、教育程度、民族、宗教等性质因素来细分的。如在研究轿车市场时，就通常按居民的收入水平进行市场细分。

(3) 按购买者心理细分。就是按照消费者的生活方式、个性等心理因素上的差别对市场加以细分。生活方式是指一个人或一个群体对于生活消费、工作和娱乐的不同看法或态度；个性不同也会产生消费需求的差异。因此，国外有些企业根据消费者的不同个性对市场加以细分。例如，有的市场学家研究发现，有活动遮篷的汽车和无活动遮篷的汽车的购买者的个性存在差异，前者比较活跃、易动感情、爱好交际等。

（4）按购买者的行为细分。所谓行为的细分化，就是根据客户对产品的知识、态度、使用与反应等行为将市场细分为不同的购买者群体。按行为细分的主要参考因素有：

① 购买理由。市场可按照购买者购买产品的理由而被分成不同的群体。例如，有的人购买小汽车是为自己上下班用，有的是为了好玩。生产厂家可根据客户不同的需求理由提供不同的产品，以适应其需要。

② 利益寻求。消费者购买商品所要求的利益往往各有侧重。这也可作为市场细分的依据。这其中可能有追求产品价廉实用的，也有追求名牌的，或者是追求造型、颜色的等等。

③ 使用者情况和使用率。对于消费品，很多市场可按使用者的情况，细分为某一产品的未使用者、曾使用者、以后可使用者、初次使用者和经常使用者等类型。也可以按某一产品使用率细分为少量使用者、中量使用者和大量使用者等类型。

④ 品牌忠诚程度。消费者的忠诚程度包括对企业的忠诚和对产品品牌的忠诚，也可作细分的依据。

⑤ 待购阶段。消费者对各种产品特别是新产品，总处于不同的待购阶段。据此可将消费者细分为六大类，即根本不知道该产品、已经知道该产品、知道得相当清楚、已经发生兴趣、希望拥有该产品和打算购买等类型。按待购阶段不同对市场进行细分，可以便于企业针对不同阶段，运用适当的市场营销组合，以促进销售。

⑥ 态度。消费者对于产品的态度可分为五种：热爱、肯定、冷漠、拒绝和敌意。对待不同态度的消费者应当结合其所占比例，采取不同的营销措施。

（5）按最终客户的类型细分。不同的最终客户对同一种产品追求的利益不同。企业分析最终客户，就可针对不同客户的不同需要制订不同的对策。如我国的汽车市场按客户类型，可以分为生产型企业、非生产型组织、非生产型个人(家庭)、个体运输户等细分市场。还可分为民用、军用两个市场。

（6）按客户规模细分。根据客户规模，可将汽车市场划分为大、中、小三类客户。一般来说，大客户数目少但购买额大，对企业的销售市场有着举足轻重的作用，企业应特别重视，注意保持与大客户的业务关系；而对于小客户，企业一般不应直接供应，可以通过中间商销售。

大多数情况下，市场细分通常不是依据单一标准，而是把一系列划分标准结合起来进行细分，目标市场取各种细分市场的交集。

如某国有大型集团公司，主要生产各种重型汽车，其重型汽车在市场占据重要地位。为进一步开拓国内市场，市场部进行了市场细分并据此确定目标市场。

大的层次上，以省、直辖市为区域，按工业布局、交通发展、资源性质、原有集团产品保有量等情况，将国内市场细分为：重要市场、需开发市场、需重点培育市场、待开发市场。如按行业类别划分市场，运输需求量大的煤炭、石油、金属等行业为重要市场，基础设施建设如高速公路建设、铁道建设、港口建设等为重点开发市场，远离铁路的乡镇矿山及采石场、乡镇小化肥厂等为需重点培育市场。

这里就是把重要程度、地理、行业、基础设施建设等标准结合起来对市场进行细分。

2. 汽车市场有效细分的条件

衡量市场细分是否成功的主要条件如下:

(1) 差异性。细分后市场客观上必须存在明显的差异。

(2) 可预测性。能够预测出现有的和潜在的需求规模或购买力。

(3) 可进入性。企业必须有能力进入细分市场,为之服务,并占领一定的份额。

(4) 稳定性。细分市场必须具有一定的稳定性,有利于企业来实施其营销策略。

(5) 实效性。企业在细分市场上应能够获得预期的收益。

二、目标市场营销

市场细分为企业提供许多营销机会,接着就要对这些细分市场进行评估,以确定准备为哪些细分市场服务。

1. 评估目标市场

1) 细分市场的规模和发展评估

主要是将目标市场的规模与企业的规模和实力相比较进行评估,并对市场增长潜力的大小进行评估。

2) 市场吸引力评估

这里的吸引力主要是指企业在目标市场上长期获利的可能性大小,主要取决于五个群体(因素):同行业竞争者、潜在的竞争者、替代产品、购买者以及原材料供应商,图8-3给出了这五个因素及其相互关系。

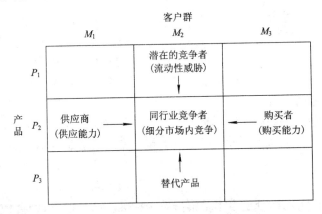

图 8-3　影响细分市场吸引力的五个因素及其关系

这五种力量对企业具有威胁性,需采取相应防卫措施:对供应商应建立良好关系和开拓多种供应渠道;对客户应提供令其无法拒绝的优质产品;对同行竞争者,唯有不断提出新产品,做到人无我有,人有我优;对替代产品需密切注意其价格趋势;对新参加的竞争者要采取措施使其不易进入,进入壁垒高。

如果某个市场已有为数众多或实力强大的竞争者,或有可能招致更多的竞争者,或替代产品竞争能力很强,或购买者谈判能力很强而各种条件又太苛刻,或企业的供应者能够在很大程度上控制企业对该市场产品的供应，那么这个细分市场的吸引力就会下降。企业是否将这样的细分市场作为目标市场就应审慎决策。反之，细分市场的吸引力就会增强。

3) 汽车企业本身的目标和资源

如某个细分市场具有一定规模和发展潜力，其组织结构也有吸引力，企业还必须对该市场是否符合企业的长远目标，企业是否具备获胜能力以及是否具有充足的资源等情况进行评估。

2. 制订目标市场营销战略

目标市场营销战略是企业在市场细分和评估基础上，对拟进入的目标市场制订的经营战略。主要有以下两种类型。

1) 整体市场营销战略

整体市场营销战略就是要面对整个市场，以所有的细分市场为目标，为满足各个细分市场上不同的需要，分别为之设计不同的产品，采取不同的市场营销方案，分别向各个细分市场提供不同品种的汽车产品的营销战略。

这种战略比较适合于我国的大型汽车企业(集团)，例如以宽系列、全品种发展汽车产品的营销战略便是面对各个细分市场制订的细分战略。

2) 密集型市场营销战略

密集型市场营销战略是选择一个或少数几个细分市场作为目标市场，制订一套营销方案，集中力量为这一两个目标市场服务，争取在目标市场上占有大量份额。由于目标集中，产品更加适销对路，专业化经营，生产成本和营销费用可降低。但这种战略也有风险，一旦市场发生变化，由于产品集中此市场，就会使企业亏损。

这种战略最适于实力一般的中小型汽车企业，一些出口汽车企业最初进入国际市场时也常采用此种战略，他们开始时以一个不被竞争者重视的细分市场为目标，集中力量在这个目标市场上努力经营，提供高质量的产品和服务，赢得声誉后再根据自己的条件逐渐扩展到其它市场上去。日本、韩国的汽车公司大多数是运用了这种战略，才在国际汽车市场上取得惊人成绩的。

以上讨论的两种营销战略都是以市场细分为前提，都属于差异性营销战略。在有些情况下，企业也可以采取无差异的营销战略。例如美国福特公司 20 年代初期所生产的 T 型车，其营销战略就属此类。这种战略是针对市场共性的一种求同存异的营销战略。它的优点是可降低成本，节约生产和营销费用，但因产品单一，所以竞争能力差，不能满足客户的多方面需求。同样是 T 型车，在 20 年代后期就因形势变化，消费者的需求改变而致使企业损失惨重。

另外，企业在选择营销战略时，必须考虑到企业的实力、产品的差异性及所处生命周期阶段、市场的差异与市场规模以及竞争对手的营销战略等因素对目标市场营销战略选择的影响。企业应以自身的优势选择营销战略。

三、市场定位

当企业选定一个目标市场后，同行的竞争对手也在争夺这一目标市场。如果大家都向这个市场推出同类产品，消费者就会向价格最低的公司购买，最终大家都降价，没有什么利益可得。唯一的办法是使自己的产品与竞争者的产品有差别，有计划地树立自己的产品的某种与众不同的理想形象，有效地使自己的产品差异化，去获得差别利益。这就是市场定位的功能。

市场定位是现代市场营销学中的一个重要概念，是市场细分化的直接后果。

1. 市场定位的概念

所谓市场定位，就是企业根据客户对产品的需求程度和市场上同类产品竞争状况，为本企业产品规划一定的市场地位，即为自己的产品树立特定形象，使之与众不同。市场定位的过程就是在消费者心目中为公司的品牌选择一个希望占据的位置的过程。我们也可以理解为市场定位就指企业以何种产品形象和企业形象出现，以给目标客户留下一个深刻印象的过程，是一个使自己产品个性化的过程。

对于汽车产品来说，因其产品繁多，且各有特色，广大客户又都有着自己的价值取向和认同标准，企业要想在目标市场上取得竞争优势和较大收益，市场定位是非常必要的。

2. 市场定位策略

(1) 比附定位。这种定位方法就是以攀附名牌或比拟名牌来给自己的产品定位，借名牌之光而使自己的品牌生辉。如沈阳金杯客车制造公司金杯海狮车的"金杯海狮，丰田品质"的定位就属此类。

(2) 属性定位。这是指根据特定的产品属性来定位。如"猎豹汽车，越野先锋"就属此类。

(3) 利益定位。这是指根据产品所能满足的需求或所提供的利益、解决问题的程度来定位。如"解放卡车，挣钱机器"即属此类定位。

(4) 与竞争者划定界线的定位。这是指与某些知名而又属常见类型的产品做出明显的区分，给自己的产品定一个相反的位置。

(5) 市场空当定位。企业寻找市场尚无人重视或未被竞争对手控制的领域，使自己推出的产品能适应这一潜在目标市场的需要的定位策略。如国内去年推出 MPV 车时在定位上就采用了这一策略，把 MPV 车定位在"工作＋生活"这个市场空当，获得了较好的效果。

(6) 质量/价格定位。这是指结合质量和价格来定位。如物有所值、高质高价或物美价廉等定位方式。例如一汽轿车的红旗明仕 18 的市场定位"新品质、低价位、高享受"即属此类。

第九章　汽车市场信息的流动

第一节　汽车市场信息概述

一、汽车市场信息的不对称性

自 2001 年度诺贝尔经济学奖授予了三位美国经济学家：约瑟夫·斯蒂格利茨、乔治·阿克尔洛夫、迈克尔·斯彭斯，以表彰他们 20 世纪 70 年代在"使用不对称信息进行市场分析"领域所做出的重要贡献之后，人们对市场的信息不对称性开始注意。

信息不对称，根据瑞典皇家科学院的新闻公报阐释，就是信息的非对称现象，即买卖中的一方往往掌握比另一方更多的信息，这种现象在许多市场中存在。而一个市场经济的有效运作，需要买者和卖者之间有足够的共同的信息。如果信息不对称非常严重，就有可能限制市场功能的发挥，在极端情况下，会使整个市场不存在。

本章叙述的重点是在市场信息不对称的情况下如何让信息流通，即信息障碍怎样克服。例如，在汽车市场，目前存在这样的一种趋势，随着对市场的划分越来越细，企业推出的新车型也越来越多，这种趋势在市场竞争白热化的今天带来的后果就是车型的差异化越来越小。越来越小的差异化现象至少说明了两个方面的问题：汽车厂商不知客户的需求在哪里；客户也不知厂商有哪些车型能满足他们的需求。这就需要信息的获得，需要信息的流通。

二、市场营销信息系统

1. 市场营销信息系统的作用

市场营销信息系统，是指一个由人员、机器和程序所构成的相互作用的复合体。汽车厂商借助市场营销信息系统收集、挑选、分析和评估信息，并适当分配及时准确的信息，为市场营销管理人员改进市场营销计划、执行营销任务和控制工作效果提供依据。

2. 市场营销信息系统的构成

1) 内部报告系统

内部报告系统普遍存在于各汽车厂商中，是最基本的营销信息系统。例如：财务部门提供的资金运转信息；物资部门提供的物资组织、库存信息；生产部门提供的产品生产信息；销售部门提供的车辆销售信息等，甚至包括人力资源信息，只要是与营销有关的厂商自身的所有信息都由该报告系统提供。

2) 外部信息系统

外部信息系统主要收集经济信息、科技信息、市场信息等一切与汽车厂商经营活动有关的宏观环境和微观环境信息，为汽车厂商决策提供服务。该系统包括厂商的各销售网点、推销人员，也包括厂商专门设置的部门，例如市场部。

3) 专题研究系统

专题研究系统是对一些专门问题进行研究而形成的信息系统。

由以上叙述可知，市场营销信息系统是一个无形的系统，但它又存在于各厂商有形的组织结构中。该系统的有形领导者一般是市场部。

第二节　汽车市场信息的获取

一、汽车市场调查的内容及方法

营销大师科特勒曾说过："营销胜利的基础越来越取决于信息，而非销售力量。"汽车市场信息调查是指对汽车用户及其购买力、购买对象、购买习惯、未来购买动向和同行业的情况等方面进行全局或局部的了解，是汽车厂商对汽车市场进行预测和制订营销决策的基本依据。

1. 汽车市场调查的主要内容

从广义上说，只要涉及汽车市场的所有内容都在调查的范围中。从狭义上说，某汽车厂商在制订营销策略时所需要了解的某几方面的内容就是调查的内容。

汽车市场调查的内容概括起来主要有以下几个方面。

1) 汽车市场营销环境调查

对汽车市场营销环境的调查主要是对影响汽车市场宏观和微观环境的因素的调查。例如：政府对汽车市场的主导作用而造成的营销环境变化，影响因素有法律法规方面、经济政策方面等；科技进步产生的营销环境变化，影响因素有新车型新技术的发展速度、变化趋势、应用和推广等；当地社会形成的营销环境，影响因素有当地人的文化水平、宗教、习俗、民族特点、风俗习惯等。

2) 汽车市场需求调查

汽车市场需求是汽车厂商最关心的问题，也是汽车市场调查最多最普遍的内容。汽车厂商对汽车市场的细分、营销策略的制订基本上是建立在这方面的调查上的，故这方面的调查内容也分得最细并极其广泛。例如，汽车市场容量调查、消费者购车行为调查、影响汽车需求的因素调查等。总之，汽车市场需求调查就是各汽车厂商围绕着人口、购买力和购买欲望，从不同的角度所进行的调查。

3) 汽车产品调查

从经济学的角度来说汽车产品是资本的载体；从营销学的角度来说汽车产品是营销组合技术中的一个不可或缺的重要组成。可见，汽车产品能否被市场接受关系到汽车厂商的生死存亡，所以汽车产品的调查是汽车市场调查中的一个重要内容。该项内容的调查主要是针对消费者对汽车的需求展开的。例如汽车新产品的设计，现有产品的改良，目标客户在产品款式、性能、质量和包装等方面的偏好等。

4) 竞争对手调查

有一个问题：当每个汽车厂商都把客户当成上帝时，厂商关注的对象是谁？竞争对手！因此，每一个汽车厂商在市场上运作时都会关注除己以外的每个汽车厂商。

对竞争对手的调查概括起来主要有这几方面的内容：

① 谁是竞争对手。广义而言，制造相同产品厂家都可视为竞争对手。除此之外，还应在竞争对手中分清谁是最强的竞争对手，谁是次强对手以及潜在对手。

② 确认竞争对手的目标。应确定竞争对手在汽车市场里找寻的除了利润以外的目标是什么，以及竞争对手主攻的市场细分区域。

③ 确定竞争对手的战略。清楚竞争对手的战略将有助于调整公司某些重要认识和决策。

④ 判断竞争对手的优势和劣势。

⑤ 确定竞争对手的反应模式。

5) 汽车厂商自身营销组合要素的调查

这种调查是汽车厂商对自身的调查，其目的是对自身有一个清醒的认识，以便今后更好地营销。该调查内容主要有四方面：品牌和车身、汽车销售价格、汽车营销渠道和汽车广告促销。

2. 汽车市场调查的方法

市场调查按照资料来源可分二手资料调查与一手资料调查。二手资料是调查之前就已经由他人对外公开的、经过转载的资料，而一手资料是需要调查者亲自去发现的资料。二手资料调查可分为资料检索法和专家研究法，一手资料调查可分为定性调查法和定量调查法。

1) 资料检索

资料检索是根据汽车市场活动的需要，对原始信息进行加工、处理和分析后所形成的信息。

资料检索的资料来源大致可分为内部和外部两种。内部资料是指汽车厂商数据库内跟踪所得的资料，例如客户、销售量、供应商、销售商以及其它资料。外部资料是指汽车厂商从外部得到的资料，该来源有很多方式，例如报纸、杂志、简报、媒体报导、政府公报、统计数据、图书馆藏书等。

资料检索建立在数据收集的基础上，数据收集的信息越全可以使信息分析的准确性越高。这就要求汽车厂商建立数据库，要求信息人员平时就注意有关方面信息的收集，其中数据库可以说是成功的关键。

2) 定性调查法

定性调查是指设计问题非格式化，收集程序非标准化，而更多的是探索客户需求心理层次，一般只针对小样本进行研究的一种调查方式。定性调查常采用的调查方法有：

(1) 观察法。观察法是调查者利用眼睛、耳朵等感觉器官和其它科学手段及仪器，根据调查课题对研究对象进行观察取得所需资料的一种方法。

(2) 焦点访谈法。焦点访谈法是调查者根据调查课题挑选一组具有代表性的消费者或客户，由主持人主持对某一专题进行深入讨论的一种调查方法。这种调查方法的特点是，调查者可在隔壁的房间内通过录音和摄像或单面镜了解调查的进程。这种调查方式通常被视为一种最重要的定性研究方法，在国外得到广泛的应用，我国许多调查机构也越来越多地采用这种方法。

(3) 深度访问法。一种无结构、直接的、一对一的访问。由调查员对被调查者进行深入的访谈，用以揭示对某调查问题的潜在动机、态度和情感。

(4) 投射技术法。焦点访谈法和深度访问法在调查时都明显地将调查目的表露给被调查者，这种方法对某些敏感型的话题不太合适。投射技术法采用的是一种无结构的、非直接的询问方式，可以引导被调查者将调查者所关心的话题的潜在动机、态度或情感表达出来。

投射技术常用的类型有：

① 词语联想法。由调查者说一个词给被调查者，然后让他在 3 秒钟内说出他脑海中出现的第一种事物。

② 句子和故事完成法。给出不完整的一组句子或一段故事，要求被调查者完成。

③ 漫画测试法。使用与连环漫画相似的漫画图像，要求被调查者在看完写有对话的一张漫画后，填写另一张空白的漫画对话。

④ 第三人称法。这种方法的关键是被调查者不是以第一人称而是以第三人称来表述问题。例如，"你的同事"、"大多数人"等。

3) 定量调查法

定量调查是一种利用结构式问卷，抽取一定数量的样本，依据标准化的程序来收集数据和信息的调查方式。定量调查侧重于被调查对象及事物的统计特征，侧重于数量方面的资料收集和分析。

(1) 入户访问。入户访问指调查者在被允许的情况下进入被调查者家中单独进行访问。这种方式是现在唯一一种在理念和消费者刺激的研究中获取资料的随机抽样方式。

(2) 街头拦截。 在公共场所按一定的规律(如每隔一定的时间或每隔几个行人)选择被调查者，在征得同意后按问卷要求进行访谈。

(3) 留置问卷调查。调查者事先与被调查者取得联系，向他们介绍调查的目标并把问卷留下让被调查者自行完成，调查者会在某一时间去取回调查问卷或由被调查者用预付邮资的信封将问卷寄回。

(4) 邮寄调查。邮寄调查是指调查者把调查问卷寄给事先联系好的被调查者，由他们完成后再把问卷寄回给调查人员的一种方式。

(5) 电话调查。电话调查是指调查者利用电话与被调查者进行语言交流，从而获得信息，采集数据的一种调查方法。

(6) 网上调查。借助计算机网络实现调查者调查目标的一种市场调查方式。

二、汽车市场调查的相关技术

1. 抽样技术

汽车市场调查是在调查对象(被调查者)中进行的，这就涉及一个调查对象的选择问题。调查对象的选择有全面普查、重点调查、典型调查和抽样调查 4 种方法，其中抽样调查是使用较为广泛的一种方法。

1) 信息源

进行市场调查首先必须确定从何处收集资料，这个问题就是信息源确定的问题。记录或信息内容发生和存在的地方，也就是人们所要收集的资料存在的地方或来源的对象，即为信息源。信息源具有这样几个特征：

(1) 与欲调查事件或信息内容的联系最密切。

(2) 对欲调查事件发生过程或信息内容有完整的记录或记忆。

(3) 具有对欲调查事件发生过程或信息内容的长期记忆功能或记录保持功能。

(4) 在一定的条件下能够讲述或再现欲调查事件的全貌。

例如，欲调查某款汽车投放市场后最近两个月的销售数量及其变化规律，下面哪个选项可作为信息源？

A. 政府的统计部门　　　　　B. 消费者　　　　　C. 汽车商店

政府的统计部门提供的数据是有一定的时间限制的，即季末或年末才进行统计，且公布的数据不一定符合调查者的要求；消费者只会记忆或记录自己的消费购买，不会对市场上某款汽车商品几个月来的销售量做记录，显然，汽车商店是最适宜的信息提供地。所以，在这个问题中汽车商店是信息源。

2) 母体、样本和抽样调查

信息源的全体成员称为母体。

在母体中选择具有代表性的一部分加以调查，这些被抽取出来作为调查对象的成员称为样本。样本本身具有母体的特征，并且应当具有代表性。例如，在对某类消费者(母体)进行抽样调查时，选择调查的消费者(样本)应当与未选择的消费者具有相似的收入水平、消费习惯、文化背景、消费层次和市场环境。如果出现不同，所调查的消费者信息就不能反映其它消费者的信息，从样本特征值推断母体特征值时，就会发生偏差。

所谓特征，是指母体和样本的某个属性，如性别、年龄、职业等。一组互斥的属性特征集合为变量。母体中某一变量的综合描述称为母体特征值(简称母体值)，它反映母体中所有元素的某种特征的综合数量表现。调查样本中某一变量的综合描述称为统计特征值(简称统计值)，它反映样本中所有元素的某种特征的综合数量表现。我们往往用平均值与标准差来反映某一特征值，并用统计值作为母体值的估计值，这就是抽样调查的原理。在消费者之间存在差异的情况下，必须选择特征值不同的消费者，避免以偏概全。

从母体中抽取样本，然后以样本的统计特征值推断母体特征值，这种调查称为抽样调查，其原理如图9-1所示。

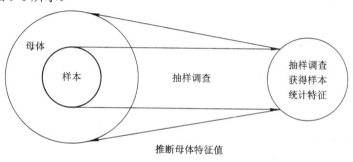

图 9-1　抽样调查原理

3) 抽样和抽样框

所谓抽样，即从母体中抽出一部分样本。抽样框又称做抽样范围。它指的是一次直接抽样时母体中所有抽样单位的名单。样本或某些阶段的样本从抽样框中选取。

例如，从一个社区的全体家庭中，直接抽取 200 个家庭作为样本，那么，这个社区全体家庭的名单就是这次抽样的抽样框。如果是从这个社区的所有单元中抽取部分单元的家庭作为调查的样本，那么，此时的抽样框就不再是全社区家庭的名单，而是全社区所有单元的名单了，因为此时的抽样单位已不再是家庭，而是单个的单元了。

4) 抽样调查的基本程序

抽样调查的基本程序如图 9-2 所示。

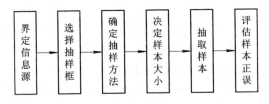

图 9-2　抽样调查的基本程序

从调查的基本程序中可看出，在抽样调查中采用什么抽样方法和抽取样本的大小对调查的结果影响很大。

5) 抽样方法

调查样本的选取即抽样方法对抽样调查结果有极为重要的影响。抽样方法可按不同的标准进行分类，如图 9-3 所示。

(1) 随机抽样法。随机抽样是按照随机原则从母体单位中抽取样本的抽样方法。这种抽样方法具有统计推算的功能，能如实地算出样本的代表性程度，还可以判断抽样误差，但这种抽样方法不省钱，不省时，不方便。随机抽样法具体有以下几种。

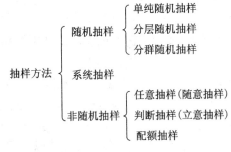

图 9-3　抽样方法分类表

① 单纯随机抽样法。即母体中的每个成员被选中的机会相等的一种随机抽样方法。采用单纯随机抽样，可用统计学的方法来排除选择过程中的人为偏差。常用的方法有抽签法和乱码表法。

● 抽签法。常用一个骰子，这个骰子必须是 0~9 有同等的出现机会，一个立体正 10 面形的骰子，可以满足需要。

例如：要从 1500 个样本中选出 30 个样本，则把这个骰子转动 3 次，以最先得到的数字为百位，第二次为十位，第三次为个位，组成一个数，反复转动骰子，可得到一组数据，即为样本的序号。

● 乱码表法。它是将 0~9 的 10 个自然数按编码位数的要求(如两位一组，三位一组，五位甚至十位一组)，利用特制的摇码器(或电子计算机)，自动地逐个摇出(或电子计算机生成)一定数目的号码编成表(例如表 9-1)，以备查用的方法。这个表内任何号码的出现，都具有同等的可能性。

表 9-1　乱 码 表 举 例

1	13	21	96	10	43	46	00	95	62	09	45	43	87	40	08	00
2	12	84	54	72	35	75	88	47	75	20	21	73	48	33	69	27
3	57	38	76	05	12	35	29	61	10	48	02	65	25	40	61	54
4	04	89	13	90	56	56	66	53	90	13	89	11	82	75	18	25
5	10	88	94	70	76	54	45	07	71	24	53	48	10	01	51	99
…	…													…		…
49	25	34	54	76	86	67	59	21	10	05	77	54	87	87	43	21
50	44	34	35	67	68	86	98	09	02	34	56	19	10	30	32	70

举例，某汽车企业要调查消费者对某车型的需求量，要从 95 户居民家庭中抽选 10 户居民作为样本，采用乱码表法抽选样本。具体步骤如下：

第一步：将 94 户居民家庭编号，每一户家庭一个编号，即 01～94。(每户居民编号为 2 位数)

第二步：在上面的表中，随机确定抽样的起点和抽样的顺序。假定从第一行、第 5 列开始抽，抽样顺序为从左向右。(横的数列称为"行"，纵的数列称为"列"。)

第三步：依次抽出号码分别是：43、46、00、95、62、09、45、43、87、40，共 10 个号码。由于 00、95 两个号码不在总体编号范围内，应排除在外。再补充两个号码：08、12。

由此产生的 10 个样本单位号码为：43、46、62、09、45、43、87、40、08、12。

编号为这些号码的居民家庭就是抽样调查的对象。

需要说明的是，编号为 43 的居民家庭两次出现在样本里。这属于重复抽样。所谓重复抽样，是指母体中某一单位被抽中作为样本后，再放回总体中，有可能第二次被抽中作为样本。

不重复抽样是指母体中的每个单位只可能抽中一次作为样本。即某一单位抽中作为样本后，不能再放回总体中，也就没有可能第二次被抽中作为样本。

上例中若要求为不重复抽样，则 10 个样本单位号码就应是：43、46、62、09、45、87、40、08、12、84。

采用乱码表法抽取样本，完全排除了主观挑选样本的可能性，使抽样调查有较强的科学性。

② 分层随机抽样法。它是指先将母体内的单位按其属性特征分成若干层次。层与层之间差别较大，层内各单位情况类似，然后再从各层内随机抽取样本的抽样方法。分层抽样的关键在于层的划分。在分层时要注意：

● 每一个单位都归属于一定的层，不允许交叉或者有所遗漏；

● 各层中的单位数目及占母体的比重；

● 分层不宜过多，否则不便于从每层中抽样。

常见分层方法有下述几种：

● 按性别或职业分层；

● 按零售店规模大小分层；

● 按消费者所得分层；

● 按年龄分层。

③ 分群随机抽样法。它是将母体各单位按一定标准分成若干群体，然后按照随机原则从这些群体中抽选部分群体作为样本，对作为样本的群体中的每个单位逐个进行调查。

这种抽样方法适用于个体界限不清的母体。因为母体的差异性很小，而且乱度很大，便不能订立标准分层，只能依其它外观的或地域的标准来划分成几个群。

例如，拟从某市抽出 1000 名样本，但无法取得该市市民名册，所得资料只有社区、街道的名称和数目。假定该市共有 200 个社区，每个社区中每一个单位约有 20 名居民，可以社区为信息源，从 200 个社区中随机抽出 50 个单位，并将所抽出的单位中的全体居民作为样本，如此可抽出 1000 名样本。

分群抽样与分层抽样在形式上有相似之处，但实际上差别很大。分层抽样要求各层之间的差异很大，层内个体或单元差异小，而分群抽样要求群与群之间的差异比较小，群内个体或单元差异大；分层抽样的样本是从每个层内抽取若干单元或个体构成，而分群抽样则是要么整群抽取，要么整群不被抽取。

(2) 系统抽样法。系统抽样法又称"等距抽样法"。它是将母体中的个体按某一特征(或编号)排列，然后依固定的顺序和间隔抽取样本。系统抽样法介于随机抽样法和非随机抽样法之间，其抽样流程如下：

抽样前，须将母体的每一个单位编号，先计算样本区间(即 N/n。N 表示母体的数目，n 表示样本的大小)，如果样本区间为分数，可四舍五入化为整数。然后从 1 到 N/n 号中随机抽出一个号码作为第一个样本单位，将第一个样本单位的号码加上样本区间即得第二个样本单位，依此类推，直到样本数足够为止。其第一个样本单位可以依判断抽样法(此法见本章后面内容)抽取，也可用随机方式抽取。

例如，母体样本有 10 000 个，样本的大小定为 200 个，则样本区间为 10 000/200＝50，假如从 1 到 50 中我们随机抽出了 17，则样本单位的号码，依次为 17，67，117，167，217，…直到样本达到 200 个为止。

系统抽样法适用于对零售店数据的常规调查。

(3) 非随机抽样法。非随机抽样不是遵循随机原则，而是调查人员根据自己的主观选择抽取样本的方法。这种抽样方法主要应用于抽样母体太庞大、太复杂，无法判断误码且无法估计抽样误差时。与随机抽样相比，这种抽样方法省钱、省时、方便。非随机抽样法具体有以下三种。

① 任意抽样法。任意抽样法(又称随意抽样法)是按调查者的方便所选取的样本。母体的标志是"同质"时可用此法。常用于街头作访问调查时(看到谁就访问谁)。其优点是使用方便，最省钱。其缺点是抽样偏差极大，结果极不可靠。因此通常不应利用一个任意抽样样本估计母体变量的数值，因为一个母体中"任意"单位极可能和其它"不任意"的单位有显著的不同。

② 判断抽样法。又称"立意抽样法"，是根据专家的判断决定所选的样本。使用这种方法时必须对母体的有关特征有相当的了解，并应极力避免挑选极端的类型，而应选取"多数型"或"平均型"的样本作为调查研究的对象，以期透过对典型样本的研究来了解母体的状态。其优点是由于判断抽样法是按照调查人的需要选定样本的，故比较能适合特殊的

需要，收回率也较高。其缺点是如果主观判断产生偏差，则判断抽样极易发生抽样误差。故它适用于母体的构成单位极不相同且样本数很小的情况。

③ 配额抽样法。它是按照一定的标准(即分层标准)和比例分配样本数额，然后由调查人员在分配的额度内任意抽取样本的一种方法。它一般适用于小的市场调查，其执行步骤如下：

● 选择"控制特征"作为细分母体的标准。
● 将母体按"控制特征"细分成数个子母体。
● 决定各子母体样本的大小，通常是将总样本数按各子母体在母体中所占的比例分配。

采用此法时，为了清楚样本在各层中的分配状况，必须先拟出一个样本交叉控制表。

例如，为了调查某品牌汽车不同用户的满意度，需抽取样本总数为 40 人，其中，男女人数分别为 21 和 19，社会阶层上、中、下等人数分别为 8、18 和 14，年龄在 20～29、30～44、45～64、65 以上各阶段的人数分别为 8、23、8 和 1，则该样本的交叉控制表如表 9-2 所示。

表 9-2 交叉控制表

社会阶层		上		中		下		合计
性别		男	女	男	女	男	女	
年龄	20～29				1	4	3	8
	30～44	6	2	4	7	1	3	23
	45～64			4	2	1	1	8
	65 以上					1		1
小 计		6	2	8	10	7	7	40
合 计		8		18		14		40

表 9-2 中的社会阶层、性别、年龄就是控制特征，这些控制特征交叉部分就形成了一个子母体。

● 选择样本单位。各子母体样本数确定后，即可采用任意抽样法为每一个调查员指派"配额"，要他在某个子母体中访问一定数额的样本。

6) 样本数量的确定

样本数量可以影响调查数据的质量，而样本数量的多少在很大程度上取决于各个个体之间的相似程度和相关信息的种类。如果母体中各个个体之间高度相似，任意选取一个样本就可以比较清楚地说明母体的特征。但是，如果各个个体之间存在较大差异，而要求样本统计特征值能够反映和说明母体的情况，就需要选取较多的个体作为样本。

样本数量的确定方法有好多种，这里主要介绍一种常用的较为准确的数量方法——置信区间法。要理解这种方法，首先要确定可信度要求。

可信度是表明特定样本的估计值被视为对母体参数的真实估计的准确与可靠程度的概念。与可信度对应的是误差的显著性水平。95%的置信水平(表示样本估计值落入可信区间的概率为 0.95)对应有 5%的误差显著性水平；而 99%的置信水平对应有 1%的误差显著性水平。这两种显著性水平是经常采用的。有关可信区间等统计学概念，请参阅统计学专门教材。

对每个样本进行调查取得的某种数据称为样本值。抽样调查取得的该类数据的全部样本值可用于计算样本平均值以及标准方差。样本平均值反映全部样本的某种数据的平均水平，通常记为 $\overline{X}$；标准方差则反映各个样本值在平均值周围分散的程度或离散度，记为 S^2。有些情况下也用到样本平均值的标准误差(SE_X)。如果这个统计数据大，那么该样本估计值与母体参数的真实值偏差也大；如果这个数据较小，就可以相信样本估计值是一个较好的、可靠的母体参数的代表。

不论样本数量多大，在将样本平均值视为母体均值时，总是存在一定的误差。统计学理论证明，样本平均值的标准误差大小与样本数量的平方根成反比。这一定理用数学公式来表达就是

$$SE_X = \frac{\sigma}{\sqrt{n}} \tag{9-1}$$

式中：σ 为母体的标准方差；n 为样本数量。

根据上述定理，不难推导出

$$n = \frac{\sigma^2}{SE_X^2}$$

这就是用来计算样本数量的数学公式。运用该公式，要知道已知母体的标准方差。另外，必须知道可接受的标准误差值。一般情况下，母体的标准方差是不知道的，要以 K 个个体组成的样本组的标准方差来代替。K 个个体构成的样本组的标准方差可作为母体方差的一个合理估计，用下式计算：

$$\hat{\sigma} = \sqrt{\frac{\sum(X_i - \overline{X})^2}{K-1}}$$

另一个可用于计算简单随机抽样的样本数量的数学公式是

$$n = \left(\frac{Z\hat{\sigma}}{E}\right)^2$$

式中：Z 为统计量，对应于希望达到的置信水平，在正态分布下，95%的置信水平所对应的 Z 为 1.96，99%的置信水平所对应的 Z 为 2.58；E 为可接受的最大误差（即精确度为 $\pm E\%$）。

计算示例。以 95%的可信度对一支销售队伍的平均销售能力进行随机抽样调查，如果要求样本平均值与母体真实平均值之间可接受的最大误差量为 2.0，则在假定 $\hat{\sigma} = 12$ 时，样本数量为多大？

因为对应于95%的置信水平时，$Z = 1.96$，所以

$$n = \left(\frac{1.96 \times 12}{2.0}\right)^2 = 138(\text{个})$$

由公式(9-1)也可以发现，要提高样本估计值的准确度，虽然可以通过增加样本数量来

实现，但是，需增加的样本数量将呈二次指数速度增长。具体而言，一个样本数量是 1000 的抽样调查结果所存在的样本误差只是一个样本数量为 4000 的样本误差的 2 倍，或者说，一个样本数量是 4000 的样本误差只是样本数量为 1000 的样本误差的 1/2，因为

$$样本误差之比 = \sqrt{\frac{4000}{1000}} = 2$$

调查费用也是影响样本数量的因素之一。调查活动的费用总是随着样本增多而增加的，选择的样本数量越大，所需投入的资金和人力、物力就越多。从节约费用的角度考虑，样本数量应当小一些。

2. 市场调查问卷设计

调查问卷的设计或称调查表的设计，是市场调查的一项关键工作。如果一份调查表设计的内容恰当，就既能使调查达到预定的调查目的，又能使被调查者乐意合作，它就会像一张网，把需要的信息收拢起来。调查表往往需要认真仔细地拟定、测试和调整，然后才可大规模使用。要设计一份受欢迎的调查表，要求设计者不仅懂得市场营销的基本原理和技巧，还要具备社会学、心理学等方面的知识。

1) 问卷设计的程序

调查问卷的设计程序如下：

(1) 透彻了解调查计划的主题；

(2) 决定调查表的具体内容和所需要的资料；

(3) 逐一列出各种资料的来源；

(4) 将自己放在被调查人的位置，考虑这些问题能否得到确切的资料，哪些问题调查人方便回答，哪些难以回答；

(5) 按照逻辑思维，排列提问次序；

(6) 决定提问的方式，哪些用多项选择法，哪些用自由回答法，哪些需要作解释和说明；

(7) 写出问题，要注意一个问题只能包含一项内容；

(8) 每个问题都要考虑给解答人以方便，如果用对照表法，就要研究用哪些询问项目，如果用多项选择法，就要考虑应列出哪几种答案；

(9) 每个问题都要考虑能否对调查结果进行恰当的分类；

(10) 审查提出的各个问题，消除含义不清、带有倾向性和其它疑点的语言；

(11) 考虑提出问题的语气是否自然、温和、有礼貌和有趣味性；

(12) 考虑将得到的资料是否对解决问题有帮助，如何进行分析和交叉分析；

(13) 以少数调查者为对象，对调查表进行小规模的预测；

(14) 审查预测的结果，既要考虑所收集的资料是否易于列表，又要考虑资料的质量，看是否有不足之处需要改进；

(15) 重新设计调查表并打印出来。

2) 问卷的格式

问卷的格式一般可作如下安排：

(1) 问卷说明(开场白)。问卷说明意在向被调查者说明调查的意图、填表须知、交表时间、地点及酬谢方式等。问卷说明应言简意赅，强调调查工作的重要性，消除被调查者的疑虑，并使之引起共鸣，产生兴趣。

(2) 调查的问题。这是调查问卷中最主要的部分。它主要是以提问的形式呈现给被调查者，提问的具体内容视调查目的和任务而定。

(3) 被调查者的情况。具体如年龄、性别、职业、住址、受教育程度、婚姻状况、家庭人口等，以备各类研究之用。

(4) 编号。这主要是为了便于统计。

(5) 调查者情况。在问卷的最后，附上调查人员的姓名、访问日期等，以核实调查人员的情况。

3) 问卷设计的注意事项

(1) 问卷中问句的表达要简明易懂、意思明确，不要模棱两可，避免用"一般"、"通常"等词语。如问"你通常读什么样的杂志"，这个"通常"很容易使人不知道怎样去理解，是指场合还是指时间。

(2) 调查问句要有亲切感，并要考虑到答卷人的自尊。

(3) 调查问句要保持客观性，避免有引导的倾向，应让被调查者自己去选择答案。

(4) 调查问卷要简短，以免引起填表人的厌烦。全部问题最好能在15分钟之内答完，否则会使被调查人因时间过长而敷衍答卷，影响问卷调查的质量。

(5) 问卷中各问题之间的间隔要适当，以便答卷人看卷时有舒适感；印刷要清晰；问卷的页数超过一页时要装订好，避免缺页。

(6) 问卷中问题的安排应先易后难，不要第一个问题就把人难倒。核心问题应放在问卷的前半部分。

(7) 调查问句要有时间性。发生时间过久的事件，不易回忆且不准确。例如，"您今年以来看了几次我们的广告？"这一问题不易回忆，不是难倒被调查者，就是导致对方胡乱回答。

4) 问卷中问题的提问方式

(1) 二项选择法，又称是否法或真伪法，即答案分为两个，回答者选择其一。

例如：你看过××广告没有？

A. 看过　　　　　　　　　　B. 没有

这种提问方式的优点是态度与意见不明确时，可以求得明确的判断，并在短暂的时间内，求得回答，使持中立意见者偏向一方；缺点是不能表示意见程度的差别。

(2) 多项选择法，就是给出多项选择，让被调查者从中选出一个或多个他认为符合情况的答案。使用这种方式时应注意：须将选择答案事先编号；答案须包括所有可能情况，并避免重复；选择的答案不宜过多，以不超过10个为最理想。

(3) 顺位法，即在多项选择的基础上，要求被调查者对询问的问题作出回答，按自己认为的重要程度和喜欢程度顺位排列。这种提问方法的询问方式通常有以下几种：

① 下面几项最重要的是哪一项？

② 下面各项中，请将你认为重要的选出两项、三项或四项。

③ 下面各项中，请把你认为重要的选出若干项(无限制选择法)。

④ 将下列各项，按重要的次序注上号码(顺序填充法)。

⑤ 将下列各项分为极其重要、比较重要、不太重要、一点也不重要等 4 种(等级分配法)。

⑥ "A 与 B 哪一个重要?"、"B 与 C 哪一个重要?"(对比法)。

(4) 自由回答法，即不限定答案，回答者可自由申述意见，不受任何约束。这种方式的优点是：拟定问题不受拘束，较其它访问方式容易；对回答者不限制回答范围，可获得建议性意见。其缺点是：对不能明确回答的问题，回答者大都用"不知道"等含糊之词；调查受调查员访问方式以及表达能力影响；统计需很长时间，几乎难以做到各种精细的分析；记分困难，信度偏低。

(5) 偏向偏差询问法，即调查到底偏差到何种程度，方能改用其它牌子，以测定用户对品牌支持的程度。常用的询问方法有：

① 现在你用什么牌子的汽车? 若答 A 则问②。

② 目前最受欢迎的是 B，今后你是否仍打算买 A? 若答"是"则问③。

③ (对②答"是"的人)据说 B 的价格要降低一成，你还用 A 吗?

(6) 回想法，用于测验用户对品牌名、公司名、广告的印象深度。

(7) 图案标示法，就是将答案用图示符号对称排列，两边意义相反。

例如：你对本汽车特约专卖店的服务是否满意? 请您在满意的程度上划"√"(图 9-4 给出了表示顾客满意程度的符号)。

(a) 很不满意　　(b) 不太满意　　(c) 一般　　(d) 比较满意　　(e) 非常满意

图 9-4　表示顾客满意程度的符号

(8) 强制选择法。在回答有的问题时，被调查者经常受到社会压力的作用，不按其真正看法作答，而按社会要求作答，为避免这种情况可采用强制选择法设计问题。

例如：对"你觉得××轿车式样好不好"这个问题可由被调查者在以下两个答案中选出接近他的看法的一个：

A. ××牌轿车具有很好的式样。

B. ××牌轿车的式样过于老化。

(9) 意见调查法，即对某一特定问题，将预先做成的意见提示给被调查者，以征询其意见。意见调查法是以问卷、口头、电话或其它方式，调查被调查者对某一事物的意见。多用于政府的社会调查、市场调查、视听众意见调查等。

(10) 竞争选择法。这种方法的测验原理是：商品选择→广告等刺激物的提示→商品选择。按这种程序，可测验提示刺激物(广告等)前后，被调查者对商品选择态度的变化。

例如：以下汽车品牌中，你最想要的一种品牌是_____。

A. 雅阁　　　　B. 帕萨特　　　　C. 奥迪　　　　D. 别克

　　这个调查结束后，再提示电视广告或报纸广告等刺激物，然后再向同样的对象提出上述问题。比较第一次和第二次的选择情况，得到测验结果。

　　选用这种方法应注意以下几个问题：

　　① 商品相互间一定要有竞争的关系；

　　② 商品价格必须几乎相同；

　　③ 选择商品时的场面，应仿照实际在市场或商店内购买商品时的场面。

　　在实际调查中亦可采用把被调查的对象分为 A、B 两个小组，然后采用分组调查对比分析的方法。

　　A 组：品牌选择 → 提示刺激

　　B 组：提示刺激 → 品牌选择

　　按 A、B 两组选择率的不同，可以发现刺激的效果。

第三节　营销信息向市场的传播

一、三个基本问题

　　营销信息向市场传播需明确三个基本问题，即传播的从属性、时间性和传播的定位。

　　传播的从属性是指传播仅仅是手段和方法，它是汽车厂商制订的营销战略和战术中的组成，从属于营销战略和战术，为汽车厂商已确定的营销战略和战术服务。因此，不能把它看成是独立的，不能由它来领导营销战略和战术。

　　传播的时间性是指传播可分长期与短期。汽车厂商欲在消费者中树立良好的形象，打造信得过的品牌，从信息传播的角度来说，需要长期的传播。而在某一阶段，如新产品的推出、促销活动等，这时所配合的传播又是短期的。长期传播的特点是表达汽车厂商的理念，故要求传播的一致性；短期传播的特点是将新产品、促销信息迅速地告知消费者，故要求传播的着重点在于有效性。长期传播和短期传播有机结合，长期传播由短期传播组成，短期传播又透着长期传播的理念。

　　传播需明确的第三个基本问题是定位问题，也是汽车厂商传播的核心问题。汽车厂商向消费者传播的内容可分两类：一类是传播汽车厂商本身的信息，一类是传播产品信息。这两类信息在传播中有时会混淆，例如，"××公司可提供××款车"和"××款车可在××公司购买"。这是两个完全不同的概念，应区分开来。

二、汽车营销市场的媒体传播

　　媒体传播是最有效、最快捷、范围最广的一种传播方法。

1. 媒体分类

　　不同的分类标准有不同的媒体类别，本书采纳这样的观点：营销市场获得的信息主要从视觉和听觉得到，故本书对媒体的分类是按视觉和听觉进行的。

　　按此法对媒体的分类如表 9-3 所示。

表9-3 媒体分类表

视 听 媒 体	视 觉 媒 体	听 觉 媒 体
电视(无线、有线、卫星)	报纸(夹报)	广播(无线、有线广播网)
影 院 广 告	杂 志	
网 络 信 息	户内外广告	
	焦点广告	
	产品及产品展卖	
	PoP 广告	
	邮递广告	

2. 媒体功能评估

从媒体的分类中可看出各媒体由于技术不同，传播方式也是不同的，从而对消费者的影响也不同，即各媒体的功能是不同的。

1) 报纸

在传统四大媒体中，报纸是发行量最多、普及性最广和影响力最大的媒体。报纸已成为人们了解时事、接受信息的主要媒体。报纸的主要特点有以下几个方面：

(1) 信息传递及时。大多数综合性日报或晚报，出版周期短，信息传递较为及时。这也是平面媒体的最大优点。一些时效性强的产品广告，如新车型的推出和带有新闻性的产品，就可利用报纸，及时地将信息传播给消费者。

(2) 信息量大，说明性强。报纸的信息是以文字符号为主图片为辅进行传递的，信息量很大。同时，这种文字加图片的传播方式，将文字的说明作用和图片的形象功能结合起来相得益彰，说明性很强，可以详尽地描述。对于一些消费者较关心的产品，可利用报纸的这一优势详细说明。

(3) 易携带、可重复。报纸具有较好的携带性，易折易带十分方便。人们在闲暇时间可随时翻看，对感兴趣的内容可重复看。一些人在阅读报纸过程中还养成了剪报的习惯，根据所需分门别类地剪裁、收集信息。这样，无形中又强化了报纸信息的可保存性及重复阅读性。

(4) 阅读具有主动性。报纸将传播的大量信息同时呈现在阅读者眼前，阅读者可以根据自己的喜好自由地选择阅读内容。

(5) 信息可靠性高。报纸传递的信息可靠性相对较高，由党政机关部门主办的机关报在读者中影响更大，威信更高。因此，在报纸上刊登的广告往往容易使消费者产生信任感。

(6) 传递的信息必须醒目。由于报纸呈献给读者的信息量很大，这些信息竞相吸引读者的注意，这样，你的广告必须格外醒目才容易引起读者的注意。

(7) 表现形式单一。报纸是印刷品，其印刷质量受材质与技术的限制，不如专业杂志、直邮广告、招贴海报等媒体的效果好。再者报纸虽是文图结合的媒体，但相对于电视及其它印刷媒体来说其表现手法显然要单调得多。

2) 杂志

杂志由于印刷精美，具有光彩夺目的视觉效果，故深受特定读者的喜爱。同时，杂志种类多、影响大，已成为现代四大广告媒体之一。杂志的特点主要有以下几个方面：

(1) 读者阶层和对象明确。杂志分类较细、专业性较强，易于选择特定阶层读者，增强广告的针对性，做到有的放矢。杂志读者一般来说都有一定的文化水平，有较好的理解能力，对专业杂志刊登的信息容易接受，这样就有利于广告发挥作用。杂志一般拥有比较稳定的读者层，如果广告对象正与该杂志的读者接近，能更有效地发挥广告的作用。

(2) 印刷精美，阅读率高，保存期长。杂志的印刷要比报纸精美得多，尤其是彩色广告，色彩鲜艳，极易引人注意，激发读者的购买欲望。杂志广告大多版面大，内容多，表现深刻，图文并茂，容易把广告客户要提供给读者的信息，完整地表达出来。

杂志提供给读者的阅读内容有相当一部分是评论，这种特点使读者认为有必要慢慢阅读，甚至可保存下来反复阅读，因此，杂志广告能有较长的时间与读者保持接触，使读者有充分时间对广告内容作仔细研究，加深对广告的印象。

(3) 版面安排灵活，颜色多样。杂志广告在版面位置安排上可以是封面、封底、封二、封三、扉页、内页、插页等，颜色上可以是黑白，也可以是彩色。在版面大小上有全页、半页也有 1/3、2/3、1/4、1/6 页的区别，有时为了满足广告客户作大幅广告的要求，还可以做连页广告、多页广告，效果强烈，影响巨大。

(4) 时效性差。杂志是定期刊物，这一特点使杂志适合做一些预告式的、持久性的广告，对那些时效性强的广告，如企业开张广告、文娱广告、促销广告等一般不宜选用，否则容易错过时机，收不到广告效果。

3) 广播

广播广告的特点主要有以下几个方面：

(1) 时效性强。广播广告传播速度最快，不论听众身在何地，只要打开收音机就可以立即接收到。一则广播广告可以在数小时内完成制作并播出，有时还可以做到现场直播。广播广告的这种时效性强的优势是其它媒介所无法取代的。

(2) 覆盖面广。广播的覆盖面特别广，使得人们不论在城市还是乡村，在陆地还是空中，都可以收听得到。广播不受天气、交通、自然灾害的限制，尤其适合于一些自然条件比较复杂的地区。

(3) 收听随意。听众收听广播可不受时间、地点的限制，不管是白天还是晚上，只要打开收音机都可以收听广播的内容。

随着科技的进步，收音机向小型化和便携化方向发展，使听众可以随身携带。因而，收听广播最为简便、自由、随意。

(4) 听众层次多样。印刷媒介对听众文化水准、受教育程度的要求较高，而广播可使文化程度很低甚至不识字的人也能听得懂广告的内容，而这一部分听众又是任何广告传播者都无法忽视的消费群体。所以广播媒体的听众层次更显出多样性。

(5) 制作成本与播出费用低廉。广播广告单位时间内信息容量大、收费标准低，是当今最经济实惠的广告媒体之一。同时，广播广告制作过程也比较简单，制作成本不高。

(6) 播出时段灵活。因为广播广告是诸媒介中制作周期最短的，所以广播广告可根据竞争对手的举动随时调整自己的战术，做出快速反应。此外，广播广告在播出时段的安排和调整上相对诸媒介也比较灵活。

（7）接受信息的重复性差。广播广告稍纵即逝且受播出时段的限制，听众若想回顾、了解广告内容，必须等待下一时段的告知。

4）电视

电视广告的特点主要有以下几个方面：

（1）直观性强，冲击力和感染力强。人的感官所受的刺激对视觉的冲击力是最强的。电视广告活动的视觉冲击加上听觉刺激的配合，使观众极易产生真实的感受。电视广告的这一种直观性是其它任何广告媒体所不能比拟的。

（2）有较高的注意率。电视广告运用各种表现手法，内容富有情趣，增强了视听者观看广告的兴趣，故而广告的收视率比较高。电视广告既可以看也可以听。当人们不用眼睛看广告的时候，耳朵还是可以听到广告的内容。另外，广告充满了整个电视屏幕，也便于人们注意力集中。因此，电视广告容易引人注意，广告效果是较强的。

（3）利于激发情绪，增加购买信心和决心。把商品形象地展示在每个观众面前，让人耳闻目睹，容易使人们对广告商品产生好感，激发购买兴趣和欲望。同时，观众在欣赏电视广告时，会有意或无意地对广告商品进行比较和评价。通过引起注意、激发兴趣、统一购买思想等，可以使购买者增强信心而做出购买决定。

（4）费用高。电视广告的费用很高，这是因为电视广告片本身的制作成本高，一般拍摄一条全国性电视广告的成本大约在 20～100 多万元之间，单为广告片专门作曲、演奏、配音、剪辑、合成，就需要花大量的金钱。此外，电视广告播出的时段选择直接影响其效果，因而黄金时段的播出费用是其它时段的几倍甚至几十倍。

（5）受收视环境的影响大，传播效果不易把握。收看电视需要一个适当的收视环境，离开了这个环境，收看广告也就无从说起；而在这个环境内，观众的多少、距离电视机荧屏的远近、观看的角度及电视音量的大小、器材质量以至电视机天线接收信号的功能如何，都直接影响着电视广告的收视效果。

（6）瞬间传达不易理解。电视广告的播出长度都是以秒为基本单位，最常见的电视广告是 15 秒和 20 秒。这就是说一条电视广告只能在短时间内完成信息传达的任务，这是极苛刻的先决条件。而且观众又是在完全被动的状态下接受电视广告的，这就影响人们对广告商品的深入理解，因此，电视广告不宜播放需要深入了解的商品。

（7）容易受观众抵制。电视广告有着其它广告媒介不可替代的优势，但当电视广告数量不断地增加并挤占了其它电视节目时，电视节目就会经常被电视广告打断，并且这种打断又是强制性的，这就容易引起观众的不满，观众时常会以转换频道的方式来避开广告。

5）户外广告媒体

户外广告泛指所有存在于开放空间的媒体载具，主要包括交通设施和建筑环境等。如：路牌广告、招贴广告、墙壁广告、海报、条幅、霓虹灯、广告柱以及广告塔灯箱广告等。户外广告的特点主要有以下几个方面：

（1）对地区和消费者的选择性强。户外广告可以根据某地区消费者的共同心理特点、风俗习惯来设置。另一方面，户外广告可对经常在此区域内活动的固定消费者进行反复的宣传，使其印象深刻。

(2) 户外广告具有一定的强迫诉求性质。电梯广告是这一强迫诉求性质的最好体现。另外，即使匆匆赶路的消费者也可能因对广告的随意一瞥而留下一定的印象，并通过多次反复而对某些商品留下较深印象。

(3) 表现形式多样。高空气球广告、灯箱广告等这些户外广告不但有美化市容的作用，还与市容成浑然一体的效果，往往使消费者非常自然地接受了广告。

(4) 覆盖面小。大多数户外广告的位置固定不动，覆盖面不会很大，宣传区域小，因此设置户外广告时应特别注意地点的选择。

(5) 效果难以测评。由于户外广告的对象是在户外活动的人，这些人具有流动性，因此其接受率很难估计。

6) PoP 广告

PoP 广告是卖场促销的最佳方式之一。PoP 是英文 Point of Purchase 的缩写，这种广告形式包括橱窗陈列、柜台陈列、货架陈列、货摊陈列等，还包括销售地点的现场广告。PoP 广告也包括在售点发布的各种广告包装纸、说明书、霓虹灯、小册子、赠品、奖券等，不过 PoP 广告主要还是以商品本身为媒体的陈列广告，例如汽车销售展厅中陈列的汽车。

PoP 广告实际上是其它广告媒体的延伸，对潜在购买心理和已有的广告意向能产生非常强烈的诱导功效。美国有人调查研究过，购买者在出门前已确定买什么商品的情况只占全部销售额的 28%，而在销售现场使潜在意识成为购买行为的则占 72%，可见，销售现场广告的作用是巨大的。

PoP 广告的特点有以下几方面：

(1) 加深客户对商品的认识程度。PoP 广告能加深客户对商品的认识程度，能更快地帮助客户了解商品的性质、用途、价格及使用方法，激发客户的潜在愿望，形成冲动性购买。

(2) 增强销售现场的装饰效果。PoP 广告能增强销售现场的装饰效果，美化购物环境，制造气氛，增进情趣，对消费者起着诱导作用，是无声的推销员。

(3) 实物弥补抽象。PoP 广告的表现形式和真实度都是其它媒体不可比拟的，这类广告一般更重视实物的展示，能补充四大媒体的不足，使抽象的或只有印象的商品成为具体的实物。

(4) 费用低廉。PoP 广告设计一次，可长期使用，能节省宣传费用。

7) 网络广告

1994 年美国《热线杂志》(Hotwired)首开网络广告先河，随即，网络广告迅速席卷欧美大陆，成为当今欧美国家最为热门的广告宣传形式，目前，网络广告在我国也已成为热门的广告形式之一。随着网络用户的增多和电子商务的迅猛发展，网络广告也越来越受欢迎。网络广告的特点主要有以下几个方面：

(1) 树状性。网络广告呈树状结构，它处在互联网的信息海洋中，既没有常规意义上的起点，也没有终点。网络用户可以点击自己感兴趣的目录，查看相关资料；同时，由于互联网的链接性，网络用户有可能在信息的浏览中迷失方向，从一个板块不知不觉地跨入到另一个板块，如入迷宫一般没有尽头。

(2) 互动性。网络广告作为一种传播活动，毫无疑问要吸引人们的注意，但这种注意需要网络用户的配合，只有网络用户在信息的海洋中注意到它并点击它，网络广告才起到它传播信息的作用。它的互动性主要是指它需要人们的有意注意并力求调动人们的自觉性和主动性。

(3) 付费性。网络广告作为广告而言，吸引网络用户来站点进行点击是其追求的目的，由于网络广告具有互动性，网络用户又是自己付费上网来的，因此网络广告应具有足够的吸引力和亲和力，才能引起网络用户的极大兴趣，才有可能参与进来。

3. 媒体的选择

汽车厂商在对媒体进行选择时大体基于两方面的考虑：媒体的功能和营销策略的需要。单个媒体的功能由于有其优劣性，汽车厂商在选择媒体时往往组合进行。

媒体组合选择时考虑的原则可归纳为以下四个方面。

1) 适应性

(1) 适应产品特点及市场、销售、广告策略。

(2) 适应目标消费群。

(3) 适应发布内容去填补其它媒体没有完全说明的内容的需要。

2) 互补性

(1) 弥补其它媒体未影响到的目标人群。

(2) 补充不同目标群体的接受习惯。

(3) 强化品牌力度。

3) 效力性

(1) 强调某一方面的说服力。

(2) 增强目标消费群的信任度。

(3) 坚定目标消费群购买和使用的决心。

4) 效果性

(1) 能够有效传达诉求内容。

(2) 使目标消费群清楚了解所传达的信息。

4. 组合效果评估

营销策略实施中和实施后对媒体组合效果进行评估的主要内容有：

(1) 感知程度，即受众的注目率、阅读率、精读率、视听率、认知率。

(2) 记忆效率，主要是对广告的记忆度(消费者对广告的记忆深刻程度)的测定。

(3) 态度倾向，测定广告播出后消费者对企业及其产品的态度。可从购买行为是否受广告影响等方面测得。

(4) 好感度，即能否激发消费者。

(5) 偏好，即如果汽车产品的类别相同时，消费者只购买其中哪种产品。

三、汽车市场的促销

促销是促进产品销售的简称。

促销的作用之一是汽车厂商与消费者之间的信息沟通。汽车厂商通过多种促销方法把有关自身及所生产的产品、劳务的信息传达给消费者，使他们充分了解并借以进行判断和选择。另一方面，消费者也把对汽车厂商及产品、劳务的认识和需求动向反馈到汽车厂商，促使其根据市场需求进行改进或再生产。这种买卖双方之间的信息沟通关系如图 9-5 所示。

　　由于促销是最富变化、最显活力的部分，人们一般将它归到销售策略部分，故有关促销的策略内容将在汽车销售策略中叙述。

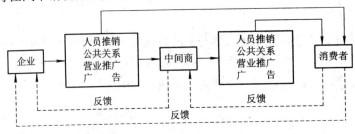

图 9-5　汽车厂商与消费者信息沟通示意图

第十章　汽车销售策略

第一节　汽车市场营销组合策略

所谓市场营销组合策略，就是在市场营销过程中，汽车厂商根据目标市场的需要，围绕战略目标的实现，制订各种营销策略并将自己可控制的各种营销因素进行最佳组合。

汽车厂商可控制的营销因素主要有四大类：产品(Product)、价格(Price)、地点(Place)和促销(Promotion)，简称为 4P 营销组合因素。为了组织这些营销因素制订的相应营销策略是：产品策略、定价策略、分销渠道策略和促销策略，将这些策略有机组合，制订出营销组合 4P's 策略。组合策略是汽车厂商营销战略的核心，是汽车厂商参与竞争的强有力的手段。由于汽车厂商不仅要受自身资源和目标的制约，还要受各种微观和宏观环境的不可控因素的制约，因此，营销组合是个极其复杂且灵活多变的组合。

一、汽车的产品策略

1. 整体产品概念

1) 产品的定义

产品是指能够提供给市场以满足消费者需要和欲望的任何东西。它既包括有形的劳动产品，也包括无形的服务类产品，同时还包括那些随同产品出售所提供的附加服务。营销者只有全面理解整体产品的含义，才能更好地满足消费者需要。

2) 整体产品的层次

整体产品的层次有三层次论和五层次论，本书以三层次论为例。整体产品的组成层次如图 10-1 所示。

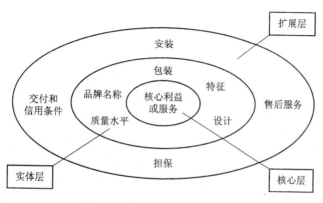

图 10-1　整体产品的组成层次

(1) 产品的核心层：指产品的使用价值，即向购买者提供的基本效用或利益。消费者购买某种产品，并不是为了获得这种产品本身，而是为了满足某种需要。例如，消费者购买汽车并不是要买装有轮子的铁皮装置，而是为了用这种装置代替人的行走、运载货物。这就是说，消费者购买汽车的目的主要是为了购买汽车产品的使用价值。核心层是产品的最基本层，主要满足客户的基本效用。

(2) 产品的实体层：指产品的形体和外在表现，即核心产品得以实现的形式。因为核心产品只是一个抽象的概念，企业的设计和生产人员必须将核心产品转变为有形的东西才能卖给消费者，在这一层次上的产品就是实体产品，即满足消费者要求的各种具体产品形式。如汽车产品的外观设计、色彩、内部空间、功率、油耗等能满足消费者心理上和精神上的某种需求。实体产品是引起消费者购买兴趣的重要产品形式。

(3) 产品的扩展层：指在产品售前、售中、售后为消费者提供的各种服务。如汽车产品知识介绍、使用以及维修服务等。扩展层包括了各种引起消费者购买欲望的有力促销措施。

3) 产品的生命周期

产品的生命周期(Product Life Cycle，PLC)是一种观念，是把一个产品的销售历史比作人的生命周期，如同人要经历出生、成长、成熟、老化、死亡等阶段一样，产品也要经历一个由开发、导入、成长、成熟到衰退的阶段(如图 10-2 所示)。

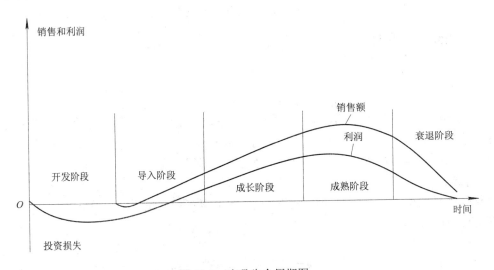

图 10-2　产品生命周期图

(1) 产品开发期：从产生开发产品的设想到产品制造成功的时期。此期间该产品销售额为零，公司投资不断增加。这一时期的关键是产品的研发必须是经过充分的市场调研后进行的，产品是消费者需要的。

(2) 导入期：指新产品刚上市，销售缓慢时期。这一时期由于市场引入的费用太高，初期通常利润偏低或为负数，但此时没有或只有极少的竞争者。由于消费者不熟悉新产品及其特色，企业促销活动的诉求主要是刺激市场对整体产品类别的需求，而不只是针对某一品牌。导入期是风险最大、成本最高的一个阶段，很多新产品在这一阶段尚没有足够的消费者购买便夭折了。

(3) 成长期：销售量与利润快速增长期。产品经过一段时间已有相当知名度，销售快速增长，利润也显著增加。但由于市场及利润增长较快，容易吸引更多的竞争者，如果盈利前景特别好，就会引来一大群竞争者。在成长期的最后阶段，因竞争激烈而导致利润开始下降。

(4) 成熟期：此时市场成长趋势减缓或饱和，产品已被大多数潜在购买者所接受，利润在达到顶点后逐渐走下坡路。此时市场竞争激烈，公司为保持产品地位需投入大量的营销费用。

(5) 衰退期：这期间产品销售量显著衰退，利润也大幅度滑落。如果难以再次提升销售量或利润，大部分竞争者会在衰退期退出市场。不过，仍有些企业能够开发出市场需求的产品，并在衰退期保持一定的成功。

4) 产品组合的概念

产品组合是销售者售予购买者的一组产品，它包括所有产品线和产品项目。产品线是许多产品项目的集合，这些产品项目之所以组成一条产品线，是因为这些产品项目具有功能相似、客户相同、分销渠道同一、消费上相连带等特点。产品项目，即产品大类中各种不同品种、规格、质量的特定产品，企业产品目录中列出的每一个具体的品种就是一个产品项目。产品组合具体便是企业生产经营的全部产品线、产品项目的组合方式，即产品组合的宽度、深度、长度和关联度，也称产品组合的四个维度。表 10-1 举例说明了产品组合的概念。

表 10-1　产品组合的概念

名　　称	含　　义	举例(以一汽集团公司为例)
产品组合的宽度	指企业生产经营的产品线的多少	轿车、载货车、越野车等系列
产品组合的长度	指企业所有产品线中产品项目的总和	一汽集团生产的所有车型
产品组合的深度	指产品线中每一产品有多少品种	红旗 7180、7200、7220、7230 等
产品组合的关联度	指各条产品线在最终用途、生产条件、分销渠道或者其它方面相互关联的程度	

2. 汽车产品竞争的一般思路

汽车产品的竞争可以从两方面入手，一方面是针对竞争者，一方面是针对消费者。针对竞争者可以从优质、新颖、廉价、特色、快捷、品牌、服务、档次差别、品种花色等方面入手，获得竞争优势；针对消费者，可以通过投其所好、供其所需、激其所欲、适其所向、补其所缺、释其所疑等方式，使其接受并购买自己的产品或服务。

3. 汽车产品生命周期各阶段的营销策略

1) 产品开发期的市场营销策略

新产品的开发要坚持两个原则：满足市场需要和创造市场需要。

2) 导入期市场营销的策略

这一时期的营销策略依信息传递的快慢和产品价格的高低而有所区别(如图 10-3 所示)。

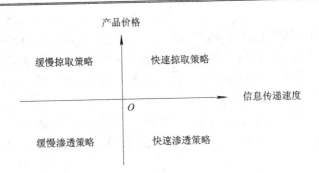

图 10-3　导入期的市场营销策略

从图 10-3 可以看出，导入期的市场营销策略主要有：

(1) 快速掠取策略(高价格和高促销费用)；

(2) 快速渗透策略(低价格和高促销费用)；

(3) 缓慢渗透策略(低价格和低促销费用)；

(4) 缓慢掠取策略(高价格和低促销费用)。

3) 成长期市场营销的策略

这一时期的营销策略主要有品牌策略和市场拓展策略。

4) 成熟期市场营销的策略

这一时期的营销策略有以下三点：

(1) 改进产品品质(质量、特征、合格率)；

(2) 优化产品形成的设计(刺激老客户、再细分、重新定位)；

(3) 考虑新产品。

5) 衰退期市场营销的策略

衰退期的市场营销策略为收缩、榨取和持续。

二、汽车的价格策略

汽车厂商在确定某款汽车价格时，既要考虑自身的利益，又要考虑客户的认可，同时还要考虑竞争者的应对因素。可以说，价格策略是汽车产品在交换过程中最重要、最激烈、最敏感也是最常用的方法。

价格策略包含定价方法和定价策略，定价方法与定价策略密切相关。定价方法着重于确定产品的基本价格，定价策略则着重根据市场具体情况，运用价格手段，实现汽车厂商定价目标。

1. 汽车产品的基本定价方法

汽车厂商定价有三种导向，即成本导向、需求导向和竞争导向。

1) 成本导向定价法

成本导向定价法是一种主要以成本为依据的定价方法，包括成本加成定价法和目标定价法两种，其特点是简便、易用。

(1) 成本加成定价法。所谓成本加成定价，是指按照单位成本加上一定百分比的加成来制订汽车产品销售价格。加成的含义就是一定比率的利润，即产品售价除补偿全部成本费用外，还应提供合理利润，这就是成本加成定价法，它是标准产品定价的基本方法。成本加成定价法的基本表达式是：

产品售价＝单位产品制造成本＋单位产品应负担的期间费用＋单位产品目标利润

（2）目标定价法。目标定价法也称为目标收益定价法，是根据企业的总成本和估计的总销量确定一个目标成本利润率，作为核算定价的标准，然后核算出每个产品的售价。例如美国通用汽车公司，它采用的就是目标定价法，以总投资额的 15%～20%作为目标收益率，然后定出汽车的售价。

例如，某公司投入某产品的总成本为 1000 万元，假设公司的预计生产能力为 100 万个，按 80%的产品能力运转，则可以生产 80 万个。公司如果想以 20%的成本利润率作为其目标利润率，那么"目标利润额"为

$$1000 万元 \times 20\% = 200 万元$$

总收入为总成本加上目标利润，即

$$1000 万元 + 200 万元 = 1200 万元$$

那么，目标价格为

$$\frac{1200 万元}{80 万个} = 15 元/个$$

2）需求导向定价法

需求导向定价法是一种以市场需求强度及消费者感受为主要依据的定价方法，包括认知价值定价法、反向定价法和需求差异定价法三种。

（1）认知价值定价法。当汽车厂商采取需求导向定价法时，通常可以采取认知价值定价法。所谓认知价值定价法，就是汽车厂商在消费者对产品的价值认知的基础上来制订价格的一种方法。这种定价法，其理论出发点是：定价的关键不是卖方的成本，而是买方对产品价值的认知。这种方法利用在营销组合中的非价格变量在购买者心目中建立起认知价值，价格就建立在捕捉住的认知价值上。

（2）反向定价法。反向定价法是指汽车厂商依据消费者能够接受的最终销售价格，计算自己从事经营的成本和利润后，逆向推算出产品的批发价和零售价。这种定价方法不以实际成本为主要依据，而是以市场需求为定价出发点，力求使价格为消费者所接受。分销渠道中的批发商和零售商多采取这种定价方法。

（3）需求差异定价法。需求差异定价法是指根据消费者对同种产品的不同需求强度，制订不同的价格和收费的方法。价格之间的差异以消费者需求差异为基础，并不与产品成本和质量的差异程度相应成比例。

3）竞争导向定价法

竞争导向定价法通常分为两种，即随行就市定价法和投标定价法。

（1）随行就市定价法是指汽车厂商按照行业的平均现行价格水平来定价。

（2）投标定价法，即政府采购机构在报刊上登广告或发出函件，说明拟采购商品的品种、规格、数量等具体要求，邀请供应商在规定的期限内投标。

2. 汽车产品在不同生命阶段的价格策略

在产品生命周期的不同阶段，厂商采取的价格和营销策略是不同的，具体内容见表 10-2。

表 10-2 产品生命周期内不同阶段的价格和营销策略

生命周期	特点和表现	价格和营销策略	核心思想
开发期	● 销售量为零 ● 公司投入大量的资金	● 合适的促销 ● 做好产品的保密	客户需求
导入期	● 客户对产品不了解、不放心，销量小 ● 产品可能还有一定缺陷 ● 生产规模小，基本处于亏损 ● 推销费用高 ● 产品这时的亏损只能由其它产品的盈利来弥补	● 快速掠取：以高价格和高促销费用推出产品 ● 缓慢掠取：以高价格和低促销费用推出产品 ● 快速渗透：以低价格和高促销费用推出产品 ● 缓慢渗透：以低价格和低促销费用推出产品	沟通
成长期	● 产品迅速被客户了解，销售增长极快，有的出现购买高潮 ● 产品已定型，形成批量生产 ● 建立了比较理想的营销渠道 ● 大批竞争者加入 ● 开始赢利	● 加强服务、质量保证，创优质、创品牌、创信誉，甩开对手 ● 开拓新的细分市场，增加分销渠道 ● 宣传促销重点放在建立客户偏爱上 ● 适当降低价格，抬高门槛，增加竞争者进入的难度	质量
成熟期	● 前期：产品广为人知，技术成熟、生产稳定，增长率缓慢上升 ● 中期：市场饱和，产品销售稳定，销售增长率一般只与购买者人数成比例 ● 后期：原有客户的兴趣已开始转向其它产品和替代品，销量显著下降，市场趋于饱和，竞争激烈	● 加强销售 ● 产品改进 ● 提高产品附加利益 ● 价格竞争 ● 市场转移 ● 积极开发、研制下一代产品	竞争
衰退期	● 产品逐渐过时，技术老化，销量下降，甚至出现积压 ● 购买者兴趣开始转移 ● 经营者开始撤退 ● 有的更新换代产品开始出现	● 积压产品及时处理，减少损失 ● 及时调整生产组织，转产新产品 ● 做好对老客户的配件供应和维修服务	转移

三、汽车的渠道策略

详见第十一章。

四、汽车的促销策略

1. 促销及促销组合的概念

1) 促销

(1) 促销的概念。促销即促进产品销售，是汽车厂商通过人员推销或非人员推销的方式，将汽车产品或劳务的信息传递给目标消费群，从而引起消费者的兴趣，促进购买，实现汽车产品销售的一系列活动。从这个概念中可以看出，促销包含以下几层含义：

第一，促销的本质是传播和沟通信息。

第二，促销的目的是引导、刺激消费者产生购买行为。

第三，促销的方式有人员促销和非人员促销两类。

(2) 促销的基本功能。促销的基本功能包括以下几个方面：

① 告知功能。促销活动能把汽车厂商的产品、服务、价格、信誉、交易方式和交易条件等有关信息告诉给广大消费者，从而引起消费者注意，激发其购买欲望，为实现销售和扩大销售做好准备。

② 说服功能。促销活动往往致力于通过提供证明、展示效果、解释疑虑和表示承诺等方法来说服消费者，加强他们对本汽车厂商产品或服务的信心，以促使其迅速购买。

③ 影响功能。促销活动通过对社会广泛经常的信息传播，往往能使消费者的印象不断加深，从而通过从众心理的作用，对目标市场的消费者产生舆论导向。

2) 促销组合

(1) 促销的基本方式。促销的基本方式有人员推销、广告宣传、营业推广以及公共关系等。

① 人员推销。推销人员个人应具备的素质和推销技巧本书第四章已有叙述，这里仅从营销角度对推销人员的组织、管理进行阐述。

● 推销人员的组织形式。推销人员的组织形式是各汽车厂商依据实际需要而设计的，我国汽车厂商中汽车推销人员的组织形式大体可归纳为四种类型。

区域型推销组织结构：将推销人员的业务范围确定在某区域内。例如按行政区域或按经济发展程度划分推销区域。

产品型推销组织结构：将推销人员的业务按某产品线生产的车型确定。例如载货车类、特种车类等。

客户型推销组织结构：将推销人员的业务范围以客户的类型来划分。例如政府客户、产业客户等。

复合式推销组织结构：推销人员的业务范围划分上述三种方法均采用。

● 推销人员的任务。推销人员的基本任务是：探寻市场；传递信息；销售产品；收集情报；开展售前、售中、售后服务。

● 推销人员的业务管理。

推销人员培训的主要内容有：

第一，介绍企业情况，使推销人员了解企业历史、发展宗旨、组织结构、产品组合、技术能力、经营方针、规章制度等情况。

第二，讲解汽车产品和技术知识，让推销人员掌握所要推销的汽车产品的生产过程、性能、用途、价格、包装、使用方法、维修程度等方面的知识，了解新技术的应用和汽车产品未来发展趋势。

第三，向推销人员详细介绍市场行情、竞争程度、需求分布、国家经济形势、国内外市场发展趋势等，以使推销人员增加开展推销工作的主动性和预见性。

　　第四，分析消费者的购买行为，包括购买者特性、购买动机、需求习惯、消费层次等情况，以使推销人员把握推销时机，提高推销效率。

　　第五，传授推销技术，可以请一些成功的推销人员介绍如何发现客户、接近客户，如何克服心理障碍，如何面对客户、进行洽谈、达成交易，如何与客户保持联系、建立巩固的产销关系等。

　　第六，学习推销人员必备的业务知识，包括如何制订计划、安排时间、签订合同、进行结算，了解国家的法律、法规和经济政策等。

　　推销人员的业务管理制度主要包括以下几个方面：

　　第一，推销人员的定员定岗。推销人员的定员定岗，是搞好推销人员管理的一项重要工作，如果定员定岗搞得不科学、不合理，会直接影响到推销人员的积极性，对汽车产品销售活动产生不利影响。

　　第二，推销人员的职责、权限范围。应明确推销人员各自不同的职责、权限，包括工作标准、内容、任务、职能、权力、责任、义务等方面的具体规定，使每个推销人员必须做到工作标准明确、内容任务明确、职能权限明确、责任义务明确。对推销人员职责权限所作出的规定，一定要与实际相符，实事求是，确切具体，具有较强的科学性和可操作性。

　　第三，推销人员岗位经济责任制。应根据每个推销人员所处的不同岗位，分别制订各个岗位的经济责任制。其考核项目要具体明确，考核内容要清楚，考核指标要定量化，奖罚措施要有激励性，以切实发挥岗位经济责任制对于调动推销人员积极性、促进汽车产品销售的重要作用。

　　② 广告宣传(第九章第三节已有阐述)。

　　③ 营业推广。营业推广是指能迅速刺激需求、鼓励购买的各种促销方式。一般认为它是一种短期行为。营业推广策略包括：

　　● 营业推广策略目标的确定。营业推广策略目标的确定即对消费者、中间商和推销员等不同对象制订不同目标。

　　● 选择营业推广形式。在汽车销售中，如针对消费者的有赠送礼品、代金券、有奖销售、价格折算、旧车置换、按揭购车、提供服务、现场示范、展销会等；针对销售商的有销售竞赛、交易折扣、津贴、奖励等；针对推销人员的有销售竞赛、津贴、奖励等。

　　● 营业推广方案的评估、制订与实施。推广方案包括奖励规模、奖励范围、奖励期限及营业推广的总预算。应该说营业推广方案的评估是很重要的，但又是较困难的，较常用的一种方法是将营业推广前、中、后三个时期的销售额进行比较。

　　④ 公共关系。在市场营销学中公共关系是促销手段之一，企业可运用公共关系的各种手段来达到销售目的。公共关系的直接目的不是推销产品，而是推销企业形象，并且不采取直接宣传，而倚重于间接的客观的影响方法。目前，市场营销学的新动向表明，企业已经越来越趋向于把公共关系作为独立的一种市场营销策略。所以，后面我们会对公共关系单独叙述。

　　(2) 促销组合。人员推销、广告宣传、公共关系及营业推广等四种方式各有利弊，将这四种促销方式有计划有目的地进行适当配合和综合运用，形成一个完整的销售促进系统，这就是促销组合。促销组合是市场营销组合的第二个层次。

2. 促销的基本策略

不同的营销战略需要有不同的促销策略组合，而不同的促销策略组合形成不同的促销策略。促销策略是一种灵活的、无固定模式的策略，它是依营销环境变化而制订的策略，因而它是一种特点丰富、形式多样的策略。

如果从促销活动运作的方向来区分，则促销策略都可以归结为两种基本的类型：推动策略和拉引策略。

(1) 推动策略。是以人员推销方式为主的促销组合，是把商品推向市场的促销策略。推动策略的目的在于说服中间商和消费者，使他们接受汽车厂家的产品，从而让商品一层一层地渗透到分销渠道中，最终抵达消费者。

(2) 拉引策略。是以广告方式为主的促销组合，是把消费者吸引到汽车厂家特定的产品上来的促销策略。拉引策略的目的在于引起消费者的消费欲望，激发购买动机，从而增加分销渠道的压力，进而使消费需求和购买指向一层一层地传递到汽车厂家。

推动策略和拉引策略都包含了汽车生产厂、分销商与消费者三方的能动作用。但前者的重心在于推动，着重强调汽车厂商的能动性，表明消费需求是可以通过汽车厂商的积极促销而被激发和创造的；而后者的重心在于拉引，着重强调消费者的能动性，表明消费需求是决定生产的基本原因。汽车厂商在营销过程中要根据客观实际的需要，综合运用上述两种基本的促销策略。

3. 公共关系

"公共关系"一词来自英语 Public Relations，简称 PR。Public 既可译做"公共的"，又可译做"公众的"。Relations 则译为"关系"、"交往"等。综合两个英语词汇的内涵和特点进行分析，将 Public Relations 译为"公众关系"更为确切。

1) 公共关系的定义

与许多边缘性学科类似，公共关系具有丰富的内涵。如何给其做出确切、科学的定义，人们有着不同的理解。对该词有过许多定义，这些定义各有所长，也有不足，但实际构成的基本思想还是比较一致的，肯定了公共关系是一种社会关系状态，同时也界定了公关传播行为。本书给出的公共关系的定义是：公共关系是一个社会组织与其社会公众之间建立的全部关系的总和。它发挥着管理职能，开展着传播活动。社会组织通过有效的管理，旨在激发组织内部的凝聚力与组织对外部公众的吸引力；通过双向的信息沟通，旨在争取社会公众的谅解、支持与爱戴，谋求组织与公众双方利益的实现。

2) 公共关系的基本结构

公共关系的基本结构由三大要素构成：主体、客体和手段。公共关系的主体是社会组织。社会组织是公共关系的实施者、操作者、承担者。社会公众作为公共关系的客体，是公共关系主体实施公共关系活动的对象、承受者。手段就是帮助组织在运行过程中，争取与公众相互了解、相互合作而采取的行为规范和进行的传播行为。

3) 公共关系工作类型

一般来说，公共关系工作类型有以下几种：

(1) 宣传型公共关系。宣传型公共关系是组织运用大众传播媒介和内部沟通方法，开展宣传工作，树立良好形象的活动模式。主要做法是：运用各种传播媒介和交流方式，进行内外传播，让各类公众充分了解组织、支持组织，从而形成有利于组织发展的社会舆论，使组织获得更多的支持者和合作者，达到促进组织发展的目的。

(2) 交际型公共关系。交际型公共关系是通过人际交往开展工作的一种模式。目的是通过人与人之间感情上的联络，建立广泛的社会关系网络，形成有利于组织发展的人际环境。其方式可分团体交往和个人交往两种。团体交往有招待会、座谈会、工作午餐、宴会、茶话会、舞会等。个人交往有交谈、拜访、祝贺、信件往来等。这种类型的公共关系具有直接、灵活的特征，是公共关系活动中应用最多的、极为有效的一种模式。

(3) 服务型公共关系。服务型公共关系是一种以提供优质服务为主要手段的活动模式。其目的是以实际行动来获取社会的了解和好评，建立自己良好的形象。

(4) 社会型公共关系。社会型公共关系是组织利用举办各种社会性、公益性、赞助性的活动，来塑造良好的组织形象的模式。目的是通过积极的社会活动，提高其社会声誉，赢得公众的支持。这种类型的公共关系一般有三种形式：以组织本身的重要活动为中心而开展的活动；赞助社会福利、慈善事业，赞助公共服务设施的建设等活动；资助大众传播媒介举办各种活动，提高组织的知名度。

(5) 征询型公共关系。征询型公共关系是以采集社会信息为主的活动模式。其目的是通过信息采集、舆论调查、民意测验等工作，了解社会舆论，为组织的经营管理决策提供咨询，使组织行为尽可能地与国家的总体利益、市场发展趋势以及民情、民意一致。

(6) 建设型公共关系。这类活动特指组织为开创新的局面而在公共关系方面所作出的努力。开展这类活动一般有个时机要求：企业开业前后的一段时间；更换厂名店名的时机；改变产品商标或包装等。突发事件或特殊情况也可作为这类活动的时机选择，例如：主动向社会公众介绍情况；举办大型的公关活动；危机爆发之前；向社会征集企业名称、徽标；向社会招聘高级人才等。

(7) 矫正型公共关系。矫正型公共关系是指社会组织在遇到问题与危机、组织形象受到损害时，为挽回影响而开展的公共关系活动。目的是使组织转危为安，重新树立良好形象。这类活动的关键是应站在受害者的角度去分析问题，以让受害者满意为目标去解决问题。

4) 几种常见的公共关系专项活动

(1) 记者招待会。记者招待会又称为新闻发布会，属宣传型公共关系。其特点有：信息发布的形式比较正规、隆重，且规格较高，易于引起社会广泛的关注；在这种形式下的双向沟通，无论在广度上和深度上都较其它形式更为优越；对于发言人和会议主持人要求很高。

举行记者招待会的要点：

① 会前需确定的内容：会议召开的必要性；会议举行的地点、时间；主持人和发言人；发言稿内容和报道提纲；宣传辅助资料，以及选择邀请记者的范围，做好记者参观的准备。

② 会议主持人应根据会议的性质充分发挥主持和组织的作用，引导记者提问；所发布的信息必须准确无误；对于不便透露的内容、回答不了的问题，应采取灵活而变通的办法给予回答；不要随便打断记者的提问，更不要以各种动作、表情和语言对记者表示不满。

③ 尽快整理出记录材料，对会议的组织、布置、主持和回答问题等方面的工作作一总结，并将总结材料归档备查；搜集到会各记者的报道，并进行归类分析，检查是否达到了预定的目标，是否有失误以及失误原因所在，若出现不利于本组织的报道，应做出及时的

反映；对照会议签到，电话致谢已经发稿的记者。

(2) 社会赞助活动。赞助活动是一种对社会的贡献行为，是一种信誉投资和感情投资，是组织改善社会环境和社会关系最有效的方式之一。从性质上说，赞助活动是社会组织以捐赠方式，向某一社会事业或社会活动提供资金或物质的一种公关专题活动。这种活动的目的概括起来有四种，即追求新闻效应，扩大社会影响；增强广告效果，提高经济效益；联络公众感情，改善社会关系；提高社会效益，树立良好形象。

举行赞助活动的要点：

① 确定赞助对象。一般地说，赞助的对象主要有：体育事业、文化事业、教育事业、社会福利和慈善事业，对象的形式有单位也有个人。

② 拟定赞助计划。赞助计划一般应包括：赞助的目标、对象、形式；赞助的财政预算；为达到最佳效果而选择的赞助主题和传播方式，以及赞助活动的具体方案等。

③ 测定赞助的效果。赞助活动结束后，应对照计划，测定实际效果，看是否达到了预期效果，还存在哪些差距；每次测评都要完成报告，作资料存档，以备今后借鉴和参考。

(3) 危机处理公关。当组织在自身运作中发生具有重大破坏性影响，造成组织形象受到损伤的意外事件时进行全面处理，并使其转危为安的一整套工作过程，称为危机处理公关。危机处理公关又称危机管理。危机处理公关是公共关系最重要的工作之一，也是公共关系的最大价值所在。

危机处理公关的要点：

① 特征。危机事件的基本特征有：突发性、不可预测性、严重危害性和舆论的关注性。

② 措施。组织面临突发事件后，采取的措施有：迅速制订救急措施，以保证事态不再蔓延，使损失控制在最小范围内；尽快掌握事件的真相，为进行公关策划提供翔实而有价值的资料，并与新闻界保持联系，让新闻界了解事实真相，以使其不发表猜测性和偏激性的报道，使新闻界保持公正立场和积极态度；加强内部信息交流，让内部公众正确认识突发事件，使事态向好的方向转化。

③ 对策。危机出现后：在组织内部，提高透明度，迅速而准确地把事件的发生和将要采取的对策告知员工，寻求员工的谅解与合作，使大家齐心协力，共渡难关；谨慎地同受害者接触，冷静地倾听受害者的意见，责成专人与受害者或其家属保持联系；及时向相关部门报告事态的发展，及时请示汇报，以求得到相关部门的指导与帮助；若事件危及到消费者的利益，一定要主动地向消费者做出解释，站在消费者的立场来认识问题，并解决问题；对新闻界，这是处理突发事件最关键的一环，对事件的处理有着直接的影响。

(4) 开幕式。开幕(新车型下线)式是组织或新车型向社会公众的第一次"亮相"，因此，典礼必须进行精心策划和组织。具体应做好以下几项工作：

① 拟定邀请名单。邀请的宾客一般包括政府有关部门的负责人、社区的负责人、同行业代表、社团代表、知名人士、新闻记者、公众代表及员工代表。名单拟定后，应尽早将请柬送到宾客手中，以使他们安排时间，按时出席。

② 确定开幕式程序。一般程序是：宣布开幕式开始，介绍重要来宾，领导或来宾致辞、剪彩。

③ 确定致辞、剪彩人员。一般情况下，参加致辞和剪彩的己方人员应是组织的主要负责人，客方人员应是地位较高、有一定声望的知名人士。致辞、剪彩人员以及主要宾客，

应事先排好他们的座次和站位。

④ 安排各项接待事宜。事先确定签到、接待、剪彩、摄影、录音等有关服务人员，典礼开始前这些人员应到达指定岗位。

⑤ 安排必要的助兴节目。如狮子龙灯、鞭炮锣鼓、燃放礼花、表演节目等。

⑥ 安排典礼仪式结束后的活动。这是向上级、同行及社会公众进行自我展示、自我宣传的好机会。

⑦ 通过座谈和留言的形式广泛征求意见。

第二节　汽车销售与《孙子兵法》

有一种观点："当今市场营销的本质已经不再是为客户服务，因为所有公司都遵循同样的原则；市场营销是战争，是在与竞争对手对垒过程中如何以智取胜，以巧取胜，以强取胜"(艾尔·里斯、杰克·特劳特著《营销战》，中国财政经济出版社于 2002 年 10 月出版)。在这样的观点中，与战争中的阵地、武器和战略战术相对应的营销术语分别是：

阵地——客户；

武器——产品；

战略战术——营销策略。

营销与销售的实质是市场竞争，《孙子兵法》正是诠释竞争规律的顶尖之作。

一、营销中的《孙子兵法》思想

《孙子兵法》的基本原则与思想在营销活动的应用主要有两方面。

1. 市场环境分析

1) "势"即营销的外部环境

《孙子兵法》认为"善战者，求之于势，不责于人"。势，即是政治、经济、外交、天时、地理等因素与主观努力相结合所产生的行动，没有势，事倍功半，付出再大的努力也可能失败。营销是企业商战的最前线，企业要在市场上取得竞争的胜利，关键是要顺应市场的发展形势，清醒地认识市场环境，权宜应变，从这一点来看，它和战争的本质是一致的，两者都要认识其所处的外部环境，认清事物发展的形势，进而清楚自己面临的机会与威胁。由此可见，《孙子兵法》关于"势"的理论主要是从外部来分析战争所面临的问题，这与现代营销强调认识外部环境的重要性是一致的。

2) "知己知彼"即营销的内部环境

《孙子兵法》认为："知己知彼，百战不殆；不知彼而知己，一胜一负；不知彼不知己，每战必殆。"显然，企业只有通过增进对对方的了解才能认识自身的不足，才能发挥自己的优势，才能将自己的战略建立在坚实的客观的基础之上，减少决策的盲目性。

2. 市场营销设计

1) "不战而屈人之兵"的战略思想

在充分认识外部发展形势以及竞争双方的优势与不足之后，《孙子兵法》提出了"不战而屈人之兵"的战略思想。根据这一思想，竞争双方都必须充分利用已有的条件，最大限度地减少已方付出的代价，并取得尽可能大的成果。"百战百胜，非善之善者也"《孙子兵法》认为每战必胜，每攻必克，并不是最好的战略。因此，《孙子兵法》提出"上兵伐谋，其次伐交，其次伐兵，下政攻城。"也就是说，无论是战略决策还是战术决断，都要首先运用谋略，通过谋略取胜方为上上之策。事实也是这样，对于一个处在激烈竞争中的现代企业来说，战略对于企业的发展是至关重要的。战略决策中所体现出来的洞察力、预见能力以及对于风险的事先防范能力，是市场竞争中必需的。

2) 奇正相结合的指导原则

在战略的执行上，《孙子兵法》主张奇正相结合的全局指导原则。"凡战者，以正合，以奇胜。""战势不过奇正，奇正之变，不可胜穷也。奇正相生，如循环之无端，孰能穷之?"也就是说，奇兵和正兵是辩证统一的，只有方法出奇、变化多端，才能使对方捉摸不透，方能取胜。换句话说，只有在对方想不到的地方、方向、时间用兵，采用对方难以想象的方法，才能使自己立于不败之地。很明显，在今天产品供过于求的买方市场环境之中，竞争一方要立足和生存，就必须在竞争方式与方法的运用上不断创新，因为只有这样，才能把自己和竞争对手区别开来，并最终赢得消费者的认可。由此可见，从现代营销学的观点来看，《孙子兵法》奇正思想的意义不仅仅是要以一种更为灵巧的方式打败竞争对手，更为重要的是它倡导的创新精神与现代社会发展的要求是相一致的，从根本上说是着眼于企业自身从其内部来寻求企业更为合理的发展方式。

3) "避实而击虚"战术

从一定意义上说，"避实而击虚"是对奇正思想的具体运用，是一种具有代表性的战术。因为在《孙子兵法》看来，对敌营施行攻击，应先避开敌方强点，攻其弱点，这样既可以保存自己的实力，又可以利用对方的不利方面，达到自己的既定目标。显然，这种思想在营销中具有重要的意义，因为对于任何企业来说，其资源都是有限的，在必须时刻面对市场竞争的情况下，如何有效地利用企业的稀缺资源就是一个重要的问题。企业完全可以吸收"避实而击虚"这一战术的基本思想，在不断消耗对方资源的同时，保存自己的实力，并使自己最终在竞争中克服资源不足的劣势，赢得主动。

二、《孙子兵法》在营销中的运用

案例一： "攻其无备，出其不意"与"出其所不趋，趋其所不意"——日本丰田在中国的营销战略

日本丰田是最早进入中国汽车市场的外国公司之一，然而在与中国合资生产汽车上却是姗姗来迟。早有早的打算，迟有迟的考虑，这一早一迟正反映了丰田公司的经营之道。

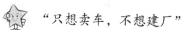 **"只想卖车，不想建厂"**

20 世纪 80 年代，中国政府决定在上海市建设汽车生产基地，首选的合资伙伴自然是有"中国通"之称的丰田公司。然而丰田公司的回答却是"否"。

丰田公司的想法很明确，是要向中国"卖车挣钱"，而不是投入数以亿计的巨资建设新工厂。这是因为当时的中国汽车市场远没有形成，丰田并不看好在中国投资建厂的盈利前景。卖车所得到的盈利远比投资建厂现实且风险小。事实上，几年的经历证明，丰田通过向中国出口整车获益匪浅。

"避实而去虚"

　　遭丰田拒绝后的上海之后与德国大众联手推出的"桑塔纳"，20 世纪 90 年代在我国汽车市场大放异彩，同时，我国汽车市场的巨大潜力开始逐渐显现。精明的丰田此时认识到，如果不在中国建立生产基地，仅靠向中国出口整车，势必影响未来盈利。但是，此时中国的情况已经变了，对进口汽车的控制也不断加强。尽管经过多方努力，但是丰田已经无法在中国获得整车项目。

　　但是丰田没有放弃努力。为了在中国建立汽车生产基地，丰田采用了"避实而击虚"战略战术，努力实现"中国梦"。

　　第一路，对中国政府政策允许的"汽车零部件"行业进行投资。自 1993 年底始，丰田的"汽车零部件"厂在中国内地处处开花，至 1998 年四川丰田汽车有限公司设立以前，丰田汽车集团所属成员和丰田相关零部件生产厂商在中国的合资和独资企业约 20 多家，投资金额 500 亿日元。表 10-3 列出了丰田汽车集团所属成员在华投资情况，可供参考。

表 10-3　丰田汽车集团所属成员在华投资情况

合资或独资公司名称	合作方式	丰田集团所属成员在华企业名称	成立年月	主要产品
黑龙江龙日客车有限公司	合资	日野汽车工业公司	1993 年 10 月	高级游览客车、公共汽车
天津市天津客车有限公司	技术援助	爱信精机公司	1994 年 7 月	盘式卡钳
天津丰田钢材加工有限公司	合资	丰田通商公司	1995 年 4 月	钢材切断加工、形成加工、焊接加工及销售
天津市汽车电器有限公司	技术援助	电装公司	1995 年 9 月	分电器
天津电装汽车电机有限公司	合资	电装公司	1995 年 12 月	交流发电机、发动机
天津丰田合成汽车软管有限公司	合资	丰田汽车公司	1995 年 12 月	制动软管
天津丰津汽车传动部件有限公司	合资	丰田汽车公司	1995 年 12 月	CVJ
天津阿斯莫汽车微电机有限公司	合资	电装(阿斯莫)	1996 年 4 月	小型马达
天津丰田汽车发动机有限公司	合资	丰田汽车公司	1996 年 5 月	A 型发动机、491Q 发动机、铸件
天津丰田汽车锻造部件有限公司	独资	丰田汽车公司	1997 年 2 月	锻造毛坯
天津津丰汽车底盘部件有限公司	合资	丰田汽车公司	1997 年 7 月	转向装置、传动轴
天津爱信汽车部件有限公司	合资	爱信精机公司	1997 年 7 月	制动器、离合器零部件
天津电装电子有限公司	合资	电装公司	1997 年 8 月	电子零部件

续表

合资或独资公司名称	合作方式	丰田集团所属成员 在华企业名称	成立年月	主要产品
天津电装空调有限公司	合资	电装公司	1998 年 1 月	汽车空调
河北唐山爱信齿轮有限公司	合资	爱信精机公司	1996 年 4 月	手动变速器
山东烟台首钢电装有限公司	合资	电装公司	1994 年 12 月	车用空调
江苏丰田工业昆山有限公司	合资	丰田自动组织机制作所	1994 年 8 月	铸件材料
浙江爱信宏达汽车零部件有限公司	合资	爱信精机公司	1995 年 6 月	液力耦合器、水泵、机油泵
重庆电装有限公司	合资	电装公司	1996 年 3 月	CDI 点火系统
四川丰田汽车有限公司	合资	丰田汽车公司/丰田通商公司	1998 年 11 月	丰田考斯特
广西柳州五菱汽车有限责任公司	技术援助	大发工业公司	1996 年 7 月	小型客车、轻便客货两用车

据丰田公司称："这正是为了配合未来的整车厂的诞生。"

第二路，日本大发汽车公司是最早一批进入中国的国外汽车厂商之一，并且已经与天津市相关政府部门建立了良好的合作关系。丰田发现若能将大发纳入自己麾下，就等于有了一块进入中国建立整车厂的跳板。1995 年 9 月，丰田把在日本大发汽车公司的持股比例从 17% 增至 33%，后又增至 51%。自此，丰田终于在天津建立了真正属于自己的工厂。

第三路，丰田和沈阳金杯的合作由来已久，进入 90 年代以后，丰田加强与沈阳金杯的合作，希望通过与沈阳金杯的亲密合作进入中国汽车市场。但是，丰田的愿望在 1994 年因为沈阳金杯与华晨汽车的股权结构问题化为泡影，这一路宣告失败。

第四路，四川地处中国大四南，交通不便，是国外向中国投资的"冷门"，旅行车又是国外汽车厂家并不看好的车型，而丰田就在这"冷门"中间开始了漫长的中国之旅。特别是，当 1994 年丰田与沈阳金杯合作的希望破灭后，丰田把注意力重新放到了四川。1995年丰田恢复了与四川旅行车厂中断了一年多的合资谈判，并于 1998 年 11 月成立了丰田汽车有限公司，2000 年 12 月，以 CKD 方式组装的新型"考斯特"旅行车下线，成为第一辆中国造的丰田车。

第五路，2000 年，日野自动车株式会社、丰田通商株式会社与沈阳飞机汽车制造有限公司合资成立沈阳沈飞日野汽车制造有限公司。该公司生产高中档大客车，并成为出口基地。为此，2001 年丰田公司把对日野公司的持股比例从 36.6% 提高到 50.1%，使日野成为丰田的一个子公司。

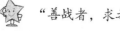 "善战者，求之于势，不责于人"

经过近十年的努力，丰田公司终于将脚迈进了中国的大门，但是仔细研究起来，丰田

公司的这些努力还满足不了丰田公司在中国发展战略的需求，还远远谈不上在中国的高速扩张：20 多家零配件厂只有在组装整车时才能显现其价值；兼并"大发"与"天汽"的合作只能生产 1.6 排量以下的轿车；四川丰田汽车有限公司局限在旅行车范围内。

作为世界第三大汽车公司，丰田公司欲展宏图必须跳出这些政策的束缚。中国的产业政策是向三大集团靠拢和倾斜的，丰田的策略要从中国汽车产业的"三大"中找到自己的靠山。经过多方接触和努力，丰田终于将眼光锁定在中国一汽。丰田要借助一汽的势，在中国大展宏图。

但是，丰田要想和一汽合资，必须要解决政策上的限制——国家只允许外国汽车公司最多有两个合资厂。丰田已经拥有的天津丰田、四川丰田两家合资厂突然变成了新公司成立的障碍。

接下来的几幕演出似乎按丰田的预想进行。在天津市政府与长春一汽的努力下，天津夏利并入一汽集团；接着，川旅 80% 的资产划归一汽，这样合资障碍消除。

至此，丰田的合作伙伴包括一汽、天津夏利、四川旅行车制造厂、沈阳沈飞汽车制造有限公司以及之前投资建设的所有汽车零部件厂，都马上显现出了价值。丰田在中国建立的所有企业各就各位，配套设施完善，从而有足够的力量允许丰田把高竞争力车型悉数搬入中国，极大地提高了丰田在中国汽车市场的竞争力和赢利能力。丰田，将可能成为唯一一家有能力在中国生产从微型车、小型车、中高级轿车到越野车、轻型商用车、旅行车、大客车全系列产品的汽车厂家。生产的产品系列之完备，是其它任何外国厂家不具备的。

案例二："水因地而制流，兵因敌而制胜，故兵无常势，水无常形，能因敌变化而取胜者，谓之神"——上海桑塔纳轿车的营销策略

上海桑塔纳轿车(下称桑塔纳)自 1985 年出现在中国市场后到 2001 年已经卖了 16 年，按销售的一般规律(商品的生命周期)，该车型早应停产或降价了。但市场却证明，桑塔纳红火依旧。秘诀在哪里？独特的营销理念和策略。

16 年间，桑塔纳一直保持着中国汽车市场销量最大的记录，到 2001 年仍无明显衰退迹象。尤其是后一两年，随着越来越多的新车下线上市，桑塔纳依旧卖得红火：2000 年，桑塔纳共销售 19 万辆，其中"普桑"12 万辆，超过总销量的 60%，是神龙公司富康轿车 5.2 万辆销量的 2 倍多，也超过一汽大众捷达、奥迪 11.1 万辆的销量之和。2001 年 1、2 月，桑塔纳又销售 37 000 辆，市场占有率又大幅度上升，超过 40%。

有人说，桑塔纳外形虽老但技术不老，每年都根据市场进行改进，许多技术均是 20 世纪 90 年代最先进的：电喷发动机、三元催化转化器、欧洲 2 号排放标准、ABS 防抱死系统、五挡变速箱、高档收放机、集控门锁等。装备提高，成本增加，但价格不升，再加上维修方便、配件便宜，就使桑塔纳长盛不衰。但如果深究下去，就会发现，"桑塔纳现象"之所以能产生和延续，与其全新的经营理念密不可分。

在营销理念上，上汽大众销售公司以市场为出发点来组织和经营生产活动，把产品设计和生产都当做销售过程的准备，当成是一个努力了解和不断满足客户需求的过程。

上海大众销售公司认为，随着改革开放的发展，中国汽车市场出现了国际化的趋势，但仍具有浓厚的中国特性：

——区域性差异明显。经济发展水平的不同，造成不同地区的需求和消费特征不同。

——车用市场划分明确。中国的轿车市场明确地划为公务、商务、出租、家用四大块。

——购车行为相对一致。长期以来，桑塔纳一直是公商务车市场的首选车型，尽管中国市场上先进的新车型不断推出，但基本都在 20 万元以上，对普桑的影响有限。出租市场也是普桑主打的市场，目前全国一年就有十几万辆的新增车量，而且随着城市形象的提高，出租车越来越倾向于中级车，这无疑给桑塔纳提供了一个机会。至于家用车市场，个大、适应性强、维修方便的普桑，也是讲究实惠的消费者的理想选择。

这决定了轿车销售必须细分市场，采取区域性、条块化、针对性强的营销、管理策略。根据这样的判断，上海大众有的放矢，加大对目标市场的拓展力度。后一年多，上海大众连续推出了 2000 型时代超人、2000 型自由沸点、2000 型 AT(俊杰)、电喷＋LPG 出租用车、电喷＋CNG 出租用车、俊秀等新车型，投放到不同的细分市场，有效地抢占了市场空间。

针对不同的细分市场，产品不同，销售策略也不同。对传统的公商务车市场，经销商加强同各级政府联系，做好政府采购车辆的供应工作，做好售前、售中、售后服务。对出租车市场，以灵活的价格、方便的维修服务打动出租车公司。对私车市场，则采取丰富多彩的促销措施，吸引消费者，打开销路。与方正电脑合作，推出"品牌联动销售"；与摩托罗拉合作，给买普桑的客户送车载电话；购买时代超人 2000 款，当场获得 5000 元折扣；以批量奖励的形式促销普桑。对普桑采取特别促销政策，鼓励经销商做大市场，同时将奖励面扩大到客户。

在营销理念上，上汽大众不失时机地推行"80∶20"客户概念：传统的销售集中于售前、售中服务，以实现交易的发生，这种销售只有不断地寻找新客户，才能保持现有销售业绩。"80∶20"营销则认为对老客户的售后服务是非常重要的，它不仅有利于加强客户满意度，还可以减少新产品推广的费用。上汽大众要求经销商必须树立这样一种观念："销售的不仅是桑塔纳，更是精良的服务"，要把服务当做桑塔纳"新卖点"。

为确保服务营销的实施，上汽大众对营销渠道进行全面重组，以遍布全国的分销中心为支撑，将大市场划分为数个小型区域市场，在国内率先实行区域营销和区域管理。在营销渠道内，又在全国推出特许经营制度，建立特许经销商整车、配件、维修、信息反馈"四位一体"的服务体系。

除整合营销渠道外，上汽大众还建立了"现场代表制度"，对分销中心下属的区域再细分，并由现场代表分别负责管理和支持。在营销结构上不断优化销售网络，取消了中间批发环节，确定经销商必须对最终客户进行直接销售，将多层次的营销结构改为"扁平式"，以更加贴近消费者，减少信息传递层次，加快网络对于市场的响应速度。

为配合网络重组，提高经销商专业知识和营销水平，上汽大众还与同济大学合作建立"汽车营销管理学院"，全面培训经销商，使他们能对客户提供"顾问式服务"。

就是在这些营销理念的指导下和营销战略的实施中，上海大众一次又一次地抓住了消费者的心理，创造了销售奇迹。

案例三："知己知彼，百战不殆；不知彼而知己，一胜一负；不知彼不知己，每战必殆"——奥迪阻止宝马进入市场的较量

宝马与奥迪一直是竞争对手。2003 年，面对国产宝马 5 系和 3 系将在年底投产的事实，已占据中国豪华轿车市场龙头老大地位的奥迪自然不愿意看到市场被分割，精心制订了一个营销计划，决定展开一场市场保卫战。

2003 年 4 月奥迪 A4 抢先上市，其价格居然定的比奥迪 A6 还高，这无疑给即将上市

的宝马设下了一个"圈套"。奥迪知道，按惯例，宝马的国际售价普遍高于同档次奥迪。果然，华晨宝马 3 系、5 系 5 款车型推出时的售价是 49.8 万元到 69.8 万元，定价远远高于奥迪，正中下怀，当然，也高于国内消费者的心理预期。

　　2004 年国内豪华轿车市场总量下滑，国产宝马的销售业绩不尽如人意。反观奥迪却是春风得意，虽然 A4 的短期销量也没能达到目标，但由于此营销策略保护了 A6，奥迪 A6 在汽车市场的发展态势未受较大的影响，依然取得了销量的增长。牺牲 A4 的短期销量，抬高 A6 的性价比，削弱宝马的竞争力，奥迪可谓先胜一局。

第十一章　汽车营销网的建设

第一节　汽车营销网的概念

一、营销网的定义和模式

这里所说的营销网是指有形的销售网络,即通常所说的销售网络或者销售渠道的分布。什么是销售渠道?某种产品或劳务的所有权从生产者手中转移到消费者手中的过程所形成的通道,称为销售渠道;从生产者到消费者之间整个销售渠道的分布称为销售网络。

这个网络的模式因销售体制不同而不同,目前存在的汽车销售渠道分布模式大体有三种。

1. 直接销售模式

直接销售模式是一种“供需见面”的销售模式。这种模式是由生产者将产品所有权直接转交给消费者的一种销售模式(如图 11-1 所示)。韩国的现代、大宇、起亚三大汽车公司采用的就是这种模式。这种模式在全国独资设店,不但销售价格、销售策略以及服务项目等均由总公司统一制订,而且,经销代理点和维修(配件)中心的工作人员也均为公司的正式职工。我国的一些大客车、载重车、特种车、矿用车辆的制造公司也采用这种模式。

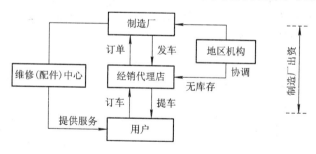

图 11-1　直接销售模式

2. 间接销售模式

间接销售模式是一种“供需媒介”的销售模式,即以中间商家为媒介沟通供需,实现产品所有权的最终转移。间接销售模式中,根据中间商家接触的是消费者还是销售商可分为单层中间商模式(如图 11-2(a)所示)和多层中间商模式(如图 11-2(b)所示)两种。单层中间商模式的最大优点是,产品所有权在转移过程中能尽快地转移到消费者手中,减少了产品在转移过程中因转移层次过多而产生的利润损失;考虑多层中间商模式的出发点是,当终端销售商较多时，设立多层中间商便于管理。目前，较为流行的是单层中间商模式。

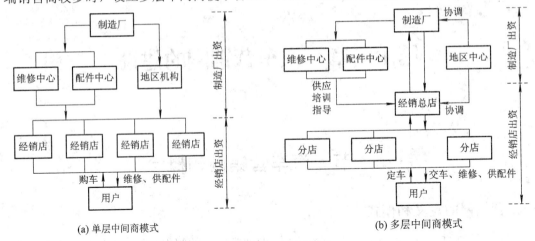

(a) 单层中间商模式　　　　　　　　　　(b) 多层中间商模式

图 11-2　间接销售模式

按照中间商家在产品所有权转移过程中所具有的不同职能，我们可以把他们划分为经销商、代理商、批发商、零售商以及经纪人等几种类型。

经销商是通过从生产厂家那里购买产品所有权而参与销售的中间商家，并通过自主经营和自负盈亏来获得产品的流通利润，所以通过经销商销售是一种"先买后卖"的销售模式。

代理商则没有取得产品的所有权，他们只是代表生产厂家参与产品销售，并通过促成交易来赚取生产厂家的佣金，因而通过代理商销售是一种"不买光卖"的销售模式。

经纪人，按我国《辞海》的说法，是给买卖双方介绍交易以获取佣金的中间商人。1995年 10 月 26 日国家工商行政管理局颁布的《经纪人管理办法》指出："本办法所称经纪人，是指依照本办法的规定，在经济活动中，以收取佣金为目的，为促成他人交易而从事居间、行纪或者代理等经纪业务的公民、法人或其它经济组织。"所以通过经纪人销售是一种"不买不卖，牵线搭桥"的销售模式。

3. 复合渠道

复合渠道是利用直接销售模式和间接销售模式一起来完成沟通供需，实现产品所有权最终转移的销售模式。

二、汽车营销网的意义

1. 营销网是企业实现价值的途径

企业的目标是追求利润的最大化，而产品是资本的载体，只有当产品所有权从生产者手中转移到消费者手中之后，产品的功能才能完成，企业的价值才能实现。显然，无论是直接销售模式还是间接销售模式，都是实现产品这一功能转移和企业价值的途径。同时，按照现代市场营销学的观点，营销网具有创造价值的功能。产品在营销网中流动，通过厂家和商家的人员推销、营业推广、广告宣传、公共关系、销售服务等，会增色添彩，提高产品的认知价值。即它不对产品本身进行增值，而是通过服务，增加产品的附加价值，无论是生产厂家还是中间商家，在销售产品的过程中，都会通过建立自己的信誉，完善自己的形象来提高产品的价值。

2. 营销网络是一种资源

既然营销网络是产品或劳务的所有权从生产者手中转移到消费者手中的必然过程，又是必经之路，企业的价值只有通过这一条路才能实现，可见在市场经济条件下，企业的前途和命运，不是取决于它生产出来多少产品，而是取决于它销售出去多少产品。离开了产品销售，企业既无法找到体现其价值的任何形式，也无法找到其生存和发展的任何出路。这就如同英国著名管理专家罗杰·福尔克所说："一个企业，如果它的产品和劳务不能销售出去，那么，即便它的管理工作是世界上最优秀的，对于企业的前途和命运来说也毫无意义。" 正因如此，营销网络就成了重要资源。无论厂家或商家都格外重视对这一资源的拥有，建立自己的营销网络，把可用资金、人员、网络等归己所用，扩大自己的市场份额，增加自己的推动力。

3. 营销网络的其它作用

除此以外，营销网络还具有沟通信息、化解风险的职能。因为与生产者相比，销售者既是最贴近客户的人，可以比较准确地把握消费需求，也是最贴近市场的人，可以比较容易地把握市场变化。同时，中间商家通过商业信用、信贷保障、承担费用、自办仓储等，也可以起到为企业降低成本，化解风险，为企业排忧解难的作用。

第二节 汽车营销网的建设和管理

一、汽车营销网建设的原则

1. 营销网络的组建应有利于汽车厂家控制力的增强

销售渠道的运作是汽车厂家营销战略战术中的一部分，厂家的营销战略、公共关系、营销推广等，或多或少都须通过销售渠道来完成。因此，销售渠道每一个环节都影响着厂家的经营成果。这就有个营销控制力的问题。控制力的重要性建立在以下三个基础之上。

(1) 销售网络是汽车厂家生产经营活动得以正常进行的基础。

随着经济的发展，汽车逐渐走入百姓家庭，汽车厂家的目标市场范围也不断地扩大，大部分汽车厂家不是也不可能将产品全部直接销售给最终消费者或客户，而是借助于一系列中间商家构成的营销网的转卖活动进行。厂家只有在营销网络的基础上，才能使生产出来的产品以最快的速度、最广泛的形式获得最高的市场占有率。

(2) 营销网络直接制约和影响着厂家营销策略的确定和执行。

销售网络与目标市场策略、市场定位策略、产品策略、价格策略、促销策略等方面密切相关。例如，经销商的销售运作会影响到价格的确定，因为产品价格的确定不仅要考虑产品的生产成本，考虑流通费用的补偿，还要考虑到整个市场策略的执行，而不同类型的销售渠道特别是间接销售渠道由于利益的驱使，其运作状况将直接影响着市场策略的执行。

(3) 营销网络的建立是一种相对长期的决策。

在营销网络中，中间商家的营销参与活动是一种相对长期的行为，汽车厂家若要长期地运用这张网络,特别是想让间接渠道中的中间商家稳定地运作,必须在中间商家的选择上有一种认真的态度和科学的标准,同时在管理上也必须采取规范的管理。因为,在中间商家运作一段时间后再改变与其的经销关系,难度很大,主要原因是厂家在该区域的市场份额会有很大损失。

从销售模式看,直接销售模式的控制力强。

2. 营销网络的组建应有利于汽车厂家的资本运作

直接销售和间接销售的区别在于产品向消费者转移的过程是由厂家直接完成还是通过中间商家完成。从经济角度看,主要区别在于这个过程通道是由厂家出资建造还是由中间商家出资建造。

据了解,在我国沿海城市建一家 4S 汽车特约经销店需投入资金上千万元,这还仅仅是固定资产的投入,商家要正常运作还需流动资金几百万元。许多汽车厂家在全国的 4S 店的数量,少则几十家多则几百家,大众公司已超过一千家。由此不难算出建一张销售网所需资金的总额是多少。

很明显,直接销售模式集中了较大的投资风险,分散了资金的时间价值。另外,从现代营销的观点看,直接销售模式只发挥了自身的力量而拒绝了广泛的社会支持,这是不妥的。

3. 营销网络的组建应有利于营销的效率提高

这里所说的营销效率仅从汽车销售渠道的层次考虑。

销售渠道按其有无中间环节和中间环节的多少,即按渠道长度的不同,可分为以下四种基本类型:

一型:汽车厂家→客户

二型:汽车厂家→零售商→客户

三型:汽车厂家→批发商→零售商→客户

四型:汽车厂家→代理商→批发商→零售商→客户

以上四种渠道模式,前一种为直接渠道,后三种为间接渠道。渠道类型除了按渠道长度划分外,还可以按宽度划分。同一层次中间商的多少是渠道的宽度问题,中间商越多,渠道越宽;反之则越窄。

在宽度不变的情况下,层次越少,厂家的营销意图越容易传递到市场,因而营销的效率也越高;反之,层次不变,宽度越宽,超过了厂家的控制能力,营销效率将降低。从目前的渠道发展来看,采用四型的已不多,汽车的销售渠道模式有向短、宽渠道发展的趋势。

二、营销网络的管理

以下对营销网络管理的叙述以间接销售模式为主。

1. 愿景管理

企业愿景是企业领导人所要考虑的头等大事。一个没有愿景的企业是没有灵魂的企业,没有发展前途的企业。因为每一个商家都会考虑作为自己命运共同体的上家的发展情况,都会考虑作为该企业的营销网成员的安全性、稳定性、利益性和长久性。基于商家的这种考虑,企业必须要用市场的实绩来证明自己的优秀,要不断描述自己的美好前景给经销商。

经销商认可了你公司的理念、企业的发展战略，认可了公司的主要领导人，即使暂时的政策不合适，暂时的产品出现问题，经销商也不会计较。

2. 品牌管理

在产品同质化的汽车市场中，区别产品的唯一方式就是品牌。品牌是企业最重要的资产。一些品牌已经脱离产品而存在，变成了一种文化，变成了一种价值观，变成了一种宗教。

站在营销网的角度上看，产品品牌通过对消费者的影响，完成对整个营销网的影响。对于营销网中的商家来讲，一个品牌响亮的产品意味着什么呢？是利润，是销量，是形象，但最关键的是销售的效率。一般来讲，畅销的产品的价格是透明的，竞争是激烈的，不是企业利润的主要来源。但是畅销的产品需要商家的市场推广力度比较小，销售成本比较少，还会带动延伸产品的销售。这样可以从延伸产品上面找回利润来，同时因为销售速度比较快，提高了经销商资金的周转速度。

所以企业只要在消费者层面上建立了自己良好的品牌形象，就可以对渠道施加影响。通过这个品牌给商家带来销售成本的降低，带来销售效率的提高来管理销售渠道。

3. 制度管理

汽车经销商与厂家的关系，从经济角度说，大多数是买断经营(例如 4S 店)，即汽车经销商在销售汽车过程中要独自承担经营风险。为此，汽车厂家利用自身的资源优势，在力所能及的范围内，规范营销政策，给经销商创造一个良好的营销环境，减少经销商的风险尤为重要。防止内部"窜货"，防止价格竞争，是厂家管理商家普遍采用的策略之一。

从另一角度看，汽车商家又是汽车厂家的一个组成部分，汽车厂家的营销战略部署必须通过商家来完成并实现。这就要求商家在营销过程中必须按照厂家的意图来进行。合同的签订，指标任务的完成，经济奖罚的执行等都属厂家规范商家的制度管理范畴。

4. 利益管理

保证汽车经销商的利益是对汽车经销商的最根本的管理。

在间接销售模式中，汽车经销商与汽车厂家之间的最根本的结合点是利润，这也是厂家与商家之间的维系点。汽车经销商从厂家获取利润的方式有两种：在汽车商品所有权转移中获取的进、销差价；汽车厂家对分销商的奖励(返点)。

这两种利润的获取，对商家的作用是不同的。在卖方市场时，商家的进、销差价的减少，在一定程度上会影响商家的销售积极性；在买方市场时，商家获得厂家提供的汽车商品配额多少，在一定程度上也会影响商家的销售积极性。因此，控制进、销差价的稳定和保证销售配额的数量，是厂家利益管理的一个重点。返点，是汽车厂家对汽车销售商的另一种管理方法，这种方法在汽车营销业中普遍存在，即在汽车销售商完成汽车厂商下达的某一销售指标后，厂家会给予一定的利润返还，返还利润的多少因厂家的销售政策不同而不同，对某些商家而言，厂家的利润返还量有可能超过自己的销售所得。

5. 服务管理

厂家对经销商的服务管理体现在两方面：一方面是理念上的认识，一方面是行为上的实行。

　　由于汽车厂家与汽车经销商联姻的特殊性，经销商在联姻中属弱者。这种状态极易造成厂家在感觉上的自大，也极易造成经销商的无奈。团队的理念表明，只有经销商的努力拼搏才能有厂家的天下，因此，厂家为经销商做好服务工作，树立为经销商服务的理念，是管理经销商的一个重要方面。

　　服务管理的另一个重要方面是行为上的实行。一般的汽车经销商都承担着汽车商品的销售、汽车维修、汽车配件销售和汽车信息的收集工作，这些工作都需要较强的技术性。特别是汽车技术发展越来越快的今天，汽车厂家对经销商的技术支持更是不可或缺。营销方面也是如此，经销商一般只在区域范围内进行运作，缺乏宏观面的认识，这对汽车厂家的营销战略实施会带来一定的影响。这些都需要厂家经常性的对经销商进行培训，提高经销商自身的素质。

三、应收账款的有效回收

　　在经济工作中，应收款的出现属正常现象，如何有效地减少应收款转为坏账的现象，是每一家汽车厂商负责人所关心的问题。

　　应收款是在汽车厂商对利润与赊账两者的权衡中出现的。利润是每个厂商追求的目标；赊账是厂商追求目标过程中采用的一种方法。每一个厂商都希望严格按照"一手交钱一手交货"的贸易规则进行交易，避免应收账款的出现，但就我国国内目前的情况看，没有赊账的经济往来较为困难或者说几乎不存在。

　　有效地回收应收款应注意两方面的问题。

1. 预防应收款的发生

　　(1) 厂商在与分销商建立销售合作关系之前，应通过各种渠道详尽了解分销商的主体资格、财务状况、行业信誉等信息，这是保证应收款及时回笼的前提，因为应收账款不能收回的根本原因是赊账者缺乏诚信。

　　(2) 签署的合同内容要完备，特别是车辆的质量检验标准及提出异议期限、付款时间及方式、交付履行及运输方式、管辖权约定、违约责任等关键性条款应写明各自的责任。这样，从法律上保证了资产所有者的权利。

　　(3) 在合同的履行过程之中，要随时收集对方主体资格变更、财务状况变化等情况，视其履约能力及时对销售政策作出相应的调整。

　　(4) 特别需要指出的是，大多数分销商都是遵守合同有着极好的信用的，但也不能不看到有极少数分销商采用不正常的手法套用资金。例如，在前几次交易中严格履行合同条款，取得一定的信用后就用种种理由拖欠应付资金，占用被赊厂商的资金，甚至使之变成坏账。这种情况的发生，主要是因为汽车厂商对分销商的了解有一个过程，对分销商的信用是在接触中逐渐认识到的。这就要求厂商在考察和选择分销商的过程中，一定要仔细、严格、规范。

2. 应收款的处理技巧

1) 分销商发生欠款的危险信号

　　当分销商出现了如下一些信息时，应引起厂商对货款安全性的警惕。

(1) 受到其它公司的法律诉讼；

(2) 公司财务人员经常性的回避；

(3) 付款比过去延迟，经常超出最后期限；

(4) 多次违背付款承诺；

(5) 经常找不到公司负责人；

(6) 公司决策层存在较严重的内部矛盾，未来发展方向不明确；

(7) 银行退票(理由是余款不足)；

(8) 应收账款过多，资金回笼困难；

(9) 转换银行过于频繁；

(10) 发展过快(管理、经营不能同步发展)；

当经销商出现以上危险信号时，厂家应采取果断、迅速的应变措施，尽可能降低应收账款的回收风险。

2) 已被拖欠款项的处理方法

(1) 文件：检查被拖欠款项的销售文件是否齐备；

(2) 收集资料：要求客户提供拖欠款项的原因，并收集资料以证明其真实性；

(3) 追讨文件：建立账款催收制度。根据事态发展的不同，拟定三种不同级别的追讨文件进行预告、警告或发律师信；

(4) 最后期限：让客户清楚最后的期限及逾期后果，使客户了解最后期限意味着什么；

(5) 行动升级：将欠款交予较高级的管理人员处理，将压力提升；

(6) 假起诉：成立公司内部的法律部，以法律部的名义发出追讨函件，警告容忍已经到最后期限；

(7) 调节：使用分期付款、罚息、停止数期等手段分期收回欠款；

(8) 要求协助：使用法律维护自己的利益。

附录 A　销售三角理论

销售人员面对的挫折会比其它人员更多，因此，自信、胆量比其它素质更为重要，销售三角理论可帮助销售人员树立信心，提高积极性。

一、销售三角理论概述

销售活动就是销售人员代表公司向顾客销售产品(服务、观念)。任何销售活动都必须建立在下述三个基础上，即销售物、公司、销售人员，这三个要素构成一个三角形，支撑着销售活动，所以称为销售三角理论。销售三角理论是一种培养销售人员自信心、提高其说服能力的理论。简单地说就是"三个相信"。

"三个相信"是指销售人员在销售活动中必须相信自己所销售的产品 G(Goods)，相信自己所代表的公司 E(Establishment)，相信自己 M(Man)。这就是著名的"GEM"销售公式，中文译成"吉姆"公式，如附图 A1 所示。

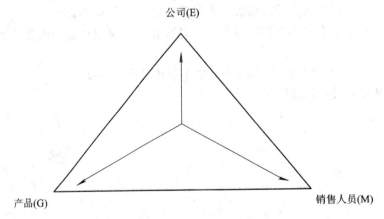

附图 A1　GEM 销售公式

因为三角形是最稳定的结构，缺一不可，所以销售三角理论缺少任何一条都发挥不了应有的作用，并会导致销售工作的失败。

二、销售三角理论的内容

1. 销售人员必须相信自己的产品

销售人员首先要相信自己所销售的产品，才会动真情。有研究表明，说谎与发自内心的话给别人的感觉还是有区别的，除了极少数善于伪装的人外，普通人的内心活动都会通过言谈表露出来。只有自己相信，销售人员才会去发现产品的优点，在销售时才能理直气壮，当顾客对这些产品提出异议时，才能去充分说服并打动顾客。

无论什么产品都有它的优点和缺点，这就需要靠销售人员去细心发掘，有时产品的弱点也正是它的优势所在，看你从哪个角度去观察和理解。特别要注意的是自己对产品的自信，有时不一定是用语言表露出来，也可以用行动去表现。相信自己销售的产品，其主要内容包括：

1) 相信产品能满足顾客的需求，提高对产品的信心

销售人员应该说明产品有关性能、作用等详情，详细分析所销售的产品的特点及相对优势。要相信产品只要具有使用价值，就会有某些顾客需求，如果产品有某些不足，可以坦诚说出产品的不足，但要注意技巧。

2) 相信产品的价格公道

有时顾客习惯上说产品价格高，希望产品能降价出售。销售人员则要坚持产品价格的合理性。这里需要说明的是并不是说产品不可以降价，但要向顾客解释，降价原因并非产品定价不合理，而是促销或给用户以心理满足，或是顾客大批量购买。

要让销售人员相信所销售的产品，需对公司、销售人员两方面进行要求。对公司方面的要求是尽快让销售人员了解产品价值、竞争之优势、产品的使用方法等。要做到这些，公司可采用多种方式和手段对销售人员进行培训。具体培训方法有：专家授课；提供产品变化信息及有关更新资料；举办经验交流会等。对销售人员来说，就是要对所销售的产品感兴趣、充满信心，热爱所销售的产品，学会使用方法，掌握维修技能，学会从不同的角度欣赏、发掘产品的优点。如软件定价较高，但是从设计、研究、生产、科技含量上考虑，它应该是物有所值，品牌的无形价值也应考虑进去。

2. 销售人员必须相信自己的公司

相信自己的公司是销售人员做好销售工作的必要前提条件，主要要做到以下几点。

1) 相信自己公司行为的合理性

相信公司在营销活动中能兼顾消费者、企业、国家三者的利益。相信公司的行为都是在国家法律法规的范围内进行的，既不是在搞假冒伪劣，也不是在搞坑、蒙、拐、骗，完全是一种利国利民的行为。

2) 相信自己公司的能力

要相信公司有能力满足顾客的需求，能够赢得顾客的尊重和信任；有能力在经济上、技术上向社会做出更大的贡献；有能力树立良好的企业形象，具备强大的竞争力，为销售人员的工作打下坚实的基础。

3) 相信自己公司的发展前景

公司的发展前景对稳定销售队伍、提高销售人员的士气有着重要作用。销售人员相信自己公司前景广阔，就会更加热爱公司，全心全意投入到销售工作中，而不会见异思迁，好高骛远。

4) 热爱企业

对于企业的热爱表现在敬业精神、主人翁意识、集体荣誉感、高度的责任感、"以厂为家"的归属感等方面。销售人员只有胸怀对本企业的热爱之心，才会自觉走进促进企业繁荣兴旺的行列，才会感受到成功后的喜悦和充实，才有可能从对企业的爱心之中产生对企业的信心。

3. 必须相信自己

销售人员除了要相信自己的产品和公司外，更主要的是要相信自己，只有相信自己，在销售过程中才会有自信，有自信才会有感染力，自信是走向成功的敲门砖。

1) 相信自己所从事的职业

随着市场经济发展，销售人员的工作越来越重要。因此，销售人员要热爱销售工作。只有热爱销售工作，全心全意地投入到销售工作中，掌握和运用销售技巧，才能获得比别人更多的订单。

2) 相信自己的选择，相信自己能够胜任销售工作

成功的销售人员并不是因为有先天的素质，而是因为后天的学习和实践。所以一定要对自己有信心，相信自己能够做好销售工作。销售人员树立自信心，需从以下几个方面入手：

(1) 了解和熟悉自己的工作。销售人员只有在认识到自己已经完全了解和熟悉自己的工作，而且这种认识是建立在成功的经验上时，才能充满信心地工作。

(2) 工作中可先易后难。销售工作中可先找一些工作好做的客户，这样便于增强自信心，积累工作经验；然后再与那些工作不好做的顾客打交道，一旦这些顾客的工作做好以后，销售员的自信心会进一步得到强化。

(3) 销售工作中应排除所有消极的假设。消极的假设因其束缚、压抑人的作用力很大，所以会造成销售工作的失败，当我们对未来的行动、方法及想法都抱有积极的态度时，往往能得到意想不到的效果。

3) 制订多层目标

销售人员在了解和熟悉自己的工作后，应制订出切合自身实际的多层目标，使销售人员勇于克服销售中的各种困难，才不会有挫折感。

(1) 首要目标是了解顾客需求、市场情况，帮助顾客提高购买信心，达到成交目的。

(2) 最低目标，也就是按最悲观的结果设想目标。即使顾客不接受你所销售的商品，销售人员也应以一种超然的姿态正确对待，至少可以与顾客成为朋友。

(3) 设想目标，也就是按最乐观的估计设想目标。在开展销售工作时，充分想象成功后的喜悦，有利于提高工作积极性。

第九条　二手车鉴定评估机构应当具备下列条件:

(一)是独立的中介机构;

(二)有固定的经营场所和从事经营活动的必要设施;

(三)有三名以上从事二手车鉴定评估业务的专业人员(包括本办法实施之前取得国家职业资格证书的旧机动车鉴定估价师);

(四)有规范的规章制度。

第十条　设立二手车鉴定评估机构,应当按下列程序办理:

(一)申请人向拟设立二手车鉴定评估机构所在地省级商务主管部门提出书面申请,并提交符合本办法第九条规定的相关材料。

(二)省级商务主管部门自收到全部申请材料之日起 20 个工作日内作出是否予以核准的决定,对予以核准的,颁发《二手车鉴定评估机构核准证书》,不予核准的,应当说明理由。

(三)申请人持《二手车鉴定评估机构核准证书》到工商行政管理部门办理登记手续。

第十一条　外商投资设立二手车交易市场、经销企业、经纪机构、鉴定评估机构的申请人,应当分别持符合第八条、第九条规定和《外商投资商业领域管理办法》、有关外商投资法律规定的相关材料报省级商务主管部门。省级商务主管部门进行初审后,自收到全部申请材料之日起一个月内上报国务院商务主管部门。合资中各方有国家计划单列企业集团的,可直接将申请材料报送国务院商务主管部门。国务院商务主管部门自收到全部申请材料三个月内会同国务院工商行政管理部门,作出是否予以批准的决定,对予以批准的,颁发或者换发《外商投资企业批准证书》;不予批准的,应当说明理由。

申请人持《外商投资企业批准证书》到工商行政管理部门办理登记手续。

第十二条　设立二手车拍卖企业(含外商投资二手车拍卖企业)应当符合《中华人民共和国拍卖法》和《拍卖管理办法》有关规定,并按《拍卖管理办法》规定的程序办理。

第十三条　外资并购二手车交易市场和经营主体及已设立的外商投资企业增加二手车经营范围的,应当按第十一条、第十二条规定的程序办理。

第三章　行　为　规　范

第十四条　二手车交易市场经营者和二手车经营主体应当依法经营和纳税,遵守商业道德,接受依法实施的监督检查。

第十五条　二手车卖方应当拥有车辆的所有权或者处置权。二手车交易市场经营者和二手车经营主体应当确认卖方的身份证明、车辆的号牌、《机动车登记证书》、《机动车行驶证》,有效的机动车安全技术检验合格标志、车辆保险单、交纳税费凭证等。

国家机关、国有企事业单位在出售、委托拍卖车辆时,应持有本单位或者上级单位出具的资产处理证明。

第十六条　出售、拍卖无所有权或者处置权车辆的,应承担相应的法律责任。

第十七条　二手车卖方应当向买方提供车辆的使用、修理、事故、检验以及是否办理抵押登记、交纳税费、报废期等真实情况和信息。买方购买的车辆如因卖方隐瞒和欺诈不能办理转移登记,卖方应当无条件接受退车,并退还购车款等费用。

第十八条　二手车经销企业销售二手车时应当向买方提供质量保证及售后服务承诺,

附录 C 《二手车流通管理办法》

商务部、公安部、工商总局、税务总局 2005 年第 2 号令

第一章 总 则

第一条 为加强二手车流通管理，规范二手车经营行为，保障二手车交易双方的合法权益，促进二手车流通健康发展，依据国家有关法律、行政法规，制订本办法。

第二条 在中华人民共和国境内从事二手车经营活动或者与二手车相关的活动，适用本办法。

本办法所称二手车，是指从办理完注册登记手续到达到国家强制报废标准之前进行交易并转移所有权的汽车(包括三轮汽车、低速载货汽车，即原农用运输车，下同)、挂车和摩托车。

第三条 二手车交易市场是指依法设立、为买卖双方提供二手车集中交易和相关服务的场所。

第四条 二手车经营主体是指经工商行政管理部门依法登记，从事二手车经销、拍卖、经纪、鉴定评估的企业。

第五条 二手车经营行为是指二手车的经销、拍卖、经纪、鉴定评估等。

(一) 二手车经销是指二手车经销企业收购、销售二手车的经营活动；

(二) 二手车拍卖是指二手车拍卖企业以公开竞价的形式将二手车转让给最高应价者的经营活动；

(三) 二手车经纪是指二手车经纪机构以收取佣金为目的，为促成他人交易二手车而从事居间、行纪或者代理等经营活动；

(四) 二手车鉴定评估是指二手车鉴定评估机构对二手车技术状况及其价值进行鉴定评估的经营活动。

第六条 二手车直接交易是指二手车所有人不通过经销企业、拍卖企业和经纪机构将车辆直接出售给买方的交易行为。二手车直接交易应当在二手车交易市场进行。

第七条 国务院商务主管部门、工商行政管理部门、税务部门在各自的职责范围内负责二手车流通有关监督管理工作。

省、自治区、直辖市和计划单列市商务主管部门(以下简称省级商务主管部门)、工商行政管理部门、税务部门在各自的职责范围内负责辖区内二手车流通有关监督管理工作。

第二章 设立条件和程序

第八条 二手车交易市场经营者、二手车经销企业和经纪机构应当具备企业法人条件，并依法到工商行政管理部门办理登记。

第三十九条　违反本规定第十二条规定，构成有关法律法规规定的违法行为的，依法予以处罚；未构成有关法律法规规定的违法行为的，予以警告，责令限期改正；情节严重的，处 3 万元以下罚款。

第四十条　违反本规定第十三条、第十四条、第十五条或第十六条规定的，予以警告，责令限期改正；情节严重的，处 3 万元以下罚款。

第四十一条　未按本规定承担三包责任的，责令改正，并依法向社会公布。

第四十二条　本规定所规定的行政处罚，由县级以上质量技术监督部门等部门在职权范围内依法实施，并将违法行为记入质量信用档案。

第九章　附　　则

第四十三条　本规定下列用语的含义：

家用汽车产品，是指消费者为生活消费需要而购买和使用的乘用车。

乘用车，是指相关国家标准规定的除专用乘用车之外的乘用车。

生产者，是指在中华人民共和国境内依法设立的生产家用汽车产品并以其名义颁发产品合格证的单位。从中华人民共和国境外进口家用汽车产品到境内销售的单位视同生产者。

销售者，是指以自己的名义向消费者直接销售、交付家用汽车产品并收取货款、开具发票的单位或者个人。

修理者，是指与生产者或销售者订立代理修理合同，依照约定为消费者提供家用汽车产品修理服务的单位或者个人。

经营者，包括生产者、销售者、向销售者提供产品的其它销售者、修理者等。

产品质量问题，是指家用汽车产品出现影响正常使用、无法正常使用或者产品质量与法规、标准、企业明示的质量状况不符合的情况。

严重安全性能故障，是指家用汽车产品存在危及人身、财产安全的产品质量问题，致使消费者无法安全使用家用汽车产品，包括出现安全装置不能起到应有的保护作用或者存在起火等危险情况。

第四十四条　按照本规定更换、退货的家用汽车产品再次销售的，应当经检验合格并明示该车是"三包换退车"以及更换、退货的原因。

"三包换退车"的三包责任按合同约定执行。

第四十五条　本规定涉及的有关信息系统以及信息公开和管理、生产者信息备案、三包责任争议处理技术咨询人员库管理等具体要求由国家质检总局另行规定。

第四十六条　有关法律、行政法规对家用汽车产品的修理、更换、退货等另有规定的，从其规定。

第四十七条　本规定由国家质量监督检验检疫总局负责解释。

第四十八条　本规定自 2013 年 10 月 1 日起施行。

第三十条 在家用汽车产品包修期和三包有效期内，存在下列情形之一的，经营者对所涉及产品质量问题，可以不承担本规定所规定的三包责任：

(一) 消费者所购家用汽车产品已被书面告知存在瑕疵的；

(二) 家用汽车产品用于出租或者其它营运目的的；

(三) 使用说明书中明示不得改装、调整、拆卸，但消费者自行改装、调整、拆卸而造成损坏的；

(四) 发生产品质量问题，消费者自行处置不当而造成损坏的；

(五) 因消费者未按照使用说明书要求正确使用、维护、修理产品，而造成损坏的；

(六) 因不可抗力造成损坏的。

第三十一条 在家用汽车产品包修期和三包有效期内，无有效发票和三包凭证的，经营者可以不承担本规定所规定的三包责任。

第七章 争议的处理

第三十二条 家用汽车产品三包责任发生争议的，消费者可以与经营者协商解决；可以依法向各级消费者权益保护组织等第三方社会中介机构请求调解解决；可以依法向质量技术监督部门等有关行政部门申诉进行处理。

家用汽车产品三包责任争议双方不愿通过协商、调解解决或者协商、调解无法达成一致的，可以根据协议申请仲裁，也可以依法向人民法院起诉。

第三十三条 经营者应当妥善处理消费者对家用汽车产品三包问题的咨询、查询和投诉。

经营者和消费者应积极配合质量技术监督部门等有关行政部门、有关机构等对家用汽车产品三包责任争议的处理。

第三十四条 省级以上质量技术监督部门可以组织建立家用汽车产品三包责任争议处理技术咨询人员库，为争议处理提供技术咨询；经争议双方同意，可以选择技术咨询人员参与争议处理，技术咨询人员咨询费用由双方协商解决。

经营者和消费者应当配合质量技术监督部门家用汽车产品三包责任争议处理技术咨询人员库建设，推荐技术咨询人员，提供必要的技术咨询。

第三十五条 质量技术监督部门处理家用汽车产品三包责任争议，按照产品质量申诉处理有关规定执行。

第三十六条 处理家用汽车产品三包责任争议，需要对相关产品进行检验和鉴定的，按照产品质量仲裁检验和产品质量鉴定有关规定执行。

第八章 罚 则

第三十七条 违反本规定第九条规定的，予以警告，责令限期改正，处 1 万元以上 3 万元以下罚款。

第三十八条 违反本规定第十条规定，构成有关法律法规规定的违法行为的，依法予以处罚；未构成有关法律法规规定的违法行为的，予以警告，责令限期改正；情节严重的，处 1 万元以上 3 万元以下罚款。

由销售者负责更换。

下列情形所占用的时间不计入前款规定的修理时间：

(一) 需要根据车辆识别代号(VIN)等定制的防盗系统、全车线束等特殊零部件的运输时间；特殊零部件的种类范围由生产者明示在三包凭证上；

(二) 外出救援路途所占用的时间。

第二十二条　在家用汽车产品三包有效期内，符合更换条件的，销售者应当及时向消费者更换新的合格的同品牌同型号家用汽车产品；无同品牌同型号家用汽车产品更换的，销售者应当及时向消费者更换不低于原车配置的家用汽车产品。

第二十三条　在家用汽车产品三包有效期内，符合更换条件，销售者无同品牌同型号家用汽车产品，也无不低于原车配置的家用汽车产品向消费者更换的，消费者可以选择退货，销售者应当负责为消费者退货。

第二十四条　在家用汽车产品三包有效期内，符合更换条件的，销售者应当自消费者要求换货之日起 15 个工作日内向消费者出具更换家用汽车产品证明。

在家用汽车产品三包有效期内，符合退货条件的，销售者应当自消费者要求退货之日起 15 个工作日内向消费者出具退车证明，并负责为消费者按发票价格一次性退清货款。

家用汽车产品更换或退货的，应当按照有关法律法规规定办理车辆登记等相关手续。

第二十五条　按照本规定更换或者退货的，消费者应当支付因使用家用汽车产品所产生的合理使用补偿，销售者依照本规定应当免费更换、退货的除外。

合理使用补偿费用的计算公式为：[(车价款(元) × 行驶里程(km))/1000] × n。使用补偿系数 n 由生产者根据家用汽车产品使用时间、使用状况等因素在 0.5% 至 0.8% 之间确定，并在三包凭证中明示。

家用汽车产品更换或者退货的，发生的税费按照国家有关规定执行。

第二十六条　在家用汽车产品三包有效期内，消费者书面要求更换、退货的，销售者应当自收到消费者书面要求更换、退货之日起 10 个工作日内，作出书面答复。逾期未答复或者未按本规定负责更换、退货的，视为故意拖延或者无正当理由拒绝。

第二十七条　消费者遗失家用汽车产品三包凭证的，销售者、生产者应当在接到消费者申请后 10 个工作日内予以补办。消费者向销售者、生产者申请补办三包凭证后，可以依照本规定继续享有相应权利。

按照本规定更换家用汽车产品后，销售者、生产者应当向消费者提供新的三包凭证，家用汽车产品包修期和三包有效期自更换之日起重新计算。

在家用汽车产品包修期和三包有效期内发生家用汽车产品所有权转移的，三包凭证应当随车转移，三包责任不因汽车所有权转移而改变。

第二十八条　经营者破产、合并、分立、变更的，其三包责任按照有关法律法规规定执行。

第六章　三包责任免除

第二十九条　易损耗零部件超出生产者明示的质量保证期出现产品质量问题的，经营者可以不承担本规定所规定的家用汽车产品三包责任。

或严重安全性能故障而不能安全行驶或者无法行驶的，应当提供电话咨询修理服务；电话咨询服务无法解决的，应当开展现场修理服务，并承担合理的车辆拖运费。

第五章 三 包 责 任

第十七条 家用汽车产品包修期限不低于 3 年或者行驶里程 60,000 公里，以先到者为准；家用汽车产品三包有效期限不低于 2 年或者行驶里程 50,000 公里，以先到者为准。家用汽车产品包修期和三包有效期自销售者开具购车发票之日起计算。

第十八条 在家用汽车产品包修期内，家用汽车产品出现产品质量问题，消费者凭三包凭证由修理者免费修理(包括工时费和材料费)。

家用汽车产品自销售者开具购车发票之日起 60 日内或者行驶里程 3000 公里之内(以先到者为准)，发动机、变速器的主要零件出现产品质量问题的，消费者可以选择免费更换发动机、变速器。发动机、变速器的主要零件的种类范围由生产者明示在三包凭证上，其种类范围应当符合国家相关标准或规定，具体要求由国家质检总局另行规定。

家用汽车产品的易损耗零部件在其质量保证期内出现产品质量问题的，消费者可以选择免费更换易损耗零部件。易损耗零部件的种类范围及其质量保证期由生产者明示在三包凭证上。生产者明示的易损耗零部件的种类范围应当符合国家相关标准或规定，具体要求由国家质检总局另行规定。

第十九条 在家用汽车产品包修期内，因产品质量问题每次修理时间(包括等待修理备用件时间)超过 5 日的，应当为消费者提供备用车，或者给予合理的交通费用补偿。

修理时间自消费者与修理者确定修理之时起，至完成修理之时止。一次修理占用时间不足 24 小时的，以 1 日计。

第二十条 在家用汽车产品三包有效期内，符合本规定更换、退货条件的，消费者凭三包凭证、购车发票等由销售者更换、退货。

家用汽车产品自销售者开具购车发票之日起 60 日内或者行驶里程 3000 公里之内(以先到者为准)，家用汽车产品出现转向系统失效、制动系统失效、车身开裂或燃油泄漏，消费者选择更换家用汽车产品或退货的，销售者应当负责免费更换或退货。

在家用汽车产品三包有效期内，发生下列情况之一，消费者选择更换或退货的，销售者应当负责更换或退货：

(一) 因严重安全性能故障累计进行了 2 次修理，严重安全性能故障仍未排除或者又出现新的严重安全性能故障的；

(二) 发动机、变速器累计更换 2 次后，或者发动机、变速器的同一主要零件因其质量问题，累计更换 2 次后，仍不能正常使用的，发动机、变速器与其主要零件更换次数不重复计算；

(三) 转向系统、制动系统、悬架系统、前/后桥、车身的同一主要零件因其质量问题，累计更换 2 次后，仍不能正常使用的；

转向系统、制动系统、悬架系统、前/后桥、车身的主要零件由生产者明示在三包凭证上，其种类范围应当符合国家相关标准或规定，具体要求由国家质检总局另行规定。

第二十一条 在家用汽车产品三包有效期内，因产品质量问题修理时间累计超过 35 日的，或者因同一产品质量问题累计修理超过 5 次的，消费者可以凭三包凭证、购车发票，并在经营场所予以明示。

第十九条 进行二手车交易应当签订合同。合同示范文本由国务院工商行政管理部门制订。

第二十条 二手车所有人委托他人办理车辆出售的，应当与受托人签订委托书。

第二十一条 委托二手车经纪机构购买二手车时，双方应当按以下要求进行：

（一）委托人向二手车经纪机构提供合法身份证明；

（二）二手车经纪机构依据委托人要求选择车辆，并及时向其通报市场信息；

（三）二手车经纪机构接受委托购买时，双方签订合同；

（四）二手车经纪机构根据委托人要求代为办理车辆鉴定评估，鉴定评估所需要的费用由委托人承担。

第二十二条 二手车交易完成后，卖方应当及时向买方交付车辆、号牌及车辆法定证明、凭证。车辆法定证明、凭证主要包括：

（一）《机动车登记证书》；

（二）《机动车行驶证》；

（三）有效的机动车安全技术检验合格标志；

（四）车辆购置税完税证明；

（五）养路费缴付凭证；

（六）车船使用税缴付凭证；

（七）车辆保险单。

第二十三条 下列车辆禁止经销、买卖、拍卖和经纪：

（一）已报废或者达到国家强制报废标准的车辆；

（二）在抵押期间或者未经海关批准交易的海关监管车辆；

（三）在人民法院、人民检察院等行政执法部门依法查封、扣押期间的车辆；

（四）通过盗窃、抢劫、诈骗等违法犯罪手段获得的车辆；

（五）发动机号码、车辆识别代号或者车架号码与登记号码不相符，或者有凿改迹象的车辆；

（六）走私、非法拼(组)装的车辆；

（七）不具有第二十二条所列证明、凭证的车辆；

（八）在本行政辖区以外的公安机关交通管理部门注册登记的车辆；

（九）国家法律、行政法规禁止经营的车辆。

二手车交易市场经营者和二手车经营主体发现车辆具有(四)、(五)、(六)情形之一的，应当及时报告公安机关、工商行政管理部门等执法机关。

对交易违法车辆的，二手车交易市场经营者和二手车经营主体应当承担连带赔偿责任和其它相应的法律责任。

第二十四条 二手车经销企业销售、拍卖企业拍卖二手车时，应当按规定向买方开具税务机关监制的统一发票。

进行二手车直接交易和通过二手车经纪机构进行二手车交易的，应当由二手车交易市场经营者按规定向买方开具税务机关监制的统一发票。

第二十五条 二手车交易完成后，现车辆所有人应当凭税务机关监制的统一发票，按法律、法规有关规定办理转移登记手续。

　　第二十六条　二手车交易市场经营者应当为二手车经营主体提供固定场所和设施，并为客户提供办理二手车鉴定评估、转移登记、保险、纳税等手续的条件。二手车经销企业、经纪机构应当根据客户要求，代办二手车鉴定评估、转移登记、保险、纳税等手续。

　　第二十七条　二手车鉴定评估应当本着买卖双方自愿的原则，不得强制进行；属国有资产的二手车应当按国家有关规定进行鉴定评估。

　　第二十八条　二手车鉴定评估机构应当遵循客观、真实、公正和公开原则，依据国家法律法规开展二手车鉴定评估业务，出具车辆鉴定评估报告，并对鉴定评估报告中车辆技术状况，包括是否属事故车辆等评估内容负法律责任。

　　第二十九条　二手车鉴定评估机构和人员可以按国家有关规定从事涉案、事故车辆鉴定等评估业务。

　　第三十条　二手车交易市场经营者和二手车经营主体应当建立完整的二手车交易购销、买卖、拍卖、经纪以及鉴定评估档案。

　　第三十一条　设立二手车交易市场、二手车经销企业开设店铺，应当符合所在地城市发展及城市商业发展有关规定。

第四章　监督与管理

　　第三十二条　二手车流通监督管理遵循破除垄断，鼓励竞争，促进发展和公平、公正、公开的原则。

　　第三十三条　建立二手车交易市场经营者和二手车经营主体备案制度。凡经工商行政管理部门依法登记，取得营业执照的二手车交易市场经营者和二手车经营主体，应当自取得营业执照之日起两个月内到省级商务主管部门备案。省级商务主管部门应当将二手车交易市场经营者和二手车经营主体有关备案情况定期报送国务院商务主管部门。

　　第三十四条　建立和完善二手车流通信息报送、公布制度。二手车交易市场经营者和二手车经营主体应当定期将二手车交易量、交易额等信息通过所在地商务主管部门报送省级商务主管部门。省级商务主管部门将上述信息汇总后报送国务院商务主管部门。国务院商务主管部门定期向社会公布全国二手车流通信息。

　　第三十五条　商务主管部门、工商行政管理部门应当在各自的职责范围内采取有效措施，加强对二手车交易市场经营者和经营主体的监督管理，依法查处违法违规行为，维护市场秩序，保护消费者的合法权益。

　　第三十六条　国务院工商行政管理部门会同商务主管部门建立二手车交易市场经营者和二手车经营主体信用档案，定期公布违规企业名单。

第五章　附　　则

　　第三十七条　本办法自 2005 年 10 月 1 日起施行，原《商务部办公厅关于规范旧机动车鉴定评估管理工作的通知》(商建字 [2004]第 70 号)、《关于加强旧机动车市场管理工作的通知》(国经贸贸易[2001]第 1281 号)、《旧机动车交易管理办法》(内贸机字[1998]第 33 号)及据此发布的各类文件同时废止。

第十五条 达成车辆销售意向的，二手车经销企业应与买方签订销售合同，并将"车辆信息表"作为合同附件。按合同约定收取车款时，应向买方开具税务机关监制的统一发票，并如实填写成交价格。

买方持本规范第八条规定的法定证明、凭证到公安机关交通管理部门办理转移登记手续。

第十六条 二手车经销企业向最终用户销售使用年限在三年以内或行驶里程在 6 万公里以内的车辆(以先到者为准，营运车除外)，应向用户提供不少于三个月或 5000 公里(以先到者为准)的质量保证。质量保证范围为发动机系统、转向系统、传动系统、制动系统、悬挂系统等。

第十七条 二手车经销企业向最终用户提供售后服务时，应向其提供售后服务清单。

第十八条 二手车经销企业在提供售后服务的过程中，不得擅自增加未经客户同意的服务项目。

第十九条 二手车经销企业应建立售后服务技术档案。售后服务技术档案包括以下内容：

(一) 车辆基本资料。主要包括车辆品牌型号、车牌号码、发动机号、车架号、出厂日期、使用性质、最近一次转移登记日期、销售时间、地点等；

(二) 客户基本资料。主要包括客户名称(姓名)、地址、职业、联系方式等；

(三) 维修保养记录。主要包括维修保养的时间、里程、项目等。

售后服务技术档案保存时间不少于三年。

第三章 经 纪

第二十条 购买或出售二手车可以委托二手车经纪机构办理。委托二手车经纪机构购买二手车时，应按《二手车流通管理办法》第二十一条规定进行。

第二十一条 二手车经纪机构应严格按照委托购买合同向买方交付车辆、随车文件及本规范第五条第二款规定的法定证明、凭证。

第二十二条 经纪机构接受委托出售二手车，应按以下要求进行：

(一) 及时向委托人通报市场信息；

(二) 与委托人签订委托出售合同；

(三) 按合同约定展示委托车辆，并妥善保管，不得挪作它用；

(四) 不得擅自降价或加价出售委托车辆。

第二十三条 签订委托出售合同后，委托出售方应当按照合同约定向二手车经纪机构交付车辆、随车文件及本规范第五条第二款规定的法定证明、凭证。

车款、佣金给付按委托出售合同约定办理。

第二十四条 通过二手车经纪机构买卖的二手车，应由二手车交易市场经营者开具国家税务机关监制的统一发票。

第二十五条 进驻二手车交易市场的二手车经纪机构应与交易市场管理者签订相应的管理协议，服从二手车交易市场经营者的统一管理。

第二十六条 二手车经纪人不得以个人名义从事二手车经纪活动。

二手车经纪机构不得以任何方式从事二手车的收购、销售活动。

第二十七条　二手车经纪机构不得采取非法手段促成交易，以及向委托人索取合同约定佣金以外的费用。

第四章　拍　　卖

第二十八条　从事二手车拍卖及相关中介服务活动，应按照《拍卖法》及《拍卖管理办法》的有关规定进行。

第二十九条　委托拍卖时，委托人应提供身份证明、车辆所有权或处置权证明及其它相关材料。拍卖人接受委托时，应与委托人签订委托拍卖合同。

第三十条　委托人应提供车辆真实的技术状况，拍卖人应如实填写《拍卖车辆信息》。

如对车辆的技术状况存有异议，拍卖委托双方经商定可委托二手车鉴定评估机构对车辆进行鉴定评估。

第三十一条　拍卖人应于拍卖日七日前发布公告。拍卖公告应通过报纸或者其它新闻媒体发布，并载明下列事项：

（一）拍卖的时间、地点；

（二）拍卖的车型及数量；

（三）车辆的展示时间、地点；

（四）参加拍卖会办理竞买的手续；

（五）需要公告的其它事项。

拍卖人应在拍卖前展示拍卖车辆，并在车辆显著位置张贴《拍卖车辆信息》。车辆的展示时间不得少于两天。

第三十二条　进行网上拍卖，应在网上公布车辆的彩色照片和《拍卖车辆信息》，公布时间不得少于七天。

网上拍卖是指二手车拍卖公司利用互联网发布拍卖信息，公布拍卖车辆技术参数和直观图片，通过网上竞价、网下交接，将二手车转让给超过保留价的最高应价者的经营活动。

网上拍卖过程及手续应与现场拍卖相同。网上拍卖组织者应根据《拍卖法》及《拍卖管理办法》有关条款制订网上拍卖规则，竞买人则需要办理网上拍卖竞买手续。

任何个人及未取得二手车拍卖人资格的企业不得开展二手车网上拍卖活动。

第三十三条　拍卖成交后，买受人和拍卖人应签署《二手车拍卖成交确认书》。

第三十四条　委托人、买受人可与拍卖人约定佣金比例。

委托人、买受人与拍卖人对拍卖佣金比例未作约定的，依据《拍卖法》及《拍卖管理办法》有关规定收取佣金。

拍卖未成交的，拍卖人可按委托拍卖合同的约定向委托人收取服务费用。

第三十五条　拍卖人应在拍卖成交且买受人支付车辆全款后，将车辆、随车文件及本规范第五条第二款规定的法定证明、凭证交付给买受人，并向买受人开具二手车销售统一发票，如实填写拍卖成交价格。

第五章　直　接　交　易

第三十六条　二手车直接交易方为自然人的，应具有完全民事行为能力。无民事行为能力的，应由其法定代理人代为办理，法定代理人应提供相关证明。

二手车直接交易委托代理人办理的，应签订具有法律效力的授权委托书。

第三十七条　二手车直接交易双方或其代理人均应向二手车交易市场经营者提供其合法身份证明，并将车辆及本规范第五条第二款规定的法定证明、凭证送交二手车交易市场经营者进行合法性验证。

第三十八条　二手车直接交易双方应签订买卖合同，如实填写有关内容，并承担相应的法律责任。

第三十九条　二手车直接交易的买方按照合同支付车款后，卖方应按合同约定及时将车辆及本规范第五条第二款规定的法定证明、凭证交付买方。

车辆法定证明、凭证齐全合法，并完成交易的，二手车交易市场经营者应当按照国家有关规定开具二手车销售统一发票，并如实填写成交价格。

第六章　交易市场的服务与管理

第四十条　二手车交易市场经营者应具有必要的配套服务设施和场地，设立车辆展示交易区、交易手续办理区及客户休息区，做到标识明显，环境整洁卫生。交易手续办理区应设立接待窗口，明示各窗口业务受理范围。

第四十一条　二手车交易市场经营者在交易市场内应设立醒目的公告牌，明示交易服务程序、收费项目及标准、客户查询和监督电话号码等内容。

第四十二条　二手车交易市场经营者应制订市场管理规则，对场内的交易活动负有监督、规范和管理责任，保证良好的市场环境和交易秩序。由于管理不当给消费者造成损失的，应承担相应的责任。

第四十三条　二手车交易市场经营者应及时受理并妥善处理客户投诉，协助客户挽回经济损失，保护消费者权益。

第四十四条　二手车交易市场经营者在履行其服务、管理职能的同时，可依法收取交易服务和物业等费用。

第四十五条　二手车交易市场经营者应建立严格的内部管理制度，牢固树立为客户服务、为驻场企业服务的意识，加强对所属人员的管理，提高人员素质。二手车交易市场服务、管理人员须经培训合格后上岗。

第七章　附　　则

第四十六条　本规范自发布之日起实施。

参 考 文 献

[1]　王怡民. 汽车营销技术. 北京：人民交通出版社，2003.

[2]　裘瑜，吴霖生，等. 汽车营销实务. 上海：上海交通大学出版社，2002.

[3]　肖国普，等. 汽车服务贸易. 上海：同济大学出版社，2004.

[4]　高玉民. 汽车特约销售服务站营销策略. 北京：机械工业出版社，2005.

[5]　荆宁宁，等. 客户的分类与管理. 北京：中国计量出版社，2002.

[6]　威文，等. 第一流的汽车营销经典案例全接触. 北京：机械工业出版社，2003.

[7]　肖怡，刘宁. 现代商店经营管理实务. 广东：广东经济出版社，2003.

[8]　立言. 读懂市场. 新疆：青少年出版社，2003.

[9]　张毅. 汽车配件市场营销. 北京：机械工业出版社，2004 .

[10]　丁一. 成就汽车销售. 上海：同济大学出版社，2003.

[11]　范伟达. 市场调查教程. 上海：复旦大学出版社，2002.

[12]　[英]P. R. 史密斯，乔森纳·泰勒. 市场营销传播方法与技巧. 方海萍，魏清江，译. 北京：电子工业出版社，2003.

[13]　陈友新. 汽车营销艺术通论. 北京：北京理工大学出版社，2003.

[14]　刘永炬. 媒体组合. 北京：企业管理出版社，1999.

[15]　艾尔·里斯，杰克·特劳特. 营销战. 北京：中国财政经济出版社，2002.

[16]　陈文华. 汽车及配件营销. 北京：人民交通出版社，2005.

[17]　唐诗升. 现代汽车推介. 北京：人民交通出版社，2004.

[18]　孙凤英. 汽车营销. 北京：机械工业出版社，2004.

[19]　国家信息中心中国经济信息网. CEI 中国行业发展报告——汽车服务业. 北京：中国经济出版社，2005.

[20]　胡大志，姚喜贵，薛伟. 现代汽车营销. 广州：中山大学出版社，2004.